华晟经世ICT专业群系列教材

云数据中心基础

戴经国　何丰　王国滨　郭炳宇　姜善永　著

人民邮电出版社
北京

图书在版编目（ＣＩＰ）数据

云数据中心基础 / 戴经国等著. -- 北京 ：人民邮
电出版社，2019.7
华晟经世ICT专业群系列教材
ISBN 978-7-115-51582-7

Ⅰ．①云… Ⅱ．①戴… Ⅲ．①云计算－数据处理－教
材 Ⅳ．①TP393.027②TP274

中国版本图书馆CIP数据核字(2019)第132066号

内 容 提 要

本教材通过云数据中心的系统学习和项目化的实践，使学生了解数据中心、掌握云数据中心的规
划设计、硬件的选型、搭建和管理主流虚拟化平台和云计算平台，以及掌握常见运维项目技术。 教
材融入了当前IT行业、企业中主流的云计算平台技术，体现生产、服务中的真实技术和项目流程，适
合任务驱动式教学、案例式教学及项目化教学。

◆ 主　　编　戴经国　何　丰　王国滨　郭炳宇　姜善永
　　责任编辑　贾朔荣
　　责任印制　彭志环

◆ 人民邮电出版社出版发行　　北京市丰台区成寿寺路 11 号
　　邮编　100164　　电子邮件　315@ptpress.com.cn
　　网址　http://www.ptpress.com.cn
　　北京市艺辉印刷有限公司印刷

◆ 开本：787×1092　1/16
　　印张：17.5　　　　　　　　　　2019 年 7 月第 1 版
　　字数：426 千字　　　　　　　　2019 年 7 月北京第 1 次印刷

定价：65.00 元

读者服务热线：(010)81055493　　印装质量热线：(010)81055316
反盗版热线：(010)81055315
广告经营许可证：京东工商广登字 20170147 号

在当今数据信息时代，以云计算、大数据、物联网为代表的新一代信息技术受到空前的关注，教育战略服务国家战略，相关的职业教育急需升级以顺应和助推产业发展。从学校到企业，从企业到学校，华晟经世已经为中国职业教育产教融合事业奋斗了15年。从最早做通信技术的课程培训到如今以移动互联、物联网、云计算、大数据、人工智能等新兴专业为代表的ICT专业群人才培养的全流程服务，我们深知课程是人才培养的依托，而教材则是呈现课程理念的基础，如何将行业最新的技术通过合理的逻辑设计和内容表达，呈现给学习者并达到理想的学习效果，是我们进行教材开发时一直追求的终极目标。

在这本教材的编写过程中，我们在内容上贯穿以"学习者"为中心的设计理念——教学目标以任务驱动，教材内容以"学"和"导学"交织呈现，项目引入以情景化的职业元素构成，学习足迹借助图谱得以可视化，学习效果通过最终的创新项目得以校验，具体如下。

1. 教材内容的组织强调以学习行为为主线，构建了"学"与"导学"的内容逻辑。"学"是主体内容，包括项目描述、任务解决及项目总结；"导学"是引导学生自主学习、独立实践的部分，包括项目引入、交互窗口、思考练习、拓展训练及双创项目。

2. 情景化、情景剧式的项目引入。模拟一个完整的项目团队，采用情景剧作为项目开篇，并融入职业元素，让内容更加接近于行业、企业和生产实际。项目引入更多则是还原工作场景，展示项目进程，嵌入岗位、行业认知，融入工作的方法和技巧，传递一种解决问题的思路和理念。

3. 项目篇以项目为核心载体，强调知识输入，首先经过任务的解决与训练，然后再到技能输出；同时采用"两点（知识点、技能点）""两图（知识图谱、技能图谱）"的方式梳理知识、技能。项目开篇清晰地描绘出该项目所覆盖的知识点，并在项目最后总结出经过任务训练所能获得的技能图谱。

4. 强调动手和实操，以解决任务为驱动，做中学，学中做。任务驱动式的学习，可以让我们遵循一般的学习规律，由简到难，循环往复，融会贯通；加强实践、动手训练，让学生在实操中学习更加直观和深刻；融入最新的技术应用，结合真实应用场景，解决现实性客户需求。

5. 具有创新特色的双创项目设计。教材结尾设计双创项目与其他教材形成呼应，体现了项目的完整性、创新性和挑战性，既能培养学生面对困难勇于挑战的创业意识，又能培养学生使用新技术解决问题的创新精神。

本教材共介绍 7 个项目，项目 1 为云数据中心认知，主要介绍了什么是数据中心、云数据中心的特点、体系结构、云数据中心和传统数据中心的区别、绿色数据的概念及其发展趋势；项目 2 介绍了云数据中心的设计与规划，主要包括云数据中心的设计与建设的指标、基础设施的规划以及云数据中心的优化策略；项目 3 介绍了云数据中心的硬件选型，主要包括服务器设备、网络设备以及存储设备的介绍和选型；项目 4 到项目 6 则重点介绍了虚拟化技术、云计算技术和运维技术，以及 KVM 虚拟化的搭建，OpenStack 的搭建，Zabbix、Puppet、KickStart 的搭建；项目 7 则介绍了 Docker 与 Kubernetes 容器技术，其中详细介绍了 Docker 与 Kubernetes 的搭建和实现。

本教材由戴经国、何丰、王国滨、郭炳宇、姜善永老师主编，他们除了参与编写外，还负责拟定大纲和总纂。本教材执笔人依次是：项目 1 为戴经国，项目 2 为何丰，项目 3 为王国滨，项目 4 和项目 5 为李想，项目 6 和项目 7 为张瑞元。本教材初稿完结后，由郭炳宇、姜善永、王田甜、苏尚停、刘静、张瑞元、朱胜、李慧蕾、杨慧东、唐斌、何勇、李文强、范雪梅、冉芬、曹利洁、张静、蒋平新、赵艳慧、杨晓蕊、刘红申、黎正林、李想组成的编审委员会相关成员进行审核和内容修订。

整本教材从总体开发设计到每个细节，我们团队精诚协作，细心打磨，以专业的精神尽量克服知识和经验的不足，终以此书馈慰读者。

本教材配套代码链接：http://114.115.179.78/teaching-resources/ 教材配套代码 - 数据中心基础 .zip

本教材配套 PPT 链接：http://114.115.179.78/teaching-resources/PPT - 数据中心基础 .zip

编　者

2018 年 7 月

目 录

项目 1

云数据中心认知

项目引入

我是小李，是一名刚入行的数据中心助理工程师，就职于一家云计算公司。我们公司致力于提供云计算技术服务。近几年，云计算需求呈爆炸性增长，原本的数据中心已经不能满足业务需求，于是领导层决定再建一个云数据中心。

此次项目团队中有 3 位资深的数据中心工程师，梁工精通硬件和 Linux 系统，邓工精通数据中心设计，徐工是云计算和虚拟化技术方面的"大拿"。作为一名新人，我非常珍惜这次直接参与项目的机会，随时准备向这些老师取经。

> 梁工：小李，关于云数据中心，你是怎么理解的，它与传统数据中心有什么不同呢？
>
> 我：云数据中心……就是把云计算技术运用到数据中心里吧？
>
> 徐工：说得不错，云数据中心作为一种新型的数据中心，与传统数据中心相比，它的基础设备更加规模化、标准化，其服务器、存储、网络、应用等高度虚拟化，用户可以按需调用资源，它还有一大特点，就是它的业务管理流程高度自动化。"云端"就好比一个大的蓄水池，将 IT 资源作为一种公共设施提供给用户，像我们使用水、电一样方便。云计算已经应用在各行各业中，数据中心也不例外。在后面的开发中，你还要加深对云数据中心的了解。

为了让我深入认识云计算，徐工给我展示了云计算示意，如图 1-1 所示。

图1-1　云计算示意

下面，我们一起开启一段云数据中心之旅吧！

知识图谱

项目 1 知识图谱如图 1-2 所示。

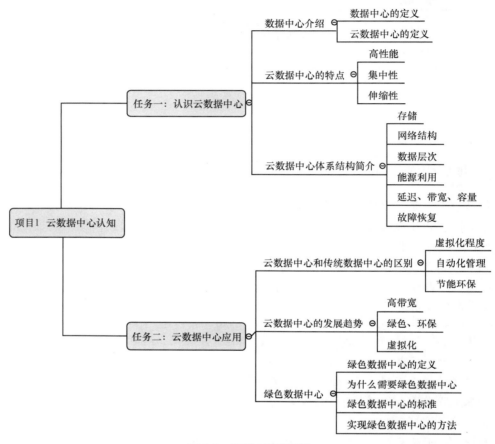

图1-2　项目1知识图谱

1.1　任务一：认识云数据中心

【任务描述】

随着业务的发展，传统的数据中心已经不能满足客户日益增长的需求，我们将采用新型技术，打造一个绿色、智慧、高效、节能的云数据中心。首先，我们一起来了解云数据中心的定义。

1.1.1 数据中心介绍

1. 数据中心的定义

信息时代，以互联网为代表的数据通信业务迅速发展，各行各业的信息化建设都在飞速进行，建设新型、高效的数据中心显得尤为重要。那什么是数据中心呢？直观地说，就是各行各业中的业务数据，依托 IT 技术实现数据处理、存储、传输、综合分析等一系列的操作，为用户提供方便快捷的服务，数据中心则是为这些操作提供稳定、可靠的基础设施和运行环境的载体，并保证可以便捷地对其进行维护和管理。

一个完整的数据中心包括辅助系统、计算系统、业务系统 3 个逻辑部分，如图 1-3 所示。

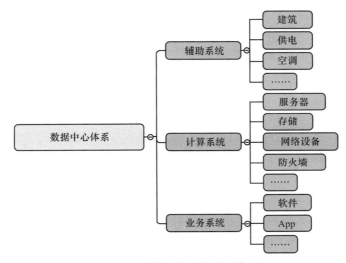

图1-3 数据中心体系示意

① 辅助系统包括建筑、供电、空调等一系列的辅助设施。
② 计算系统包括服务器、存储、网络设备、防火墙等设备。
③ 业务系统包括为用户提供服务的软件设备。

3 个逻辑部分或对外提供基础设施服务或对内提供资源支持。它们分别负责不同的业务，相互协作、相互补充，保证数据中心的正常运行，为用户提供高质量、高水准的服务。

2. 云数据中心的定义

云时代的到来对传统的 IT 行业产生了巨大的冲击，而传统数据中心的架构和模式已经不能完全适用于现在的云数据中心。为了能够更好地发展，提高 IT 资源的利用率，数据中心开始虚拟化。在传统的数据中心基础上，云数据中心的管理平台采用云架构，可以动态地调动资源，更加智能地对设备进行管理。云数据中心采用虚拟化技术，减少了物理设备的投入，使基础设备更加规模化、标准化，让数据中心的管理更加方便、快捷，减少了管理的复杂程度，同时也大大提高了承载的应用数量和业务量。云数据中心逻辑如图 1-4 所示。

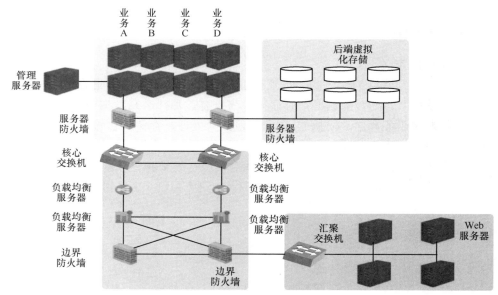

图1-4　云数据中心逻辑

1.1.2　云数据中心的特点

1. 高性能

数据中心采用分布式的云架构，整个数据中心的计算能力和存储空间都可以通过增加服务器数量和磁盘数量来提升，从而时刻保证高性能；同时，HA（High Available，高可用性集群）、HPC（High Performance Computing，高性能计算机群）和负载均衡（Load Balance）等技术可使运算速度和服务质量被提高，从而达到高性能、高质量的目标。

2. 集中性

在云数据中心，海量业务的迁移、设备的统一配置、故障的及时检查排除、流程跟踪等，均凭借自动化管理技术实现，管理具有高效集中性。

云数据中心的出现无疑是一项新的进展，其除了高度虚拟化，还包括了新技术和新硬件产品的使用，如低功耗 CPU、固态硬盘等。在建设新一代数据中心时，数据中心基础设施层和 IT 层能更紧密地融合在一起，这样可以实现不同设备的集中管理和节能，从而使数据中心的可靠性、可控性得以提高。在虚拟化、云计算、大数据浪潮的影响下，云数据中心的管理将高度集中化。

3. 伸缩性

云数据中心的资源分配可以根据应用访问具体情况进行动态调整，即具有伸缩性。对于非恒定需求的应用，云计算资源的扩展方式可以分为两大类：一类是可以事先预测的；另一类是完全基于某种规则实时动态调整的，这都要求云计算平台提供弹性的服务。系统架构要求应用程序在设计过程中要考虑耦合度，耦合度越低，灵活性越高，这样就可以把资源从硬件束缚中解放出来，从而提高资源的动态分配效率。

1.1.3 云数据中心体系结构简介

1. 存储

随着企业网络应用时间和应用数据量的加大，企业已经感觉到存储容量和性能与网络应用发展之间的不平衡。因此，满足用户存储需求的技术也应运而生，DAS（Direct-Attached Storage，直连式存储）、NAS（Network-Attached Storage，网络接入存储）和 SAN（Storage Area Network，存储区域网络）3 种存储技术成为当今主流的存储技术。

（1）DAS

DAS 在我们生活中非常常见，尤其是在中小企业应用中，DAS 是最主要的应用模式，存储系统被直连到应用的服务器中。DAS 技术是最早被采用的存储技术，但由于这种存储技术是把设备直接挂载在服务器上，随着需求的不断增加，越来越多的设备被添加到网络环境中，服务器和存储独立数量较多，导致资源利用率低下，使得数据共享受到严重限制。

DAS 更多地依赖服务器主机操作系统进行数据的 I/O 读写和存储维护管理，数据备份和恢复要求占用服务器主机资源（包括 CPU、系统 I/O 等），数据流需要回流主机再到服务器连接着的存储设备，数据备份通常占用服务器主机资源的 20% ~ 30%，直连式存储的数据量越大，备份和恢复的时间就越长，对服务器硬件的依赖性和影响就越大。DAS 逻辑示意如图 1-5 所示。

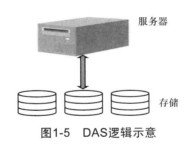

图1-5　DAS逻辑示意

（2）NAS

NAS 技术改进了 DAS 技术，通过标准的拓扑结构实现连接，服务器无需直接与企业网络连接，不依赖于通用的操作系统，所以存储容量得以扩展，而且对原来的网络服务器的性能没有任何影响。NAS 逻辑示意如图 1-6 所示。

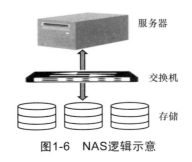

图1-6　NAS逻辑示意

NAS 是文件级的存储方法，常被用来共享文档、图片、电影等，而且随着云计算的发展，一些 NAS 厂商也推出了云存储功能，大大方便了企业和个人用户的使用。

（3）SAN

SAN 的支撑技术就是光纤通道——FC 技术，该技术与前面介绍的 NAS 技术完全不同。它不是把所有的存储设备集中安装在一个服务器中，而是将这些设备单独通过光纤交换机连接起来，形成一个光纤通道存储在网络中，然后在企业的局域网中进行连接。这种技术的最大特点就是将网络和设备的通信协议与传输介质隔离开，使其可以在同一个物理连接上传输。高性能的存储系统和宽带网络的使用，使得系统的构建成本和构建复杂程度大大降低。SAN 逻辑示意如图 1-7 所示。

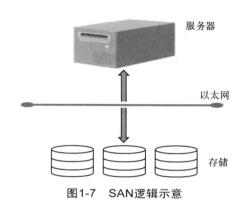

图1-7　SAN逻辑示意

2. 网络结构

DCN（Data Center Network，数据中心网络）主要采用层次结构实现，按照网络结构中设备作用的不同，网络系统可以被划分为核心层、汇聚层、接入层。多种应用同时运行在一个数据中心，每种应用一般都运行在特定的服务器与虚拟服务器集群上，每个应用与一个或者多个因特网路由的 IP 地址绑定，用于接收来自因特网的客户端访问。在数据中心内部，来自因特网的请求被弹性负载均衡器分配到这个对应的服务器池中进行处理。根据传统负载均衡的术语，接收请求的 IP 地址被称为虚拟 IP 地址（Virtual IP Address，VIP），负责处理请求的服务器的集合被称为直接 IP 地址（Direct IP Address，DIP）。一个典型的数据中心网络体系结构示意如图 1-8 所示。

除了以上所说的网络结构以外，还有一种 Fabric 的网络架构。数据中心在部署云计算之后，Fabric 网络架构可以利用阵列技术来扁平化网络，可以将传统的三层结构压缩为两层，并最终转变为一层，通过实现任意点之间的连接来消除复杂性和网络延迟。不过，Fabric 这个新技术目前仍未有统一的标准，其推广应用还有待更多的实践。

3. 数据层次

数据中心全年无休地运行，一旦数据丢失，造成的损失将难以估量，因此部署数据备份系统尤为重要，而数据备份技术也是整个备份系统中的核心技术。

数据备份技术可以将整个数据中心的数据或状态保存下来，一旦发生硬件损坏而导致数据丢失，我们可以从已有的备份中，快速、正确、方便地将数据恢复。数据备份技

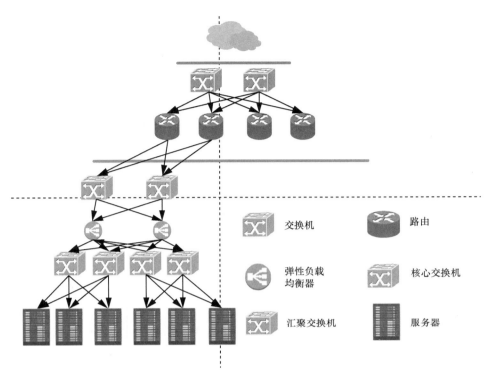

图1-8　典型的数据中心网络体系结构示意

术在存储系统中的意义不仅在于防范意外事件的发生,而且它还是历史数据归档保存的主要方式。

数据备份由备份服务器、备份软件、数据服务器和备份介质4个部分组成。数据备份并不是简单地数据拷贝,为降低备份数据所占用的额外空间,一般需要改变数据格式,进行压缩等操作,这一般由专业的备份软件完成。数据库的备份与普通文件备份不同,需要通过应用插件与数据库协调,以保证备份数据的一致性和完整性。

那么什么是备份策略呢?备份策略是确定需要备份的内容、备份时间及备份方式的过程。各行各业都需要根据自己的实际情况来制订不同的备份策略。目前被采用的备份策略主要有以下3种。

(1)完全备份(Full Backup)

如图1-9所示,我们可以每天对自己的系统进行完全备份。例如,第一天用一盘磁带对整个系统进行备份,第二天再用另一盘磁带对整个系统进行备份,以此类推。

优点:只需使用当天的数据盘就能恢复数据。

缺点:每天都对整个系统进行完全备份会造成备份的数据大量重复,这些重复的数据占用了大量的磁带空间;其次,由于需要备份的数据量较大,备份所需的时间也较长。

(2)增量备份(Incremental Backup)

第一天进行一次完全备份,然后在接下来的每天只对当天新的或被修改过的数据进行备份。这种备份策略如图1-10所示。

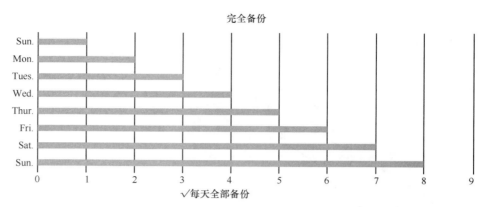

图1-9　完全备份策略示意

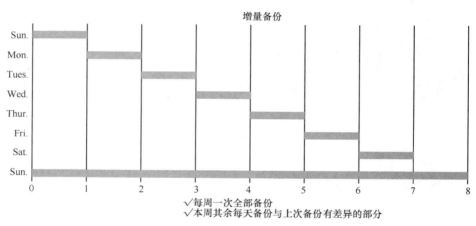

图1-10　增量备份策略示意

优点：节省了磁带空间，缩短了备份时间。

缺点：当灾难发生时，数据的恢复比较麻烦。例如，系统在星期三的早晨发生故障，丢失了大量的数据，那么现在就要将系统恢复到星期二晚上时的状态。这时系统管理员就要先找出星期天的那盘完全备份磁带进行系统恢复，然后再找出星期一的磁带来恢复星期一的数据，接着找出星期二的磁带来恢复星期二的数据。很明显，这种方式很繁琐且可靠性也很差。在这种备份方式下，各盘磁带间的关系就像链子一样，一环套一环，其中任何一盘磁带出了问题都会导致整条链子脱节。比如在上例中，若星期二的磁带出了故障，那么管理员最多只能将系统恢复到星期一晚上时的状态。

（3）差异备份（Differential Backup）

管理员首先在星期天进行一次系统完全备份，然后在接下来的几天里，再将当天所有与星期天不同的数据（新的或修改过的）备份到磁带上，如图1-11所示。差异备份策略在避免了以上两种策略的缺陷的同时，又具有了它们的所有优点。

优点：它无需每天都对系统做完全备份，因此备份所需时间短，节省了磁带空间；其次，它的灾难恢复也很方便，系统管理员只需两盘磁带，即星期天的磁带与灾难发生前一天的磁带，就可以将系统恢复。

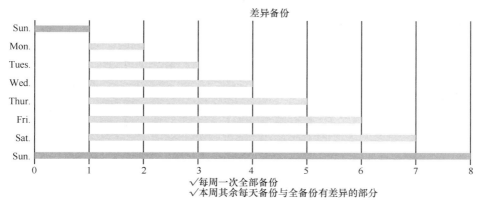

图1-11　差异备份策略示意

4. 能源利用

PUE（Power Usage Effectiveness，能源使用效率）是评价数据中心能源效率的指标，是数据中心消耗的所有能源与 IT 负载消耗的能源之比。PUE 值已经成为国际上比较通行的数据中心电力使用效率的衡量指标。PUE 值越接近于 1，表示一个数据中心的绿色化程度越高，能源的利用率越高。

节能减排在今天已成为一种社会责任，越来越多的数据中心在构建之初就已将其列为一项硬性指标。数据中心所耗费的能源费用已占企业运营费用的 40% ～ 45%，因此，合理高效的能源利用是十分重要的。

5. 延迟、带宽、容量

随着越来越多新技术的问世以及标准的出台，数据中心的带宽提升也变得越来越棘手。目前，数据中心的带宽发展介于突破与疯狂之间，带宽需求正在以每年 25% ～ 35% 的速度飞速增长，预计这样的增长速度还会持续几年甚至更久。因此，合理的网络架构和及时更换网络设备是解决带宽问题的首要方法。

6. 故障恢复

随着网络科技快速发展，云数据中心需要更高水平的运营支撑能力和强大的数据处理能力，既要确保关键业务数据万无一失，又要支撑各企业业务系统的连续、可靠运行。因此，数据中心的故障恢复要快速，不能影响业务的正常运行，高可用和负载均衡的技术就显得尤为重要。合理的高可用架构可以保证服务的不间断运行，性能优秀的负载均衡架构可以保证服务的质量，两者的合理安排，是数据中心故障恢复的有力保障。

1.1.4　任务回顾

 知识点总结

1. 数据中心体系分为辅助系统、计算系统和业务系统。

2. 云数据中心的特点：高性能、集中性、伸缩性。

3. 常见的 3 种存储方式：DAS、NAS、SAN。

4. 云数据中心体系结构：存储、网络结构、数据层次、能源利用、延迟、带宽、容量、故障恢复。

5. 云数据中心的备份策略：完全备份、增量备份、差异备份。

学习足迹

任务一学习足迹如图 1-12 所示。

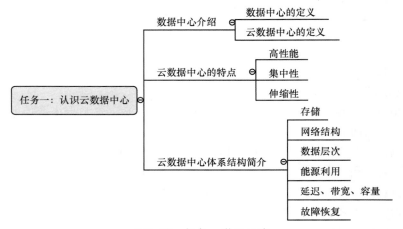

图1-12　任务一学习足迹

思考与练习

1. 简述数据中心和云数据中心的概念。

2. 云数据中心常见的 3 种存储方式。

3. 云数据中心常见的 3 种备份策略及其优缺点。

4. 根据 3 种备份策略设计一种可行性强的数据备份方案。

5. 上网查阅数据中心相关资料，并制作一张数据中心的逻辑拓扑图。

6. 简述云数据中心的特点。

7. 简述云数据中心的体系结构。

1.2　任务二：云数据中心应用

【任务描述】

云技术的不断成熟，带来了交付模式的巨大转变，云技术的应用范围也越来越广。"游戏云""医疗云""云桌面"等产品如雨后春笋,对于作为 IT 服务"心脏"的数据中心来说,云应用已经相对成熟。

1.2.1 云数据中心和传统数据中心的区别

1. 虚拟化程度

传统数据中心的虚拟化程度较低,而云数据中心最基本的是其内部的所有服务器、存储以及部分网络都经过虚拟化,与传统数据中心机房 IT 设备利用效率相比,其利用率提高了 60% 以上。

（1）计算虚拟化

计算虚拟化对服务器资源进行快速划分和动态部署,从而降低了系统的复杂度,消除了设备无序蔓延,并达到减少运营成本、提高资产利用率的目的。

（2）存储虚拟化

存储虚拟化即将资源抽象成一个"资源池",把许多零散的存储资源整合起来,提高整体利用率,降低系统管理成本并且使其能够进行统一的管理的操作,以实现无需中断应用即可改变存储系统和数据迁移,提高整个系统的动态适应能力的目的。

（3）网络虚拟化

从开始的 VPN（Virtual Private Network，虚拟专用网络）到现在的 SDN（Software Defined Network，软件定义网络），网络虚拟化的实现方式有了全新的改变,其核心技术 OpenFlow 通过将网络设备控制面与数据面分离开来,实现网络流量的灵活控制。

云数据中心基于上述计算、存储、网络虚拟化技术,实现了跨越 IT 架构的全系统虚拟化,对（计算、存储、网络）资源进行统一管理、调配和监控,在无需扩展物理资源的前提下,简单有效地将大量分散的、没有得到充分利用的物理资源整合成虚拟资源,并使其能长时间高效运行,从而使能源效率和资源利用率达最大化。

2. 自动化管理

在物理环境中,业务部署后一般位置都是固定的,即服务器的位置,网络、存储设备的位置,因此,需要进行维护的目标物理机、物理端口也是一致的,在这种情况下,主机系统、网络系统分别部署、调试和对接都相对比较容易。但在大规模的数据中心中,特别是对于云计算环境下的业务,传统的调试无法有效支持云服务的业务模式,这就要求整个服务的供应信息提交简单,且不同系统（计算、网络、存储管理系统）之间能够交互服务信息,并基于一致的业务要求完成所有部件的自动化部署与运行。

云数据中心在自动化管理下,实现了较少工作人员对大规模数据中心的高度管理,一方面能降低数据中心的人工成本,另一方面能提高管理效率,提升客户体验。

3. 节能环保

传统数据中心的 PUE 值在 1.8～2.5,而云计算使用全面的虚拟化技术覆盖整个数据中心,因此云数据中心的 PUE 值一般低于 1.6。目前,世界上最先进的云数据中心的 PUE 值甚至可以达 1.1 以下。对于规模化的数据中心,能源成本是其持续运营要考虑的非常重要的因素。

1.2.2 云数据中心的发展趋势

1. 高带宽

随着信息技术的发展，以太网正在向着高速化的趋势发展。目前，虽然以太网的性能还能满足虚拟化、云计算、光纤整合等技术的要求，但是，随着技术的发展，人们对网络数据传输速率的要求也越来越高，以太网的传输速度也必须随之提升。根据相关人员的调查统计结果全球网络的数据量每两年就会增加一倍，而通信行业的信息量每一年半就会增加一倍。因此，以太网的传输速度必须提高，以满足对传输速度的需求，这是困扰着全球各家数据中心企业的主要问题。

2. 绿色、环保

信息时代的到来使得信息数据量出现了爆炸性的增长，数据中心的规模也随之不断扩大，从而引发了一系列的问题。例如，服务器数量大大增加，导致成本急剧升高；业务量的不断增加，服务器的运行负担加重，从而导致消耗的电力能源增加等。这些问题对供电行业提出了更苛刻的要求。根据我国电力管理部门相关人员的调查统计：与过去10年对比，电力系统提供给数据中心服务器的电量增长了十倍，数据中心的运营成本中有一半都是由能源消耗所产生的。

所以，新时代的云数据中心必须向着绿色、节能、环保的方向发展，降低数据中心的能源消耗水平是首要方向。只有能源消耗水平下降，数据中心的运营成本降低，数据中心才能具备更强的竞争力，占据更大的市场份额，实现经济效益的全面增长。

3. 虚拟化

虚拟化是指通过虚拟化技术将一台计算机虚拟为多台逻辑计算机。在传统的数据中心中，数据的搜集、整合、处理和展示等工作都是由真实的物理服务器来完成的，而数据中心的虚拟化技术，就是要将底层真实的计算资源、存储资源和网络资源抽象出来，为上层的系统和应用提供资源调用，从而使具体的服务器转移到虚拟的系统环境中。

虚拟化的发展大大地改善了目前互联网行业和信息行业中，传统IT架构中服务器规模越来越大、数量越来越多、硬件成本越来越高、管理运维工作越来越繁琐的现象。通过使用数据中心的虚拟化技术，物理服务器的数量将会大大减少，硬件花费的成本也将大大降低，管理运维工作的难度也会随之变小，企业的资金周转效率将会增加，工作人员的工作量将减少。

1.2.3 绿色数据中心

1. 绿色数据中心的定义

绿色数据中心是指数据中心在生命周期内，最大限度地节约资源（能耗、水资源、材料等），保护环境，减少资源浪费，减少环境污染，为客户提供可靠、安全、高效、适用的数据中心服务，与自然和谐共存。

"绿色"已成为当今社会的主题。"绿色"涉及的内容随时间推移发生了变化，从一开始数据中心规划要减少能源和材料的使用，到数据中心运营期间要追求更高的效率，再到延长数据中心的使用寿命以及减少组件的更换和相关浪费等。

2. 为什么需要绿色数据中心

相关调查显示：60%以上的数据中心面临着散热、供电、成本等问题；20%左右的企业认为，其数据中心供电和散热能力不足，限制了 IT 基础设施扩展，或使自身无法充分利用高密度计算设备；90%的企业认为，其数据中心的耗电量太大，费用过高，无法负担。

因此，大多数企业的数据中心设施面临最严重的问题是运算密度的提高导致用电密度的迅速加大，数据中心总体拥有成本随服务器的增加而成倍增加。这个时候就需要绿色数据中心。

（1）能源成本不断增加

随着 IT 行业的快速发展，为了满足市场的需求，数据中心的硬件设备频繁地更替，电力成本也在不断上涨。据了解，目前服务器电力和冷却三年的费用，一般为服务器硬件采购成本的 1.5 倍。随着企业对经济型、功能更加强大的高性能计算机集群需求的增加，这个问题不仅仅关系到计算机的采购，而且关系到数据中心能否承受电力和冷却费用的问题。

（2）电力资源不足

由于受到电力不足的限制，一些企业无法部署更多的服务器。人口密集的城市或者地区的电力公司已经在满负荷地供电，根本无法再增加供电量。然而，随着新的服务器、存储和网络设备性能的不断提高，其对于电量的消耗也在不断地增加，而数据中心所在地区的电力供应并不能及时响应。因此，电力不足成为数据中心所面临的棘手问题之一。

（3）冷却能力不够

目前来看，绝大多数的数据中心都是在原来数据中心的基础上完成转型和扩建的，因此许多数据中心已经运行了 10 ~ 15 年，甚至更长的时间。目前的机架制冷量是以前制冷量的 2 ~ 3 倍，冷却基础设施难以满足当前的需求。长期不达标的冷却能力，将会使数据中心产生更多计划外的成本。因此，冷却能力也是数据中心必须走绿色道路的原因。

（4）使用空间不足

对于数据中心来说，每当新的大型业务上线时，需要增加的服务器等硬件设备的数量是相当大的，设备的占地面积也要相应增加。当原有的数据中心不能满足需求时，就要再建一个新的数据中心，对于如今寸土寸金的土地资源来说，这意味着巨大的成本。即使我们将数据中心建立在土地价格相对便宜的地区，也仍然会受到其他因素的影响。比如电力供应量、网络、天气等。

所以，建立绿色数据中心是企业迫在眉睫要解决的问题。

3. 绿色数据中心的标准

绿色数据中心没有专用的评估体系，目前通常采用绿色建筑的评估体系来衡量。数据中心的环保水平主要通过两个指标体现：DCIE 数据中心基础设施效率和 PUE 值。

PUE 相对于 DCIE 来说是一个新指标，而 DCIE 是为了进一步了解数据中心设备的效率而制订的。DCIE 与 PUE 的关系如图 1-13 所示，IT 设备用电量如图 1-14 所示。

$$DCIE = \frac{1}{PUE} = \frac{IT设备用电量}{基础设施用电总量} \times 100\%$$

图1-3 DCIE与PUE关系

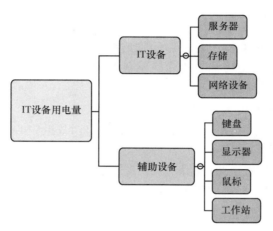

图1-14 IT设备用电量

DCIE 是 PUE 的倒数。

例如，DCIE 值为 40%，则 PUE 值为 1 / 40% = 2.5，说明，IT 设备总的消耗电量为 40%。因此，100 元的能源花费，IT 设备只用了 40 元，剩下的钱都用在制冷以及辅助设备方面。当 DCIE 接近 100% 时，资源得到了最佳利用。

4. 实现绿色数据中心的方法

（1）基础设施方面

为了实现环保，数据中心需要采用高能效的基础设施建设，主要包括以下几点。

① 采用最合理的建筑材料、结构形式和施工方法，以及以绿色、节能为主要目标的体系结构。

② 充分地利用太阳能、风能、水能等可再生的绿色能源，并且能在一定程度上利用技术实现自给自足。

③ 利用新技术来降低能源的消耗，提高单位耗电量的计算能力。

④ 改进技术方法，提高电源和制冷效率，减少数据中心产生的热量。

⑤ 采用热回收等能源再利用的技术来实现资源的二次利用，降低成本消耗和污染。

（2）提高数据中心资源利用率

① 合并：将不同系统的应用程序合并到一个更高效的服务器上，这样使服务器的工作能效更高，利用率更高。随着用电量下降，热负荷以及其他插件能耗也在同步下降。

② 虚拟化：使用虚拟化技术减少 IT 设备，消除程序对物理的限制，提高设备的利用率，大大地减少成本消耗。

1.2.4 任务回顾

知识点总结

1. 云数据中心和传统数据中心的区别有：虚拟化程度、自动化管理、节能环保几个方面。

2. 云数据中心的发展趋势：高带宽、绿色环保、虚拟化。

3. 绿色数据中心的概念。

4. PUE 值的概念以及应用。

5. DCIE 值的概念以及应用。

6. IT 设备用电量的概念。

7. 计算虚拟化的概念。

8. 存储虚拟化的概念。

9. 网络虚拟化的概念。

10. 实现绿色数据中心的方法。

学习足迹

任务二学习足迹如图 1-15 所示。

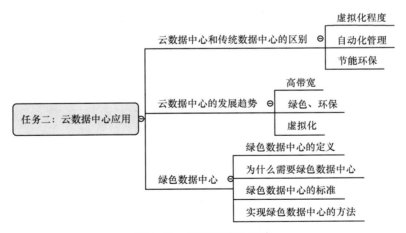

图1-15 任务二学习足迹

思考与练习

1. 简述计算、存储、网络 3 种虚拟化的概念。

2. 简述绿色数据中心的概念。

3. 查找改建绿色数据中心的具体解决方案。

4. 简述云数据中心的发展趋势。

5. 简述 PUE 值与 DCIE 值的用法。

1.3　项目总结

本项目为学习云数据中心打下了坚实的基础，通过本项目的学习，我们了解了数据中心、云数据中心以及绿色数据中心的相关知识；学习了云数据中心的特点、数据中心常用的备份策略、常见的存储方式、虚拟化的分类；掌握了 PUE 值与 DCIE 值的概念以及用法。

通过本项目的学习，我们提高了认知能力和理解能力。

项目 1 技能图谱如图 1-16 所示。

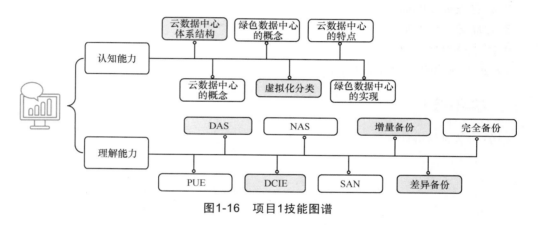

图 1-16　项目 1 技能图谱

1.4　拓展训练

网上调研：我国"天河一号"超级计算机项目。

◆ **调研要求**

对于选题，请采用信息化手段对"天河一号"超级计算机项目调研，并撰写调研报告。调研需包含以下关键点。

① "天河一号"项目的目的、项目规模。

② "天河一号"采用哪种云计算解决方案。

◆ **格式要求**：需提交调研报告的 Word 版本，并采用 PPT 的形式进行汇报展示。

◆ **考核方式**：采取课内发言的形式，时间要求 3～5 分钟。

◆ **评估标准**：见表 1-1。

表1-1 拓展训练评估表

项目名称： "天河一号"超级计算机系统调研	项目承接人： 姓名：	日期：
项目要求	**评分标准**	**得分情况**
总体要求（100分） ① 表述清楚什么是"天河一号"项目以及规模（50分）； ② 简单表述清楚"天河一号"使用哪种云计算解决方案以及如何应用（50分）	① 语言流畅，思路清晰（50分）； ② 言行举止大方得体，说话有感染力，能深入浅出（30分）； ③ 逻辑清晰（20分）	
评价人	**评价说明**	**备注**
个人		
老师		

项目 2

云数据中心的设计与规划

项目引入

启动会之后，我听取了前辈的指导，这段时间恶补了云数据中心的相关知识，但是一到实践中，似乎仍然是个"小白"。

邓工：PUE 你知道吗？

我：这个我之前了解过，PUE 是 Power Usage Effectiveness 的简写，是评价数据中心能源效率的指标。

邓工：嗯，你的理解还不够深入。PUE 是审核一个数据中心绿色化程度的重要指标。但是一个数据中心是否合格，单单凭 PUE 是不够的。打个比方，一个学生数学成绩好，不代表他整体成绩好。不偏科，每科的成绩都优秀，才能说明这个学生的成绩好。对于数据中心也是一样的，只有各个指标都满足，才是一个合格的云数据中心。

一谈到工作，邓工就特别严谨，他接着强调云数据库中心前期的规划设计非常重要，这是数据中心工程师应具备的基础技能之一。不合理的规划，往往造成许多难以解决的麻烦，甚至是不可挽回的事故。例如，冗余的设计，导致超出计划外的设备不能安置；空调系统的不合理设计，导致温度过高、服务器温度过高、服务质量下降等。所以，我们在进行数据中心规划时，务必要考虑所有的相关因素。

听完邓工一席话，在仰望前辈之余，我在心里默默给自己加油，已经迫不及待地想要学习云数据中心的设计与规划了。

知识图谱

项目 2 知识图谱如图 2-1 所示。

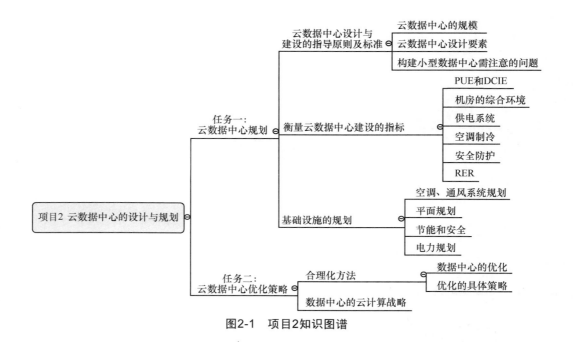

图2-1　项目2知识图谱

2.1　任务一：云数据中心规划

【任务描述】

建设云数据中心，从开始的设计规划、施工搭建，到运营阶段的运维，都要反复推敲。俗话说，兵马未动粮草先行，云数据中心的前期规划是重中之重。

2.1.1　云数据中心设计与建设的指导原则及标准

1．云数据中心的规模

随着时间的推移、科技的不断进步以及服务器设备的不断精细化，云数据中心的规模指标也在不断变化。当前云数据中心按规模可被分为小型云数据中心、中型云数据中心、中大型云数据中心、大型云数据中心、超大型云数据中心，具体划分见表2-1。

表2-1　云数据中心规模

云数据中心规模	云数据中心面积划分
小型云数据中心	$<200\text{m}^2$
中型云数据中心	$200 \sim 500\text{m}^2$
中大型云数据中心	$500 \sim 2000\text{m}^2$
大型云数据中心	$2000 \sim 10000\text{m}^2$
超大型云数据中心	$>10000\text{m}^2$

2. 云数据中心设计要素

因为数据中心存储着大量的珍贵数据，所以数据中心必须具有极高的安全性，即使发生地震、水灾等自然灾害或设备故障等偶然事件，也要保证数据的可靠、安全以及业务的正常运转。数据中心想提高安全性，可以通过各种技术手段实现。例如，构建具有冗余性的系统和易于修复故障的系统等，采用多副本策略。但是在抵抗地震、水灾等自然灾害时，数据中心就必须规划选择合理位置，尽量避免自然灾害造成的损失。以下几方面是必须考虑的问题。

（1）选址问题

① 水源充足，电力稳定可靠，交通、通信方便，自然环境清洁。

② 远离产生粉尘、油烟、有害气体以及生产或贮存具有腐蚀性、易燃、易爆物品的工厂、仓库、堆场等。

③ 远离具有水灾隐患的区域。

④ 远离强电磁场干扰地区。

⑤ 避免建立在地震发生频率较高的地区。

（2）数据中心的规划

1）解决系统过热问题

传统数据中心普遍存在局部过热的问题，因为设计不合理，数据中心制冷不能按实际设备的需要进行分配，导致总体能源浪费高且存在局部过热而宕机的现象。机房空调设置不合理，没有采用机房专用的精密空调，而是直接采用了家庭舒适性空调。电源线缆布放过细，存在重大的安全隐患。没有配备保障电源，无法保证机房设备的安全运行。

科学的数据中心动力配置的建设成本在初期会较高，但相比系统稳定运营带来的业务高可靠性，这是值得的。

2）解决系统宕机问题

大量企事业单位都会自己建设或者通过电信服务商、IDC 运营服务商等建设自己的机房，但是由于各种原因，数据中心会停机或者暂时关闭，可能会为企业带来不可估量的损失，为此，企业应采取以下措施。

第一，建立自身的灾备中心，除了 IT 支撑之外，灾备中心还应该加入业务影响分析、策略制订、业务恢复预案、人员架构、通信保障、第三方合作机构等，形成业务连续性规划（BCP）。

第二，对关键设备进行 $N + x$ 冗余备份，尽量减少设备自身可能产生的问题。

3）注重整体的绿色节能问题

数据中心的"绿色"，业界没有统一的衡量标准，也没有形成可以参考的规范。其实绿色标准体现在以下两个方面。

第一，整体设计要科学合理以及设备要节能环保。绿色应该体现在通过科学的机房配置设计，形成动力环境最优化的配置，实现初始投入最小化。在保障机房设备稳定运营的同时，达到节能减耗。服务器、网络存储等设备要实现最大化的效能比。

第二，满足 IT 环境的基本运营，同时确保可扩展性。要合理规划数据中心，使其使用寿命达最大化，争取使 TCO（Total Cost of Ownership，总拥有成本）最小化。

3. 构建小型数据中心需注意的问题

（1）基础设施与动力环境设计、安装要合理

① 数据中心应配置保证电源，至少配置 $N+x$ 个 UPS 电源，确保市电中断以后设备能正常运行。如果条件允许，应该再配置一台发电机，以减少市电中断时间过长造成的影响。

② 数据中心要配置机房专用的精密空调，并做好整体监控，根据机房环境和湿度的变化随时调节空调的运行。

③ 数据中心要建设专用的送风通道。数据中心的设备能耗大，发热量也大，下送风方式的效果最好，因此必须在机房铺设地板，建立专用的下送风通道。

④要进行专门的规划。企业不仅要做好自身长期规划，还要对机房进行全面规划，然后根据业务发展的需要分步实施。只有这样，机房的建设才会规范，才不会出现电源线缆发热的情况。

（2）重点关注耗能的各个部分，层层把关，严防超标

① IT 设备系统。服务器、存储和网络通信等设备所产生的功耗约占数据中心机房总功耗的 50% 左右。其中，服务器所产生的功耗为总功耗的 40% 左右，另外 10% 功耗由存储设备和网络通信设备产生。

② 空调系统。空调系统所产生的功耗占数据中心机房总功耗的 37% 左右。其中，25% 左右的功耗来源于空调的制冷系统所产生的功耗，12% 左右的功耗来源于空调送风和回风系统所产生的功耗。

③ UPS 供电系统。它们的功耗占机房总功耗的 10% 左右。其中，7% 左右来源于 UPS 供电系统所产生的功耗，3% 左右来源于 UPS 输入供电系统所产生的功耗。

④ 照明系统。照明系统产生的功耗占数据中心机房总功耗的 3% 左右。

（3）注重数据中心的整体成本，使其达到最大效用比

构建小型数据中心更应注重节能和可持续发展，因为随着业务的发展，机房随时可能需要改建和扩建。数据中心的建设涉及的不仅仅是服务器、存储等设备的性价比问题，还要遵循环保规范。一般来说，一提起数据中心的绿色环保措施，人们首先想到的是减少能耗，提高能效，减少空调数量，以达到节省能源的目的，措施基本都集中在对硬件设备的改造上。软件设计同样也是实现数据中心绿色节能环保的主要手段。软件为绿色数据中心做的最大贡献体现在：软件可以改变数据中心数据系统的架构，从而减少服务器等设备的使用量，达到绿色数据中心设计和建设目标。

2.1.2　衡量云数据中心建设的指标

1. PUE 和 DCIE

在项目 1 的任务二中，我们简单地介绍过 PUE 和 DCIE，它们都是衡量数据中心是否"绿色"的指标，同时也是衡量能耗多少的一个标准。

数据中心典型的 PUE 和 DCIE 曲线如图 2-2 和图 2-3 所示。

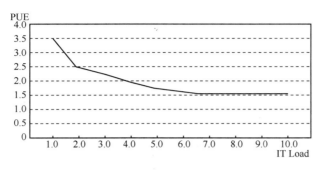

图2-2 PUE曲线

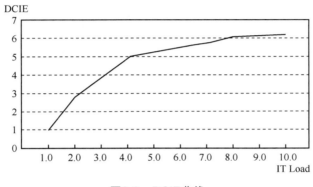

图2-3 DCiE曲线

我们知道,数据中心总能耗(Total Facility Power)=制冷用电负荷(Cooling Load)+供配电能耗(Power Equipment Loss)+IT设备能耗(IT Equipment Load),所以PUE指标分解如图2-4所示。

$$PUE = \frac{1}{DCIE} = \underset{\text{制冷能效因子}}{\text{Cooling Load Factor(CLF,制冷用电负荷系数)}} + \underset{\text{供配电能效因子}}{\text{Power Load Factor (PLF,功率负荷系数)}} + 1.0$$

图2-4 数据中心总能耗

CLF代表在每千瓦IT负载上消耗的制冷用电量,PLF代表每千瓦IT负载上供电系统的损耗,1.0则永远不会变,因为这是IT负载和自己的比率。这样,我们就可通过一些子指标来定量表征数据中心能效模型。

2. 机房的综合环境

机房综合环境也包含很多小项:机房内机柜平面布局评估,综合物理环境评估,存储介质安全保护,机房的温度、湿度、静电、通风、防震、防尘、防雷、防鼠等情况。这些项目要通过反复的检查、仪器测量才能得出评估结果。然后,我们将所有的小项进行累加,最终得出机房综合环境的评估情况。机房环境的好与坏将直接影响各种电子设备的运行,只有为电子设备提供良好的运行环境,才能使这些设备处于最佳的工作状态,并减少硬件故障的发生。

3. 供电系统

供电系统对数据中心最为重要，因此我们要重点对电源/UPS 容量进行评估，避免出现小马拉大车或者大马拉小车的情况。我们还要对供电系统保护等电位连接供电系统的接地情况，漏电防护器、过压过流保护器设置是否合理，电路质量如何等进行检查，发现有不合理的地方要及时改进。供电系统上的优化在数据中心建设完后也可以进行，不像有些项目在数据中心建设完后很难再做调整。在整个数据中心的生命周期中，供电系统都可以不断地进行扩容和优化，直到达到各种设计标准。

4. 空调制冷

空调制冷是数据中心消耗能量最大的一块，提升空调制冷效率将大幅改善数据中心的评估效果。对这部分进行评估时，要计算机房热负荷的容量、空调制冷容量，还要评估机房制冷效果等，计算机房的 PUE 值，PUE 值越接近 1 越好。处于 Uptime Tier IV 等级的数据中心应具有持续制冷能力。当供电系统发生故障时，UPS 为水系统中的水泵、阀门、末端风机供电，通过贮存的冷水提供冷量；若数据中心没有这样的系统，则没有资格评上 Tier IV 级。

5. 安全防护

数据中心安全的内容很广泛，不仅仅局限于信息安全，当然所有的安全防护基本都是为信息安全服务的。要对数据中心机房访问控制管理情况进行评估，就要对机房防火、防水、防雷情况进行评估，还要对机房防盗情况进行评估，检查机房安全设备的部署情况，运行系统上是否存在较大的安全漏洞、安全隐患等，有些评估机构甚至还可以模拟一些攻击，验证数据中心的安全防护实力，最终对数据中心的安全防护情况进行评估。数据中心的安全问题得到越来越多人的关注，这也使得安全防护部分的权重指标越来越高，安全防护做得不好的数据中心将很难在评估中获得高分。

6. RER

RER（Renewable Energy Ratio，可再生能源利用率）用于衡量数据中心利用可再生能源的情况，以促进太阳能、风能、水能等可再生能源以及无碳排放或极少碳排放的能源的利用。一般情况下，RER 是指在自然界中可以循环再生的能源的利用率，这样的能源主要包括太阳能、风能、水能、生物质能、地热能和海洋能等。可再生能源对环境无害或危害极小，而且分布广泛，适宜就地开发利用。与可再生能源相对的是煤、石油、天然气等化学燃料及核能。

RER 指标是根据中国太阳能、风能等可再生能源发展迅速的现状，由云计算发展与政策论坛提出的一个新指标。目前，该项指标已经提交致力于提高 IT 效率的全球知名联盟 TGG（绿色网格）组织讨论。

实际上，除了上述指标，数据中心还有其他可参考的能效指标，如 TGG 提出的 CUE（碳利用效率）和 CEF（碳排放因子）指标，但是考虑到我国的实际国情，这些标准在我国的应用尚需时日。

2.1.3 基础设施的规划

正所谓工欲善其事，必先利其器，想让数据中心提供稳定、高性能的服务，我们就需要对数据中心进行完善的规划。

数据中心基础设施的建设是结合多种工程技术与环境技术的综合工程，随着相关的研究开发、规范标准、系统结构、功能应用、产品特性、材料工艺以及管理要求等诸多方面的演变和发展，涉及数据中心基础设施建设的技术演变与发展趋势也呈现出多维多态的特性。由此，新一代的数据中心基础设施建设的理念与策略也随之形成。

云数据中心基础设施的总体规划应该秉承延长数据中心基础设施架构的使用寿命、合理化数据中心基础设施架构、灵活构建和集成化管理的基本原则。

1. 空调、通风系统规划

由于数据中心必须在低温环境下工作，服务于关键服务的空调需要7×24h不间断服务，并且为设备运行环境提供温度、湿度以及洁净度的保障，因此数据中心内的空调和通风系统也是"能耗大户"。如何规划空调和通风系统，如何利用室外的自然风降低成本，如何回收机房的热能再次利用等也是数据中心建设要关注的问题。

数据中心的设备通过内部的风扇把冷空气吸入，与其内部的发热组件（CPU、内存、主板等）进行热交换之后，再通过服务器背后的排气栅格将空气排出。如果计算设备的冷负荷不能根据设备铭牌额定功率来确定，那么只能当作参考。如果按照设备铭牌来计算冷负荷，会导致制冷系统的情况不符合实际，造成巨大的损失。我们可以计算"进电"的输入功率及IT设备的UPS配置，并将其作为核校制冷设备选型的依据。

我们可采用水冷方式，通过一台板式热交换器把冷却塔产出的低温冷却水与机房内的高温冷冻水进行热交换，达到降低冷水机组能耗，甚至不开启冷水机组的目的，冷却过程如图2-5所示。

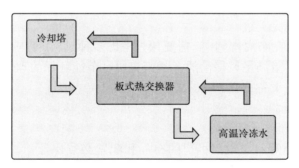

图2-5 冷却过程

相关案例分析如下。

某云数据中心：空调、通风系统规划。

设计思路：为满足年平均PUE ≤ 1.8的设计要求，提供对2 ～ 10kW机柜密度的全兼容能力，并可以在线扩容，数据中心决定采用机柜排级别的水平送风模式空调；同时为降低建造成本，实现自然冷却，决定采用冷冻水换热模式。

设计流程如下。

①热负荷计算：机房的热负荷由IT设备的热负荷、UPS及PDU的热负荷、照明、物理空间负荷、新风负荷、人体热负荷等组成。机房IT负载初期为240kW，扩容后最大

可达 400kW。初期机房的总热负荷为 7.79kW，其中显热量为 7.13kW，机房热负荷的显热比为 0.92。

远期 IT 负载增加到 400kW 时，机房的总热负荷变为 12.07kW，其中显热量为 11.41kW，机房热负荷的显热比为 0.95。

② 空调选型及配置：由上述计算得到机房总热负荷为 12.07kW，建议机房采用两台施耐德上送风后回风的 SUA0331 空调机组，形成 1 用 1 备的情况。每台 SUA0331 空调机组送风量为 1950CFM，能提供 9.3kW 制冷量。

这样配置的好处是：前期 IT 负载为 5kW 时，机房的总热负荷为 7.79kW，此时两台 SUA0331 空调机组形成 1 用 1 备的情况，制冷的可靠性提高了；远期 IT 负载为 9kW 时，机房的总热负荷为 12.07kW，此时两台 SUA0331 空调机组也能满足机房制冷需求，即使一台空调坏了，另外一台也能支持机房 77% 的制冷量，机房制冷的可靠性得到了最大限度的提高。

2. 平面规划

数据中心的平面设计必须综合考虑 IT 系统的建设原则、数据中心的管理原则，以及机房管理、IT 需求，这样才能导出数据中心的功能需求等逻辑关系。数据中心的设计除了要满足业务技术需求外，还应该满足以下几个方面的要求。

① 外形：数据中心是一座建筑，因此，在数据中心项目建设过程中，建筑学、功能学、美学以及所追求的文化含义这几大要素缺一不可，此外，总体的协调性也应被考虑在内。

② 管理：数据中心的平面规划在强调综合功能性合理的前提下，追求内外及总体的协调。在人流、物流的管理上，数据中心引入先进的人性化管理设计理念，使环境、配套设施、综合管理实现完美统一。

③ 结构：数据中心在布局规划中，需要预先考虑多种风格、适应阶段发展的特殊结构，以及所有规范要求，尽量满足风格简约、紧密实用、节能环保的理念；在平面规划方面要灵活多变，便于未来的设备扩充。

相关案例分析如下。

某云数据中心：平面规划。

设计思路：机房分两期建设。机房的布局和配置必须保证第二期可在线扩容。为方便今后扩容，提高机房和空调利用率，提高能效比，降低施工的复杂度，数据中心决定主机房采用开放式布局模式。

基本设计思路如下。

① 开放式布局：整个房间全开放，提高空间利用率；减轻布线、配电、消防和制冷的负担；减少辅助性的装饰装修，方便今后的扩容；电池部分尽量远离其他柜体，提高安全性。

② 就近配电原则：总配电柜靠近市电进线管道井配电；UPS 的输出配电盘与 IT 机柜摆放在一起；配电盘为 5U 高，机架安装在 IT 机柜内，缩短到每个机柜的配电距离，提高配电可用性。

③ 热量集中就近制冷原则。机柜背对背两排布局，中间为热通道，热量集中，便于

高效制冷以及制冷共享。

④ 机柜密度组设计原则。对同样密度的机柜采用同样的设计，并尽可能将其放在一起。

⑤ 按需规划，预留今后扩容柜体位置，包括机柜位置、电池柜体位置、空调柜体位置。对于空调管道，在第一期建设中就要全部安装焊接好，降低今后在机房内动火焊接的风险。

3. 节能和安全

在数据中心的建设和规划过程中，我们要注重基础设施建设，注重节能安全，这是一个重要的发展趋势。数据中心的基础设施长期连续运行，无时无刻不在消耗大量的能源，因此相关的设计必须体现节能性。

数据中心基础设施涉及设备和数据的双重安全，必须有效地避免和控制自然灾害、设备故障、系统错误，以及人为错误造成的损坏和破坏，因此需要采取综合防御的手段，以及管理与技术并重的措施确保数据中心的数据、处理、网络系统等基础设施的整体安全。

4. 电力规划

电是数据中心最大的能耗，所以电力规划往往决定数据中心能耗能否有效降低。

数据中心机房内的用电负载分为以下几类。

（1）机房照明用电

1）常规用电

普通区的照明系统根据机房可用性等级要求采用合适的供电冗余保障机制。

2）紧急用电

重要区在发生紧急情况时，需要有正常的作业照明保障机制，除了双路供电外，还需要自备柴油发电机系统以保障供电。消防紧急照明电源在机房用电中是最高保障，除了自备发电机外，还应该自备不间断电源系统。

（2）机房日常维护用电

机房电源负载条件较为复杂，安全保障性较差，对上级供电系统干扰大，因此，其仅需要单路普通市电系统。

（3）服务器用电

服务器用电主要为单纯的计算负载，对电源的质量要求很高，有多种类型的供电保障要求，对上级供电系统无不良的影响。

（4）机房空调用电

空调风机、冷冻水泵作为重要的基础设施保障，是数据中心特别重要的设备，为了满足其工作的稳定性和长时效性，甚至高可用性的要求，数据中心需要考虑双路市电供电及柴油机组备份保障，并为其提供不间断电源。

（5）机房消防系统用电

机房消防系统用电主要包括气体消防设备用电、消防报警监控系统用电、消防紧急广播系统用电、消防联动控制设备用电等。机房消防排烟系统可采用双路市电供电方式。

2.1.4 任务回顾

知识点总结

1. 数据中心规模划分。

2. 云数据中心设计要素：选址、规划设计。

3. 衡量数据中心建设的指标：PUE 与 DCIE、机房的综合环境、供电系统、空调制冷、安全防护、RER。

4. RER 的概念。

5. 基础设施规划：空调、通风系统规划、平面规划、节能和安全、电力规划。

学习足迹

任务一学习足迹如图 2-6 所示。

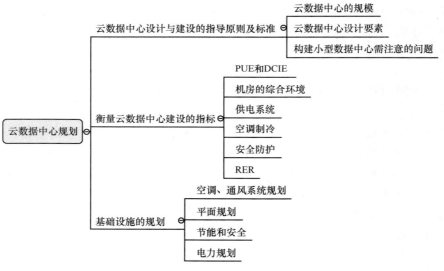

图2-6 任务一学习足迹

思考与练习

1. 简述数据中心设计的要素。

2. 简述 RER 的概念。

3. 衡量数据中心建设的指标。

4. 如何规划数据中心基础设施。

2.2　任务二：云数据中心优化策略

【任务描述】
云数据中心从开始的规划到后期的运营会遇到很多问题，尽管我们一直努力避免这些问题，但是我们不得不承认，还是会有很多的问题出现在我们眼前。除了解决问题，我们还要防患于未然，做好防御工作，因此策略就显得尤为重要。

2.2.1　合理化方法

1. 数据中心的优化
数据中心存在许多可优化的空间，主要体现在以下几个方面，优化模块如图 2-7 所示。

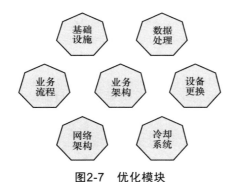

图2-7　优化模块

对于数据中心的优化，数据中心采用的通用方法一般是对关键热元素进行评估，通常会对以下几个方面进行优化：

① 数据处理的优化；

② 冷却系统的有效管理和优化；

③ 网络架构的优化；

④ 业务流程的精细化；

⑤ 设备的及时更换；

⑥ IT 基础架构的优化；

⑦ 业务架构的优化。

从实现数据中心资源效益的角度来分析，我们可以采取以下措施。

① 降低成本：整合 IT 资产。

② 提高资源的利用率：使用虚拟化创建逻辑资源池，整合基础资源。

③ 提高灵活性：使用自动化的工具管理 IT 资产。

④ 提供更安全的数据保障：多副本、多地区数据容灾。

2. 优化的具体策略

（1）数据中心的远程监控

现在很多企业选择继续在内部运行 IT，并找到了有效控制成本的外部数据中心监控的供应商。但是在某些情况下，物理基础设施设备、外部监测和第一级的支持均需要安全访问权限，还需要更多的基础设施防火墙和安全措施，这将会增加数据中心的复杂性。另一方面，一个团队缩放规模在外部环境下进行更容易，如果在企业内部设置相关部门，企业要持续支出成本（工作人员工资和工作空间）。

（2）绿色 IT

能源消耗直接影响冷却费用，战略业务计划将会直接影响安装在数据中心的 IT 设备的类型和数量。因此了解数据中心的设备类型及与工作效率相关的知识是非常重要的，因为这会影响数据中心的电能消耗、冷却战略以及物理设计战略。

（3）可扩展性和模块化

在过去几年中，硬件和软件的可扩展性和模块化架构满足了 IT 行业日益增长的需求。因此，现在有必要对数据中心基础设施实施可扩展性和模块化的设计方法。

该方法适用于 UPS 和配电系统，并使数据中心可以添加或禁用某一部分的功能，但不会影响其他数据中心的运行。灵活的设计使托管服务提供商可以根据客户的要求添加和删除数据中心的某部分。

（4）灾难恢复优化和可用性

在传统的技术手段下，硬件的利用率很低，虚拟化还有很长的路要走。人们关注的重点一直在如何提高数据中心的生产效率上，从未考虑灾难恢复（DR）或备份中心的问题，因为它一直处于"关闭"或"闲置"的状态。现在，企业已经开始采用创新的方法重新投资这些"闲置"的设备，这些设备将被用于灾难恢复（DR）的基础设施。灾难恢复中心被用在测试、培训等活动中的趋势正在持续增长。灾难恢复中心的设计还需要考虑其具有的切换的能力，以及如何以最安全、最快捷的手段生产。

（5）利用云计算

混合云平台越来越受客户的青睐，数据中心通过整合云模型可以有效提高工作效率，这也是很多企业用户将数据中心扩展到云的原因。数据中心的空间竞争为大家带来了新的产品、更优惠的价格和更多的可用资源，同时私有云和公共云环境之间的智能链路的创建也变得更加容易。数据中心的管理可以跨越多个不同的云模型，管理和运维人员不用担心物理基础设施，他们只需要关心在云模型上直接运行的工作量。这种数据中心优化方法只需要搭建基本的基础设施环境，管理和运维人员通过云计算技术、软件定义技术以及分布式基础架构管理这些基础设施，从而将更多的服务延伸到云中。

（6）软件定义技术和虚拟化

几年前，虚拟机监控程序是比较前沿的技术，但是我们现在可以直接与重要的 API 集成，减少跳线并大幅度提高工作负载性能。网络虚拟化的新技术允许管理员创建跨越数据中心的庞大网络环境，突破了硬件的限制，而软件定义技术可以在不同程度上提升数据中心的效率。

（7）优化电源使用

优化电源使用即优化电源功耗，这也使数据中心在选址时需要考虑气候的问题。现在的带宽情况比较好，即使是在比较偏远的地区也可以部署数据中心。如，冰岛的电网完全采用水电和地热发电，电源是完全的"绿色"能源。对比美国、英国、德国等地的电价，冰岛的电力成本每千瓦时才 4.5 美分，这也是吸引数据中心各企业用户的一个重要原因。除了新建数据中心外，还有很多方式被用来优化设备的电源功耗，例如，通过检查现有的环境、检查损耗功率，根据动态的资源需求选用合适的电源管理系统，或者在供电系统规划设计时围绕整体基础设施进行电源优化。

2.2.2 数据中心的云计算战略

从技术层面上看，云计算的成功实施不仅需要实现基础架构虚拟化，还需要实现云计算环境的管理一体化和流程自动化，这样真正适合企业的云计算环境才能被构建，从而实现资源按需掌控，为整体的资源和计算共享奠定坚定的基础，最终提高 IT 服务的能力。

制订云计算战略要考虑业务及 IT 系统的发展目标和战略，企业应结合云计算技术的发展趋势，进行可行性研究并制订企业云计算的总体发展方向，最终制订出企业云计算建设的总体目标、发展阶段以及演进路线。

（1）业务发展及 IT 系统现状分析

该分析指基于云计算的要求，根据可行的分析方法，指出云数据中心发展的基本条件以及 IT 系统对云计算架构的需求，具体包括以下内容：

① 关键业务和应用分析；

② 服务器和存储架构以及部署分析；

③ 中间件架构分析；

④ 网络架构分析；

⑤ 灾备架构及部署分析；

⑥ 数据安全架构分析；

⑦ IT 管控架构分析。

（2）云计算的战略趋势

近几年，企业大范围采用云计算技术，短短几年云计算已经成为企业 IT 战略中不可或缺的一部分，甚至可能是最为重要的部分。它将企业 IT 从许可数据中心模型下的遗留软件和硬件的沉重束缚中解救出来，变革了 IT 交付服务并且使用户获取信息的方式实现民主化。

随着云计算对 IT 行业影响的不断增强，数据中心能否充分挖掘云计算给业务带来的全部价值仍然有待验证。因此对于各企业来说，持续监测云计算的发展趋势，不断更新并调整云战略显得尤为重要，这能让他们在未来的几年避免因疏忽而导致需要付出昂贵代价，也可以让他们抓住市场机遇大举赢利。

以下为云计算的五大战略趋势。

1）混合云是未来之路

混合云是公有云服务或私有云服务与物理应用的基础设施、服务相结合的一种新型的云模式。

近期的开发或部署实例表明：混合云将成为未来云计算发展的重要模式。混合云表现为统一的集成云模式，包括内部云平台和外部云平台，它能根据特定的业务需要而进行相应的扩展。

2）云服务经济将占据重要战略地位

对于用户和IT企业而言，云服务经纪（Cloud Services Brokerage，CSB）逐渐从可选项升级为重要的战略因素。CSB主要涉及服务供应商，后者充当联络人，协助处理云计算消耗方面的业务。

要想维持自身的相关性和重要性，IT企业迫切需要将自己定位为企业内部的云服务经纪，通过创建简单、灵活、以商业用户为中心的工具和进程（例如修改内部端口和服务目录），促进用户应用云计算，并鼓励最终用户寻求IT部门的协助。

3）云友好的决策框架是企业当务之急

云计算提供了大量不可或缺的功能和优势，譬如基于用户的IT消费和服务交付模式，其具有更强的灵活性和更低的复杂性。其也能让IT人员集中资源提供推动创新、加速业务发展的新服务。

然而，云适配的成功完全取决于企业的决策结构是否能发挥云的优势。企业首先要确保自己已经减轻了对性能、安全、可用性和集成方面的顾虑。企业一旦可以毫无顾虑地去面对这些问题时，就可以规划、实施和优化云战略了。

4）应用设计必须针对云进行优化

当前，企业采用云计算的组织架构基本上就是把自己的业务迁移到云或者应用基础设施中。当业务需要可变资源供应，或者应用逻辑适应横向扩展时，这是一个很有效的方法。

5）未来的数据中心需要采用云服务供应商的实施模式

在云计算环境中，数据中心的建设、维护和来自网络的攻击都是由服务供应商负责处理的，企业只需要关注自己的服务。

不过，企业在建设/扩建自己的数据中心的同时，应更合理地采用云服务供应商的云计算实施模型，以提升性能、效率和灵活性。

2.2.3　任务回顾

知识点总结

1. 云数据中心的合理化方法：数据处理的优化、冷却系统的有效管理和优化、网络架构的优化、业务流程的精细化、设备的及时更换、IT基础架构的优化、业务架构的优化。

2. 云计算的战略趋势：混合云是未来之路、云服务经济将占据重要的战略地位、云友好的决策框架是企业当务之急、应用设计必须针对云进行优化、未来的数据中心需要采用云服务供应商的实施模式。

学习足迹

任务二学习足迹如图2-8所示。

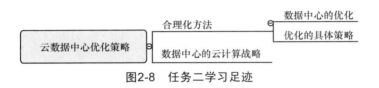

图2-8　任务二学习足迹

思考与练习

1. 简述数据中心合理化方法。
2. 简述常见的数据中心优化的几个方面，请详细说明。
3. 简述数据中心优化的具体策略，并展开思考，设计一两种可行性的方案。
4. 简述云数据中心的云计算战略。

2.3　项目总结

本项目为我们学习云数据中心打下了坚实的基础，通过本项目的学习，我们可了解云数据中心的规划与设计等知识，掌握云数据中心的合理化方法和云计算的战略趋势。

通过本项目的学习，我们提高了认知能力和理解能力。项目2技能图谱如图2-9所示。

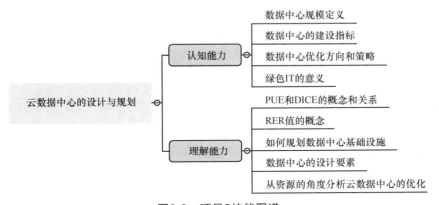

图2-9　项目2技能图谱

2.4　拓展训练

方案设计："×× 大学"云数据中心方案设计。

◆ 设计要求：

选题："×× 大学"需要建设一个云数据中心，使之服务于学校的信息化建设，请根据本项目所学，设计一个简要的云数据中心方案。

方案需包含以下关键点：

①"××大学"云数据中心建设背景及建设目的；

②云数据中心空调及通风系统规划；

③云数据中心平面规划；

④云数据中心节能与安全；

⑤云数据中心电力规划。

◆ **格式要求**：需提交调研报告的 Word 版本，并采用 PPT 的形式进行汇报展示。

◆ **考核方式**：采取课内发言形式，时间要求 3 ～ 5 分钟。

◆ **评估标准**：见表 2-2。

表2-2　拓展训练评估表

项目名称： "××大学"云数据中心方案设计	项目承接人： 姓名：	日期：
项目要求	**评分标准**	**得分情况**
"××大学"云数据中心建设背景及建设目的（20分）	① 背景及建设目的概括合理（15分）； ② 发言人语言简洁、严谨，言行举止大方得体，说话有感染力，能深入浅出（5分）	
云数据中心空调及通风系统规划（20分）	① 云数据中心空调及通风系统规划合理（15分）； ② 发言人语言简洁、严谨，言行举止大方得体，说话有感染力，能深入浅出（5分）	
云数据中心平面规划（20分）	① 平面规划合理（15分）； ② 发言人语言简洁、严谨，言行举止大方得体，说话有感染力，能深入浅出（5分）	
云数据中心节能与安全（20分）	① 节能与安全设计合理（15分）； ② 发言人语言简洁、严谨，言行举止大方得体，说话有感染力，能深入浅出（5分）	
云数据中心电力规划（20分）	① 电力规划合理（15分）； ② 发言人语言简洁、严谨，言行举止大方得体，说话有感染力，能深入浅出（5分）	
评价人	**评价说明**	**备注**
个人		
老师		

项目 3

云数据中心硬件选型

项目引入

项目组的规划设计方案验收通过后，就准备实践了，第一关就是云数据中心的硬件选型。

> 梁工：小李，这段时间你跟着一起也成长了不少，我考考你，在硬件选型中，有哪些硬件设备必须要考虑？
>
> 我：计算、网络、存储这是 IT 三大基础资源，也是对外提供的三种基础服务。相应地，服务器存储、网络设备、存储设备是构建云数据中心的三类基本硬件。服务器的本质就是计算，也是数据中心里最多、最重要的设备。
>
> 梁工：不错，最近挺用功。如果把数据中心比作一辆车，那么服务器就相当于发动机，没有发动机，哪怕车外观再华丽、设计再合理，也终究不能开。当然，只有发动机也不行。因此，硬件的选型是非常重要的。市面上的各个厂商生产的设备琳琅满目，选出最合适的设备是一个资深数据中心工程师必备的技能，也是一门艺术。所谓知己知彼，百战不殆，只有我们时间足够、经验丰富和足够了解设备，才能选出最合适的硬件。

知识图谱

项目 3 知识图谱如图 3-1 所示。

3.1　任务一：常用硬件设备介绍

【任务描述】

我们尝试设计与规划云数据中心后，又迫不及待地去认识云数据中心的"主角"——

硬件。云数据中心的硬件一般有：服务器设备、网络设备和存储设备。

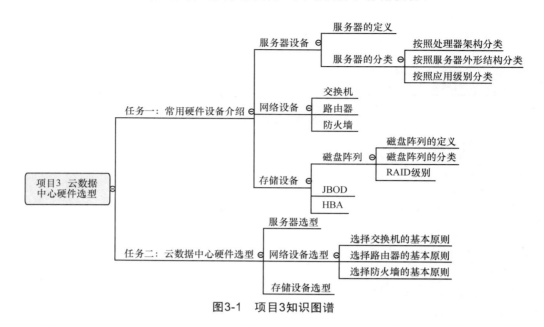

图3-1　项目3知识图谱

3.1.1　服务器设备

1. 服务器的定义

服务器是为我们提供计算服务的设备。服务器包括处理器、硬盘、内存和系统总线等，它专指应用在某些特定的高性能计算机上的设备。高性能计算机和我们通用的计算机架构类似，但是由于它们需要提供高可靠的服务，因此在处理能力、稳定性、可靠性、安全性、可扩展性和可管理性等方面对服务器的要求较高。

2. 服务器的分类

目前市面上服务器的种类繁多，常见的服务器分类标准有"按照处理器架构"分类、"按照服务器外形结构"分类、"按照应用级别"分类等。

（1）按照处理器架构分类

1）非 X86 服务器

非 X86 服务器的类型包括大型机、小型机和 UNIX 服务器。它们是使用核心技术——RISC（精简指令集）或 EPIC（并行指令代码）服务器处理器，并且主要采用了 UNIX 和其他专用操作系统的服务器。非 X86 服务器所使用的精简指令集处理器主要有 IBM 公司的 Power 和 PowerPC 处理器，SUN 与富士通公司合作研发的 SPARC 处理器、EPIC 处理器等。虽然这种服务器性能好、稳定性高、安全性高，但是它的价格昂贵，体系封闭。一般它们主要用在金融、电信等大型企业的核心系统中。

2）X86 服务器

X86 服务器又称 CISC（复杂指令集）架构服务器，即 PC 服务器。X86 服务器是基于 PC 的体系结构，使用 Intel 或其他兼容 X86 指令集的处理器芯片和 Windows 操作系统的服务器。这种服务器的价格便宜、兼容性好，但稳定性较差、安全性不高，所以它们主要用在非关键业务中。

（2）按照服务器外形结构分类

目前市面上的塔式、机架式及刀片式服务器是企业最常选购的基础硬件设备。一家中小企业在初建时需要详细考虑采购多少台机架式服务器、机架式与刀片式服务器的配比是多少等问题，只有服务器搭配合适，资源才能得到充分利用，企业的经营成本才能有效降低。

1）塔式服务器

塔式服务器是目前市面上最常见的服务器之一，它跟立式的计算机很像。塔式服务器的体积比较大，主板扩展性比较强，而且机箱内部往往会预留一部分空间，以便后期进行硬盘、电源等的冗余扩展。PowerEdge T330 塔式服务器如图 3-2 所示。

图3-2　PowerEdge T330塔式服务器

塔式服务器无需额外的设备，对放置环境也没有太多要求，具有良好的可扩展性，因而应用范围非常广泛。但每个事物都有双面性，塔式服务器也有不少局限性，如企业需要采用多台服务器同时工作以满足较高的应用需求时，塔式服务器由于体积比较大、占用空间多、管理复杂，便显得很不适合。

2）机架式服务器

机架式服务器是绝大多数企业首选的服务器，其统一的标准设计能满足企业服务器密集部署需求。机架式服务器的主要优势是节省空间，企业能将多台服务器安装到一个机柜上，它不仅占用空间小，而且更便于运维人员的统一管理。ZXCLOUD R5300 G3 机架式服务器如图 3-3 所示。

图3-3　ZXCLOUD R5300 G3机架式服务器

机架服务器的宽度约为 482.6 毫米，高度以 U 为单位（1U=44.45 毫米），通常有 1U、2U、3U、4U、5U 和 7U 标准的服务器。机架服务器受到内部空间的限制，例如，1U 的服务器大都只有一至两个 PCI 扩充槽。机架服务器常用于服务器数量较多的大中型企业，但是也有不少企业选择将服务器托管于服务商。在价格方面，机架的网站服务器一般比同等配置的塔式服务器售价高出 30% 左右。

3）刀片式服务器

刀片式服务器是一种高可用、高密度的低成本服务器平台，它是专门为特殊应用行业和高密度计算机环境而设计的一款高性能服务器，它的每一块刀片都类似一个独立的服务器，可以通过本地硬盘启动自己的操作系统。在集群模式下，所有的刀片可以通过数据连接起来提供高速的网络环境，并共享资源，为相同的用户群提供服务。根据所需要承担的服务器功能，刀片式服务器被分成不同的服务刀片，包括服务器刀片、网络刀片、存储刀片、管理刀片、光纤通道 SAN 刀片、扩展 I/O 刀片等。刀片式服务器较机架式服务器更节省空间，但散热问题也更加突出，我们往往需要在机箱内安装大型风扇来散热。此类服务器虽然比较节省空间，但是其机柜与刀片价格都很昂贵，所以它们一般应用于大型的数据中心或需要大规模计算的领域，如银行、电信、金融行业等以及互联网数据中心等。图 3-4 所示为 ZXCLOUD E9000 刀片式服务器。

图3-4　ZXCLOUD E9000刀片式服务器

（3）按照应用级别分类

1）入门级服务器

这类服务器是最基础的服务器，也是我们常说的最低档的服务器。这类服务器包含的服务器特性并不是很多，通常只具备以下几个方面的特性：

① 它们有一些最基本的硬件冗余，如硬盘、电源、风扇等；

② 它们通常采用 SCSI 硬盘，也有采用 SATA（Serial Advanced Technology Attachment，串行高级技术附件）串行接口的硬盘；

③ 它们中的部分部件支持热插拔，如硬盘和内存等，这些不是必须的；

④ 这类服务器通常只有一个 CPU，但不是绝对的；

⑤ 内存容量最大支持 16GB。

这类服务器主要采用 Windows 或 Netware 网络操作系统，它们可以充分满足办公室的中小型网络用户的文件共享、数据处理、Internet 接入及简单数据库应用的需求。这种服务器与我们所用的 PC 很相似，有很多小型公司为了节省资金会选用一台高性能的品牌 PC 作为服务器，所以这种服务器无论在性能上，还是在价格上都与一台高性能 PC 品牌机相差无几。

2）工作组服务器

工作组服务器是一款比入门级服务器高一个层次的服务器，但是它仍属于低档服务器的类型。它最大只能连接一个工作组（50 台左右）的用户，网络规模较小，对稳定性的要求也较低，因此，这款服务器在其他性能方面的要求也相应要低一些。工作组服务器具有以下几方面的特点：

① 这类服务器通常仅支持单或双 CPU 结构的应用服务器；

② 可支持大容量的 ECC 内存和增强服务器管理功能的 SM 总线；

③ 它的功能较全面、可管理性强，且易于维护；

④ 采用 Intel 服务器 CPU 和 Windows 或 Netware 网络操作系统，但也有一部分采用 UNIX 操作系统；

⑤ 它可以满足中小型网络用户的数据处理、文件共享、Internet 接入及简单数据库应用的需求。

虽然工作组服务器较入门级服务器而言性能有所提高、功能有所增强，同时也有一定的可扩展性，但是其在容错和冗余方面的性能仍不完善，也不能满足大型数据库系统的应用需求，在价格上也比前者贵许多，一台工作组服务器的价格相当于两至三台高性能的 PC 品牌机的总价。

3）部门级服务器

部门级服务器属于中档服务器之列，它们一般都支持双 CPU 以上的对称处理器结构，具备比较完整的硬件配置，如磁盘阵列、存储托架等。部门级服务器的最大特点是除了具有工作组服务器的全部特点外，还集成了大量的监测及管理电路功能，具有更全面的服务器管理能力。它可监测温度、电压、风扇、机箱等设备的状态参数，同时结合标准服务器管理软件，使管理人员能够及时了解服务器的工作状况。大多数部门级服务器都具有优良的系统扩展性，企业用户在业务量迅速增大时能及时在线升级系统，从而使自己的投资得到有效保障。部门级服务器是保证企业网络中分散的各基层数据采集单位与最高层的数据中心保持顺利连通的必要环节，这类服务器一般是中型企业的首选，也可用于金融、电信等行业。

部门级服务器一般采用的是 IBM、SUN 和 HP 开发的 CPU 芯片，这类芯片一般是 RISC 结构，它们所采用的操作系统一般是 UNIX 操作系统，同时 Linux 操作系统也在部门级服务器中得到了广泛应用。

部门级服务器可以连接 100 个左右的计算机用户，它适用于对处理速度、安全性和系统可靠性等方面要求较高的中小型企业网络。这类服务器的硬件配置相对较高，可靠性和安全性比工作组服务器要高，但价格也比较高（通常为 5 台高性能 PC 价格的总和）。部署部门级服务器时需要安装比较多的部件，所以它的机箱通常较大，在部署时我们采用机柜式的部署方案。

4）企业级服务器

企业级服务器属于高档服务器行列，目前能生产这种服务器的生产厂商不多。企业级服务器最起码是采用 4 个 CPU 以上的对称处理器结构，有的甚至可以高达几十个 CPU。

另外企业级服务器还具有独立的双 PCI 通道和内存扩展板设计，同时还具有高内存带宽、大容量热插拔硬盘、热插拔电源、超强的数据处理能力和集群性能等。这种企业级服务器的机箱需求大，一般是机柜式的机构，有的甚至还需要几个机柜组同时完成服务器的部署。企业级服务器产品除了具有部门级服务器、工作组服务器以及其他全部服务器特性外，还具有高度的容错能力、优良的扩展性能、故障预报警功能、在线诊断和 RAM、PCI、CPU 等设备的热插拔的能力。有的企业级服务器甚至还引入了大型计算机上的许多优良特性。这类服务器所采用的重要芯片是几大生产厂商自己开发的、独有的 CPU 芯片，它们所采用的操作系统一般也是 UNIX（Solaris）或 Linux 系统。

企业级服务器一般部署运行在需要处理大量数据信息、高处理速度、高安全性和对可靠性要求极高的金融业、证券、交通、邮电、通信等大型企业中。企业级服务器运行在有数百台以上的联网、对处理速度和数据安全性要求非常高的大型网络环境中。企业级服务器的硬件配置非常高，系统可靠性也最强，同样价格也是前几类服务器中最高的。

目前在服务器中配置固态硬盘已经是一个普遍的选择。固态硬盘的出现可以帮助企业用户解决普通硬盘带来的服务器性能的瓶颈。同时固态硬盘的出现也可以让高速存储更加接近处理器并将共享存储网络这个潜在的瓶颈剔除掉。目前市面上有 3 种固态硬盘被作为达标的标准，即硬盘驱动型 SSD、SSD DIMM 和 PCIs SSD。

3.1.2 网络设备

网络设备是连接虚拟网络中的物理实体。目前市面上网络设备的种类繁多，在云数据中心如此复杂的网络环境中更是如此。云数据中心中最常见的基础网络设备有交换机、路由器、光纤、光缆等。

1. 交换机

（1）交换机的定义

交换机是一个扩大网络接口的器材，它能为子网络提供更多的连接端口，以便我们通过交换机连接更多的计算机。交换机具有性能价格比高、网络高度灵活、配置相对简单、易于实现等特点。所以，当前以太网技术已成为当今时代最重要的一种局域网组网技术，同时网络交换机也成为最普及的交换机。图 3-5 所示为 H3C S5120-28P-SI 交换机。

图3-5　H3C S5120-28P-SI交换机

（2）交换机分类

交换机的分类和服务器的分类一样，从不同的角度可将其分为多种。

1）按网络构成分类

按网络构成分类，交换机被划分为接入层交换机、汇聚层交换机和核心层交换机。其中，核心层交换机全部采用机箱式模块化设计，设计了与之相配备的 1000Base-T 模块。接入层支持的 1000Base-T 模块的以太网交换机基本上是固定端口式交换机，固定端口式交换机以 10/100M 端口为主，并以固定端口或扩展槽方式提供 1000Base-T 模块的上联端口。汇聚层 1000Base-T 交换机有机箱式和固定端口式两种设计，可以提供多个 1000Base-T 端口，一般也可以提供 1000Base-X 等其他形式的端口。接入层和汇聚层交换机共同构成完整的中小型局域网解决方案。

2）按传输介质和传输速度分类

按传输介质和传输速度分类，交换机被分为以太网交换机、快速以太网交换机、千兆以太网交换机、FDDI 交换机、ATM 交换机和令牌环交换机等多种，这些交换机分别适用于以太网、快速以太网、FDDI、ATM 和令牌环网等环境。

3）按规模应用分类

在企业的大小规模和应用中我们又可以把交换机划分为企业级交换机、部门级交换机和工作组交换机等。由于各厂商对交换机的划分尺度并不完全一致，一般来讲，目前各厂商生成的企业级交换机都是机架式的，但是部门级交换机可以是机架式的，同时也可以是固定配置式的，而工作组级交换机的模式一般为固定配置式，它的功能较为简单。另一方面，我们从应用的规模来看，在作为骨干交换机时，支持 500 个信息点以上的大型企业应用选择的交换机为企业级交换机，支持 300 个信息点以下中型企业选择的交换机则为部门级交换机，而支持 100 个信息点以内的小型企业选择的交换机为工作组级交换机。

2. 路由器

（1）路由器的定义

路由器是我们日常办公连接因特网中各局域网、广域网的设备，它会根据信道的情况自动选择和设定路由，从而选择最佳路径，并按前后顺序发送信号。路由器是互联网的重要枢纽。目前路由器已经被广泛应用于各行各业中，而各种不同档次的产品已成为各种骨干网内部连接、骨干网之间互联和骨干网与互联网互联互通业务的主力军。而路由器和交换机之间的主要区别是交换机发生在 OSI 参考模型的第二层（数据链路层），而路由器发生在 OSI 参考模型的第三层（网络层）。而这一区别决定了路由器和交换机在移动信息的过程中需要使用不同的控制信息，所以两者实现各自功能的方式是完全不同的。

路由器通常又被称为网关设备，它连接多个逻辑上分开的网络，所谓逻辑网络其实代表一个单独的网络或者一个子网。当我们需要发送数据时，即数据从一个子网传输到另一个子网时，它们可通过路由器的路由功能来完成。因此，路由器是具有判断网络地址和选择 IP 路径的功能，它能够在多网络互联环境中，建立非常灵活的连接，同时可以用完全不同的数据分组和介质访问的方法来连接各种子网。路由器只接收源站或其他路由器发过来的信息，它属于网络层的一种互联设备。

（2）路由器的分类

在当前各种级别的网络中，我们随处都能见到路由器。我们可以通过路由器接入网络使得家庭和小型企业连接到某个互联网服务提供商。而企业网中的路由器可以连接一个校园或企业内成千上万的计算机。骨干网上的路由器终端系统通常是不能被大家直接访问的，因为路由的终端是管理我们的网络的，如果任何人都可以登录终端的话，我们的网络就会产生安全性问题，所以路由的终端只能企业内部的网络安全部的人员才能登录和管理，它们可以通过长距离连接到骨干网上的 ISP 和企业网络。每个网络对路由的功能要求都不一样，骨干网要求路由器能高速路由转发少数链路。而企业级路由器不但要求端口数目多、价格低廉，而且要求配置简单方便，并提供 QoS。

1）接入级

接入级的路由器针对家庭或 ISP 内的小型企业客户。接入路由器现在已经不只是提供 SLIP 或 PPP 连接。我们最早连接网络都需要通过 ADSL 等技术提高各家庭的可用带宽，这样将进一步增加接入路由器的负担。同时由于这些趋势，接入路由器将来会支持许多异构和高速端口，并在各个端口同时运行多种协议，同时还要避开电话交换网。

2）企业级

不管是企业级的路由器还是校园级路由器，它们都可以连接许多终端系统，其实它们的主要目标是以尽量便宜的方法实现尽可能多的端点互连，并且还被进一步要求支持所有不同的服务质量。目前有许多现有的企业网络都是由 Hub 或网桥连接以太网段的。尽管这些设备的价格都很便宜、易于安装、无需配置等，但是它们不支持服务等级。有路由器参与的网络能够将机器分成多个碰撞域，并能控制网络的大小。此外，路由器还支持一定的服务等级，至少允许分成多个优先级别。但是路由器的每个端口造价都贵，并且在能够使用和交付之前我们需要进行大量的配置工作。因此，企业路由器的成败在于是否能够提供大量端口并且让每个端口的造价降到很低，同时还要保证它容易配置，且支持 QoS。另外还要求企业级路由器能有效地支持广播和组播。企业网络还需要处理历史遗留的各种 LAN 技术，并且能够支持多种协议，包括 IP、IPX 和 Vine。同时它们还需要支持防火墙、包过滤以及大量的管理和安全策略以及 VLAN。

3）骨干级

骨干级路由器能实现企业级网络的互联，所以我们对它的要求是高速和可靠，成本处于次要地位。硬件可靠性可以采用电话交换网中使用的技术，如热备份、双电源、双数据通路等技术。骨干 IP 路由器的主要性能瓶颈是在转发表中查找某个路由所消耗的时间。当路由器收到一个包时，输入端口在转发表中查找该包的目的地址以确定其目的端口，当发送的包越短或者包要发往许多目的端口时，势必会增加路由查找的代价。因此，它们会将一些常访问的目的端口放到缓存中，这样能提高路由查找的效率。不管是输入缓冲路由器还是输出缓冲路由器，它们都会存在路由查找的瓶颈问题。除了性能瓶颈问题外，路由器的稳定性也是一个常被我们忽视的问题。

3. 防火墙

（1）防火墙的定义

防火墙（Firewall）有时也会被称为防护墙，它是一种位于内部网络与外部网络之间的网络安全系统。同时也是一项信息安全的防护系统。依照特定的规则，防火墙允许或者限制传输的数据通过。防火墙指的是由软件和硬件设备组合而成，在内部网和外部网之间、专用网与公共网之间的界面上构造的一种保护屏障，同时也是一种获取安全性方法的形象说法。我们所说的防火墙是一种计算机硬件和软件的结合，使 Internet 与 Intranet 之间建立起一个安全网关（Security Gateway），从而保护内部网免受外界非法用户的侵入。防火墙主要是由服务访问规则、验证工具、包过滤和应用网关 4 个部分组成。该计算机流入流出的所有网络通信和数据包均要经过防火墙。

而在网络中，防火墙是指一种将内部网和公众访问网（如 Internet）分开的一种隔离技术。防火墙是在两个网络通信时执行的一种访问控制尺度，它能允许你"同意的人"和数据进入你的网络，同时也能将你"不同意的人"和数据拒之门外，最大限度地阻止网络中的黑客访问和防止网络攻击。换句话说，如果不通过防火墙，公司内部的人也就无法访问 Internet，相反，Internet 上的人也无法和公司内部的人进行通信。

（2）防火墙的种类

1）网络层防火墙

我们可以把网络层防火墙视为一种 IP 封包过滤器，它运作在底层的 TCP/IP 堆栈上。网络层防火墙只允许符合特定规则的封包通过，其余的一概禁止穿越防火墙（病毒除外，防火墙不能防止病毒侵入）。通常这些规则可以经由管理员定义或修改，不过某些防火墙设备我们只能套用内置的规则。

我们也可以以另一种较宽松的角度来制订防火墙规则，只要封包不符合任何一项"否定规则"就予以放行。我们现在所使用的操作系统及网络设备大多已内置防火墙功能。

目前较新的防火墙能利用封包的多样属性来进行过滤，例如来源 IP 地址、来源端口号、目的 IP 地址或端口号、服务类型（如 HTTP 或是 FTP），也能经由通信协议、TTL 值、来源的网域名称或网段等属性来进行过滤。

2）应用层防火墙

应用层防火墙在 TCP/IP 堆栈的"应用层"上运行，比如使用浏览器时所产生的数据流或是使用 FTP 传输数据时所产生的数据流都属于这一层。应用层防火墙可以拦截任何进出某应用程序的封包，并且能够封锁其他的封包（通常是直接将封包丢弃）。理论上，这一类的防火墙可以完全阻绝外部数据进入受保护的机器里。

防火墙是借由监测所有的封包并找出不符合规则的内容，它可以防止计算机蠕虫或是木马程序的快速蔓延。不过就实现而言，由于软件数量巨大且层出不穷，所以大部分的防火墙都不会考虑以这种方法设计。

XML 防火墙是一种新型的应用层防火墙。它根据侧重不同可分为包过滤型防火墙、应用层网关型防火墙、服务器型防火墙。

3）数据库防火墙

目前市面上的数据库防火墙是一款基于数据库协议分析与控制技术的数据库安全防护系统。它的机制是主动防御机制，实现了数据库的访问行为控制、危险操作阻断、可疑行为审计。数据库防火墙可以通过 SQL 协议分析，并根据预定义的禁止和许可策略让合法的 SQL 操作通过，同时阻断非法违规操作，从而形成数据库的外围防御圈，实现 SQL 危险操作的主动预防、实时审计。数据库防火墙在面对来自外部的入侵行为时，提供了 SQL 注入禁止和数据库虚拟补丁包功能。

3.1.3 存储设备

存储设备是存储信息的设备，我们通常是将信息数字化后再利用电、磁或光学等方式的媒体加以存储。常见的存储设备有磁盘阵列、HBA 卡和 JBOD 等。

1. 磁盘阵列

（1）磁盘阵列的定义

磁盘阵列（Redundant Arrays of Independent Disks，RAID）是由独立磁盘构成的具有冗余能力的阵列。磁盘阵列是由很多廉价磁盘组合成一个容量巨大的磁盘组，我们可以利用每个磁盘所产生的加成效果提升整个磁盘系统的效能。我们可以利用这项技术，将数据切割成许多区段，把它们分别存放在各个硬盘上。磁盘阵列还能利用同位检查的观念，数组中任意一个硬盘出现故障时，磁盘阵列仍可以继续读出数据，在后期数据重构时，可以将经计算后的数据重新置入新硬盘中。

（2）磁盘阵列的分类

磁盘阵列有：外接式磁盘阵列柜；内接式磁盘阵列卡；利用软件仿真的磁盘阵列 3 种。

外接式磁盘阵列柜常在大型服务器上使用，它具有可热交换的特性，不过这类产品的价格非常昂贵。

虽然内接式磁盘阵列卡的价格便宜，但是需要较高的安装技术，这种磁盘阵列卡适合技术人员使用和操作。硬件阵列能够提供在线扩容、动态修改阵列级别、自动数据恢复、驱动器漫游、超高速缓冲等功能。同时它能提供性能、数据保护、可靠性、可用性和可管理性的解决方案。我们可以用阵列卡专用的处理单元来进行操作。

利用软件仿真的方式是指通过网络操作系统自身提供的磁盘管理功能将连接的普通 SCSI 卡上的多块硬盘配置成逻辑盘，组成阵列。软件阵列可以提供数据冗余功能，但是磁盘子系统的性能会有所降低，有的降低幅度还比较大，达 30% 左右，因此会拖累机器的速度，所以用软件仿真的这种方式不适合大数据流量的服务器使用。

（3）RAID 级别

① RAID 0：RAID 0 是最早出现的 RAID 模式，即 Data Stripping 数据分条技术。RAID 0 是组建磁盘阵列中最简单的一种形式，只需要两块以上的硬盘即可，成本低，可以提高整个磁盘的性能和吞吐量。RAID 0 没有提供冗余或错误修复能力，但它的实现成本是最低的，RAID 0 如图 3-6 所示。

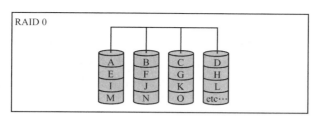

图3-6 RAID 0

② RAID 1：RAID 1 为磁盘镜像，原理是把一个磁盘的数据镜像到另一个磁盘上，即数据在写入一块磁盘的同时，会在另一块闲置的磁盘上生成镜像文件，在不影响性能的情况下最大限度地保证系统的可靠性和可修复性。系统中任何一对镜像盘中至少有一块磁盘可以使用，甚至可以在一半数量的硬盘出现问题时系统都可以正常运行。当一块硬盘失效时，系统会忽略该硬盘，转而使用剩余的镜像盘读写数据，具备很好的磁盘冗余能力。虽然这种技术存储的数据是绝对安全的，但是成本也是非常高的，RAID 1 如图 3-7 所示。

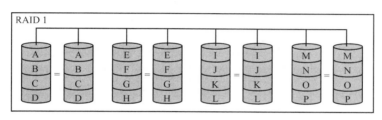

图3-7 RAID 1

③ RAID 0+1：RAID 0+1 是 RAID 0 与 RAID 1 的结合体。我们单独使用 RAID 1 也会出现单独使用 RAID 0 那样的问题，即在同一时间内只能向一块磁盘写入数据，不能充分利用所有的资源。为了解决这一问题，我们可以在磁盘镜像中建立带区集。因为这种配置方式综合了带区集和镜像的优势，所以被称为 RAID 0+1。把 RAID 0 和 RAID 1 技术结合起来，数据分布在多个盘上外，每个盘都有其物理镜像盘，并提供全冗余能力，允许一块以下磁盘出现故障，而不影响其他数据的可用性，并具有快速读 / 写能力。RAID 0+1 要在磁盘镜像中建立带区集至少需要 4 块硬盘，RAID 0+1 如图 3-8 所示。

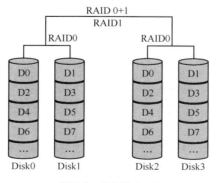

图3-8 RAID 0+1

④ RAID 2：RAID 2 同 RAID 3 类似，两者都是将数据条块化分布在不同的硬盘上，条块单位为位或字节。然而 RAID 2 使用一定的编码技术提供错误检查及数据的恢复。这种编码技术需要多个磁盘存放检查及恢复信息，使得 RAID 2 在技术上的实施更复杂。因此，在商业环境中很少使用。图 3-9 左边的各个磁盘上是数据的各个位，由一个数据不同的位运算得到的海明校验码可以被保存在另一组磁盘上。海明码可以在数据发生错误的情况下将错误校正，以保证输出的正确性。它的数据传送速率相当高，如果希望达到比较理想的速度，就要提高保存校验码 ECC 码的硬盘，但是对于控制器的设计来说，它又比 RAID 3、4 或 5 要简单。如果想要利用海明码，就必须要付出数据冗余的代价（输出数据的速率与驱动器组中速度最慢的相等）。

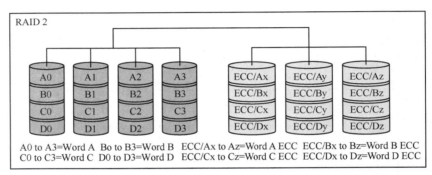

图3-9　RAID 2

⑤ RAID 3：RAID 3 使用的校验码与 RAID 2 不同，它只能发现错误但不能修正错误。它访问数据时一次只能处理一个带区，这样可以提高读取和写入速度。校验码在写入数据时产生并保存在另一个磁盘上。而在我们需要实现时用户必须要有 3 个以上的驱动器，它的写入速率与读出速率都很高，因为校验位比较少，所以计算时间相对比较少。软件实现 RAID 控制是十分困难的，因为控制器的实现也不是很容易，所以 RAID 3 主要用于图形（包括动画）等要求吞吐率比较高的场合。不同于 RAID 2、RAID 3 使用单块磁盘存放奇偶校验信息，如果一块磁盘失效，奇偶盘及其他数据盘可以重新产生数据；如果奇偶盘失效，则不影响数据使用。RAID 3 对于大量的连续数据可提供优秀的传输率，但对于随机数据，奇偶盘会成为写操作的瓶颈，RAID 3 如图 3-10 所示。

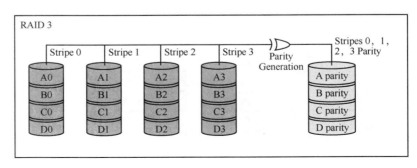

图3-10　RAID 3

⑥ RAID 4：RAID 4 和 RAID 3 很像，而它们之间不同的是，RAID 4 对数据的访问方式是按数据块进行的，也就是按磁盘进行的，每次是一个盘。由图 3-11 可知 RAID 3 是一次一横条，而 RAID 4 是一次一竖条。其实 RAID 4 的特点和 RAID 3 也挺像，只不过在数据丢失恢复时难度大，控制器的设计难度也大，而且访问数据的效率不高。

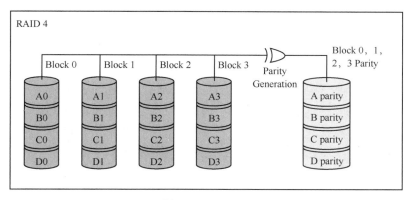

图3-11 RAID 4

⑦ RAID 5：由图 3-12 可知，RAID 5 的奇偶校验码存在于所有磁盘上。RAID 5 的读出效率很高，写入效率一般，块式的集体访问效率不错。因为奇偶校验码在不同的磁盘上，所以提高了可靠性。但是 RAID 5 对数据传输的并行性解决的不是很好，而且控制器的设计也相当困难。RAID 3 与 RAID 5 相比，最大的区别在于 RAID 3 每进行一次数据传输时，都需要涉及所有的阵列盘。而对于 RAID 5 来说，大部分数据传输时它只对一块磁盘进行操作，并且可进行并行操作。在 RAID 5 中有"写损失"的操作，即每一次写操作，都将产生 4 个实际的读/写操作，其中两次读旧的数据及奇偶信息，两次写新的数据及奇偶信息。

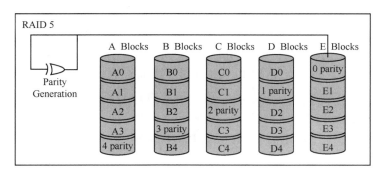

图3-12 RAID 5

⑧ RAID 6：RAID 6 是对 RAID 5 的扩展，这种磁盘阵列被用于数据绝对不能出任何错误的场合。当然了，由于引入了第二种奇偶校验值，所以需要 N+2 个磁盘，同时对控制器的设计也变得十分复杂，写入速度也不是很好。RAID 5 计算奇偶校验值和验证数据正确性上所花费的时间比较多，造成了不必要的负载。RAID 6 如图 3-13 所示。

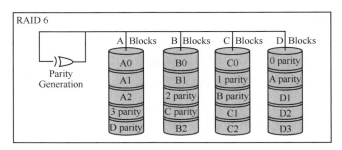

图3-13 RAID 6

⑨ RAID 10：这种结构的磁盘阵列无非是一个带区结构加一个镜像结构，因为两种结构各有优缺点，因此它们可以相互补充，达到既高效又高速的目的。我们大家可以结合两种结构的优点和缺点来充分理解这种新结构。这种新结构的价格高昂，但是它的可扩充性不是很好。它们主要被用于数据容量不大，但是要求速度和差错控制的数据库中，RAID 10 如图 3-14 所示。

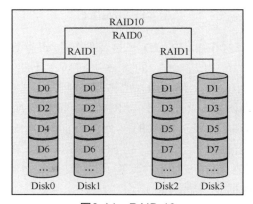

图3-14 RAID 10

2. JBOD

JBOD 是存储领域中一类非常重要的存储设备。JBOD（Just a Bunch Of Disks，磁盘簇）是安装在一个底板上的、带有多个磁盘驱动器的存储设备，通常又被称为 Span。和RAID 阵列不同，JBOD 没有前端逻辑管理磁盘上的数据分布，相反，每个磁盘都需要进行单独寻址，作为分开的存储资源，或者基于主机软件的一部分，或者是 RAID 组的一个适配器卡。JBOD 不是我们常用的标准的 RAID 级别，它只在近几年才被一些厂家提出，并被广泛采用。

以 3 个硬盘组成的 Span 为例，Span 是在逻辑上把几个物理磁盘一个接一个串联到一起，从而提供一个超大的逻辑磁盘。Span 上的数据存储方法是从第一个磁盘开始存储的，当第一个磁盘的存储空间用完后，再依次从后面的磁盘开始存储数据。Span存取性能完全等同于对单一磁盘的存取操作。Span 也不提供数据安全保障，它只是简单地提供一种利用磁盘空间的方法，Span 的存储容量等于组成 Span 的所有磁盘的容量总和。

JBOD 与 RAID 阵列相比较，优势在于它的低成本，JBOD 可以将多个磁盘合并到共享电源和风扇的盒子里。市场上常见的 JBOD 经常被安装在 19 英寸（1 英寸 =2.54 厘米）的机柜中，因此 JBOD 提供了一种经济的、节省空间的配置存储方式。虽然 JBOD 在经济和空间上给企业带来了很大的好处，但是也暴露了 JBOD 在使用安全上的一些缺点，主要的问题在于当 JBOD 在单独的磁盘出现故障而恢复时，如果没有恰当的迂回能力，那么一个驱动器出现故障就可能导致整个 JBOD 失效，同样也会给企业带来不小的损失。

3. HBA

主机总线适配器（Host Bus Adapter,HBA）是一个在服务器和存储装置间提供输入 /输出（I/O）处理和物理连接的电路板或集成电路适配器。

而在存储系统中也有类似的用于连接计算机内部总线和存储网络的设备。但是这种位于服务器上与存储网络连接的设备一般被称为主机总线适配卡。HBA 是服务器内部的 I/O 通道与存储系统的 I/O 通道之间的物理连接。而我们最常用的服务器内部 I/O 通道是 PCI 和 Sbus，它们是连接服务器 CPU 和外围设备的通信协议。而在存储系统里的 I/O 通道实际上就是光纤通道。而 HBA 的作用就是实现内部通道协议：PCI 或 SBUS 和 FC。

3.1.4　任务回顾

知识点总结

1. 云数据中心常见的服务器分类：按照处理器架构、按照服务器外形结构、按照应用级别。

2. 云数据中心常见的网络设备介绍：交换机与交换机分类、路由器与路由器分类、防火墙和防火墙分类。

3. 云数据中心常见的存储设备介绍：磁盘阵列与磁盘阵列的分类、RAID 技术的分类、JBOD、HBA。

学习足迹

任务一学习足迹如图 3-15 所示。

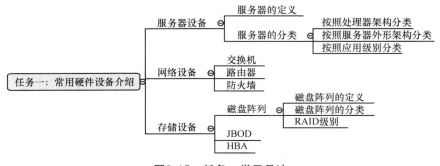

图3-15　任务一学习足迹

思考与练习

    1. 简述云数据中心服务器的分类以及介绍。

    2. 简述云数据中心常见的网络设备及分类。

    3. 简述云数据中心常见的存储设备。

    4. 简述 raid 技术的优缺点。

3.2　任务二：云数据中心硬件选型

【任务描述】

    为避免不必要的资源浪费以及资源不足所带来的危险，云数据中心硬件的选择是至关重要的。如何选择合适的硬件，使硬件既能支撑整个业务又能节省资源，是数据中心运维人员必须具备的技能。

3.2.1　服务器选型

    在选择数据中心的基础设施时，无论是物理服务器还是云主机，我们都要面临一个很重要的问题，那就是选择服务器。在选购服务器时，我们要根据服务器的应用需求而定。因为只通过一台服务器是无法满足所有需求的，也不能解决所有问题。所以我们应该从以下方面考虑如何选购服务器：

    ① 服务器上运行什么服务；

    ② 业务的负载量；

    ③ 业务的重要性；

    ④ 服务器网卡；

    ⑤ 服务器安全；

    ⑥ 服务器的种类和价格。

1. 服务器上运行什么服务

    这是我们选购服务器时首先需要考虑的问题，我们通常是根据服务器的应用类型（也就是用途），决定服务器的性能、容量和可靠性需求。下面我们将按照负载均衡服务器、缓存服务器、前端服务器、应用程序服务器、数据服务器和常见基础架构来讨论。

    ① 负载均衡服务器：我们在选购这款服务器的时候，首先要保障网卡性能，其他方面则要求不高，如果我们选用的是 LVS 负载均衡方案，那么它会直接将所有的连接要求都转给后端的 Web 应用服务器，因此建议选用万兆网卡。如果选用的是 HAProxy 负载均衡器，由于它的运行机制跟 LVS 不一样，流量必须双向经过 HAProxy 机器本身，因此对 CPU 的运行能力会有要求，但是也建议选用万兆网卡。

    ② 缓存服务器：缓存服务器主要有 Varnish 和 redis，对 CPU 及其他方面的性能要求

一般，但对内存的要求多。

③ 应用服务器：由于应用服务器承担了计算和功能实现的重任，因此需要为基于Web架构的应用程序选择足够快的服务器，另外应用程序服务器可能需要用到大量的内存，所以服务器的内存也是需要考虑的。至于可靠性问题，如果架构中只有一台应用服务器，那这台服务器肯定要足够可靠才行，而此时此刻RAID是绝对不能忽视的。但是如果企业有多台应用服务器，每台服务器都设计了负载均衡机制，并且具有冗余功能，那我们就不必过于担心了。

④ 特殊应用：除了用于Web架构中的应用程序之外，如果服务器同时还需要处理流媒体视频编码、服务器虚拟化、媒体服务器，或者作为运行游戏的服务器，那么它对CPU和内存的需求同样会比较高。

⑤ 公共服务：其包括邮件服务器、文件服务器、DNS服务器、域控服务器等。通常我们会部署两台DNS服务器以互相备份，域控主服务器同时也会拥有一台备份服务器，所以我们无须过于担心可靠性。邮件服务器至少需要具备足够的硬件和容量，这主要是对邮件数据安全性负责，因为很多用户都没有保存和归档邮件数据的习惯，待其重装系统后，大家就会习惯性地到服务器上重新下载相应的数据。至于服务器的问题，则应评估用户数量后再做决定。另外，考虑它的重要性，我们建议尽量选择稳定的服务器系统，比如Linux或BSD系列。

⑥ 数据库服务器：数据库对服务器的要求是最高的也是最重要的。无论是MySQL、SQLServer还是Oracle，一般情况下，它们都需要有足够快的CPU、足够大的内存、足够稳定可靠的硬件。CPU和内存方面也要尽可能地最大化，如果企业预算充分，我们建议使用固态硬盘作RAID10，因为数据库服务器对硬盘的I/O要求是最高的。

2. 服务器需要支持多少用户访问

①服务器是给用户提供某种服务的，所以使用这些服务的用户量是我们必须考虑的因素。我们可以从以下几方面进行评估：

a. 总共注册的用户是多少；

b. 平均在线访问量是多少；

c. 同时在线访问的最大量是多少。

一般在项目实施之前，我们会做前期的调研工作，估算出一个大致的数量，但设计要尽量充分和具体，同时，还要对未来用户的增长做一个尽可能准确地预测和规划，因此服务器需要支持越来越多的用户，所以在系统架构设计时就必须考虑到以后的扩展和扩容。

② 需要多大空间来存储数据。

数据存储空间主要分两类：一类是操作系统本身占用的空间，安装应用程序所需要的空间，应用程序所产生的数据、数据库、日志文件、邮件数据等数据存储空间，每个用户的存储空间；另一类我们从时间轴上考虑，由于这些数据每天都在增长，至少要为以后两到三年的数据增长做个预算，如果要估算这些数据的预算值就需要软件开发人员和业务人员来共同提供充分的信息，最后将计算出来的结果扩大1.5左右，这些空间方便在后期维护的时候做数据备份和文件转移操作。

3. 业务的重要性

这就需要根据企业自身的业务领域来考虑，为了帮助大家更好地了解这些服务器对可靠性、数据完整性等方面的要求，下面给大家举几个简单的例子。

① 如果服务器在企业里面只用作测试平台，那么企业就不会像生产现场那样对服务器的可靠性和安全性有极高的要求，而我们所需要做的可能只是做好例行的数据备份即可，如果服务器宕机，我们只要在当天解决问题就可以了。

② 如果是一家电子商务公司的服务器，该服务器上运行着电子商务网站平台，当硬件发生故障而导致宕机时，此时现场人员必须要做好心理准备，因为会有来自各个方面的压力，这个时候现场人员需要尽快查出问题并把问题修复。事实上，电子商务网站一般需要 365 天 24 小时不间断地运行和监控，而且还需要有专人轮流值守，并且还需要有足够的备份设备，每天都需要有专人负责检查和维护。

③ 如果是大型广告类或者是门户类网站，那么建议选择 CDN 系统。CDN 系统具有提高网站的响应速度、负载均衡、有效抵御 DDoS 攻击等特点，相对而言，每个节点都会有大量的冗余。如果要全面解决这个问题，我们不能只考虑单个服务器的硬件，同时还需要结合系统架构的规划来设计。

（1）选择什么类型的 CPU

我们可以根据服务器运行什么样的服务和服务器的业务负载量两个方面去选择合适的 CPU。CPU 的主频越高，其性能也就越高。那么什么样的 CPU 才是最合适的呢？

① 如果企业刚刚成立不久，而业务也是刚刚起步，预算不是很充足，建议选择一款经典的酷睿服务器，这样可以节约大量的成本。之后，企业还可以根据业务发展的情况，随时升级到更高配置的服务器。

② 如果我们需要在一台服务器上同时运行多种应用服务，例如基于 LNMP 架构的 Web 网站，那么一颗单核 CPU 强大即可。虽然从技术层面上来说这并不是一个很好的选择，但是它可以节约一大笔的开销。

③ 如果服务器需要运行 MySQL 或 Oracle 数据库，而且会有几百个用户同时在线，用户在未来还会不断增长，那么我们至少选择安装一个双四核服务器。

④ 如果需要的只是单一 Web 应用服务器，那么双四核服务器基本就可以满足要求了。

（2）需要多大的内存

在选择内存的时候，我们需要从"服务器运行什么服务"和"需要支持多少用户访问"两方面去考虑，选择出合适的内存容量。其实内存是影响性能的最关键因素。在很多正在运行的服务器中，因为内存容量不够而导致服务器运行缓慢的案例比比皆是，如果服务器不能分配足够的内存给应用程序，这将导致网站慢得令人无法接受。而内存的大小主要取决于服务器的用户数量，当然也和应用软件对内存的最低需求和内存管理机制有关，所以，企业在选择内存的时候最好按照程序员或软件开发商给出最佳的内存配置建议来选择。下面同样给出了一些常见应用环境下的内存配置建议。

① 无论是 Apache 还是 Nginx 服务器，一般情况下 Web 前端服务器都不需要配置特别高的内存，尤其是在集群架构中，4GB 的内存就已经足够我们使用了。如果用户数量持续增加，此时我们才会考虑使用 8GB 或更大的内存。

② 对于运行 Tomcat、Resin、WebLogic 的应用服务器，8GB 内存应该是基准配置，更准确的数字需要我们根据用户数量和技术架构来确定。

③ 而数据库服务器的内存是由数据库实例的数量、表大小、索引、用户数量等来决定的，一般建议配置 16GB 以上的内存。

④ 诸如 Postfix 和 Exchange 这样的邮件服务器对内存的要求并不高，一般 1GB ～ 2GB 就可以满足了。

⑤ 同时还有一些特殊的服务器，我们需要为其配置尽可能大的内存容量，比如配置有 Varnish 和 Memcached 的缓存服务器等。

⑥ 若是只有一台文件服务器，1GB 的内存可能就足够了。然而除了在硬件上满足我们的需求，应用程序系统优化和数据库优化同样也是我们需要重视的问题。

（3）需要怎样的硬盘存储系统

硬盘存储系统的选择和配置是整个服务器系统里最复杂也是要求最高的一部分，我们在选择该系统时需要考虑硬盘的数量、容量、接口类型、转速、缓存大小以及是否需要 RAID 卡、RAID 卡的型号和 RAID 级别等一些不可忽视的问题。甚至在一些高可靠、高性能的应用环境中，我们还需要考虑使用怎样的外部存储系统（SAN、NAS 或 DAS）。下面我们将服务器的硬盘 RAID 卡的特点归纳一下。

① 如果只是用作缓存服务器，比如 Varnish 或 redis，则可以考虑用 RAID0。

② 如果只是运行 Nginx+FastCGL 或 Nginx 等应用，则可以考虑用 RAID1。

③ 如果只是内网开发服务器或存放重要代码的服务器，则可以考虑用 RAID5。

④ 如果只是运行 MySQL 或 Oracle 等数据库，则可以考虑用固态硬盘做 RAID5 或 RAID10。

（4）网卡性能方面

如果基础架构是多服务器环境，而且服务器之间有大量的数据要进行交换，那么建议为每台服务器配置两个或更多的网卡，其中一个对外提供服务，而另一个供内部数据交换使用。但是由于现在项目外端都是置于防火墙内的，所以单网卡就可以满足我们日常的数据交换了；而比如 LVS+Keepalived 这种只用公网地址的 Linux 集群架构，有时可能只需要一块网卡即可，我们可以将网卡绑定并做成冗余。但是建议大家选用万兆网卡。另外，建议交换机至少也要选择千兆网卡来进行数据通信。

（5）服务器安全方面的考虑

由于目前国内的 DDoS 攻击还是比较普遍的，因此我们建议项目方案和电子商务网站都配备硬件防火墙，比如 Juniper、Cisco 等硬件防火墙。此外，建议企业租赁 CDN 服务，如果企业万一不幸遭遇恶意的 DDoS 流量攻击，CDN 还能帮助抵挡部分恶意流量，核心机房的业务不至于在短时间内崩溃。

（6）根据机架数合理安排服务器的数量

我们在选择服务器时应该明确服务器的规格，即到底是 1U、2U 还是 4U，到底需要多少台服务器和交换机，应该如何安排等。我们应该根据现有或额定的机架数目确定到底应该选择多少台服务器和交换机。

（7）成本考虑：服务器的价格

无论是公司采购，还是项目实施过程中，成本都是非常重要的问题。一些小项目的预算很少，且项目并不需要做复杂的负载均衡高可用。当我们面对这种需求时，Nginx 或 HAProxy 将会被设计成负载均衡，后面接两台 Web 应用服务器，这样就可以搭建成简单的集群架构。如果是做中大型电子商务网站，那么在服务器成本上的控制就尤其重要了。我们经常要面对的问题是，客户给出的成本预算有限，但在实际的应用中我们又需要很多台服务器，在这个时候，我们就不得不另外设计一套最小化成本预算方案来折中处理。

以上几个方面就是我们在采购服务器时应该要注意的因素，我们在选择服务器的组件时要有所偏重，可以根据系统或网站架构决定服务器的数量，尽量做到服务器资源利用的最大化。在控制方案成本的同时，也要做到最优的性价比。

3.2.2 网络设备选型

我们在上文学习了交换机、路由器和防火墙等常见的网络设备，下面我们介绍选择它们时要注意的基本原则。

1. 选择交换机的基本原则

（1）适用性与先进性相结合

目前市场上不同品牌的交换机价格差异较大，功能也大不一样，因此企业在选择设备时不能只看品牌或追求高价，同时也不能只看价钱而不去了解它们的性能。我们应该根据企业应用的实际情况，选择性价比高的交换机，这样既能满足目前需要，又能适应未来几年网络高速发展。

（2）选择市场主流产品

不管是企业还是我们个人在选择交换机时，都应选择在市场上有份额的产品，并具有高性能、高可靠性、高安全性、高可扩展性、高可维护性的产品。

（3）安全可靠

我们在选择交换机的时候，首先要了解它的安全性，因为交换机的安全决定了网络系统的安全，所以我们在选择交换机时要注重它的安全可靠性，其实交换机的安全主要表现在 VLAN 的划分、交换机的过滤技术等方面。

（4）产品与服务相结合

企业在选择交换机时，既要看产品的品牌又要看生产厂商和销售商品是否有强大的技术支持，以及良好的售后服务，否则交换机如果出现故障时既没有技术支持又没有产品服务，这样将使企业蒙受很大的损失。

2. 选择路由器的基本原则

（1）实用性

在选择路由器时，我们应该采用成熟的、经实践证明其实用性的技术。这样既能满足现行业务的管理，又能适应 3 ～ 5 年内的业务发展要求。

（2）可靠性

我们需要设计出一套详细的故障处理及紧急事故处理方案，同时保证系统运行的稳定性和可靠性。

（3）标准性和开放性

网络系统的设计需要符合国际标准和工业标准，采用完全开放式系统体系结构。

（4）先进性

我们所选择的设备在使用时应支持 VLAN 划分技术、HSRP（热备份路由协议）技术、OSPF 协议等，同时能够保证网络的传输性能和路由的快速改敛性，能够抑制局域网内广播风暴，减少数据传输延时。

（5）安全性

我们选择设备的系统必须具有多层次的安全保护措施，同时也要满足用户身份鉴别、访问控制、数据完整性、可审核性和保密性传输等要求。

（6）扩展性

随着企业业务的不断扩展，路由系统可以不断升级和扩充，并能保证系统的稳定运行。

（7）性价比

企业在选择产品时不要盲目追求高性能产品，要购买适合自身需求的产品。

3. 选择防火墙的基本原则

（1）总拥有成本和价格

在信息高速发展的时代，防火墙产品作为网络系统的安全屏障，其总拥有的成本不应该超过受保护网络系统可能遭受最大损失的成本。其实防火墙的最终功能将是管理的结果，而非工程上的决策。

（2）明确系统需求

企业可以列出一个必须监测怎样的传输、必须允许怎样的传输流通行，以及应当拒绝什么传输的清单。

（3）应满足企业特殊要求

企业安全政策中的某些特殊需求并不是每种防火墙都能提供的，这常常会成为企业在选择防火墙时需要考虑的因素之一，比如，加密控制标准、访问控制和特殊防御功能等。

（4）防火墙的安全性

我们在选择防火墙时最难评估的是防火墙的安全性能。所以用户在选择防火墙时，应该尽量选择占市场份额较大的同时又通过了国家权威认证机构认证测试的产品。

（5）防火墙的主要需求

目前企业级用户在选择防火墙时，对防火墙的主要需求是内网安全性需求、细度访问控制能力需求、VPN 需求、统计、计费功能需求和带宽管理能力需求等，这些都是企业在选择防火墙时需要侧重考虑的方面。

（6）管理与培训

厂商在管理和培训等方面是评价一个防火墙产品好坏的重要方面。因为人员的培训和日常维护费用通常会占较大的比例。而一家优秀的安全产品供应商必须为其用户提供良好的培训和售后服务。

（7）可扩充性

网络的扩容和网络应用随着新技术的出现而增加，而网络的安全风险成本也在急剧上升，因此我们更需要增加具有更高安全性的防火墙产品保证我们的网络安全，将风险降到最低。

3.2.3 存储设备选型

在任何 IT 项目的建设中，存储设备涉及的投资规模相对较大，而且使用周期较长，因此它的重要性和安全性也就更高一些。那么我们在 IT 项目建设时该如何选择存储设备呢？下面我们从几个方面做一个分析和说明。

我们在选择合适的存储设备时，有几个因素必须要考虑，它们是协议、容量、性能、可扩展性、易管理性和成本。但是，除了这些标准的决定因素之外，同时还要确保我们所选择的存储设备不会处于网络、计算和监控管理平台之外的真空范围内，我们必须要确保存储设备与 IT 基础架构设施能够无缝地整合在一起。

1. 协议

协议是我们在选择存储设备时首先要考虑的问题。而选择什么样的存储协议在 IT 项目的整体决策中有着举足轻重的作用，因为它可以决定我们继续使用哪一家厂商的产品和平台。另外，它还影响基础设施的整体设计、体系结构和类型。而光纤通道存储网络是目前企业数据中心使用率最高的存储网络，它的 FC 协议和 iSCSI 协议发挥了重要的作用。FC 协议其实并不能被翻译成光纤协议，FC 协议普遍采用光纤作为传输线缆而不是铜缆，因此有很多人把 FC 称为光纤通道协议。但是在逻辑上，我们可以将 FC 协议看作一种用于构造高性能信息传输的、双向的、点对点的串行数据通道。而在物理层面上，FC 协议是一对多的、点对点的互连链路，它的每条链路都终结于一个端口或转发器。其实 FC 的链路介质可以是光纤、双绞线，也可以是我们常说的同轴电缆。

iSCSI 技术由 IBM 公司研究开发出来，它是一个供硬件设备使用的、并且可以同时在 IP 的上层运行的 SCSI 指令集，这种指令集同样可以在 IP 网络上运行 SCSI 协议，使其能够在高速千兆以太网上进行路由选择。iSCSI 技术是一种新型的储存技术，该技术的功能是将现有的 SCSI 接口与以太网络（Ethernet）技术完美结合，可以让服务器与使用 IP 网络的存储装置互相交换数据。ISCSI 协议降低了系统的部署成本并解决了兼容性和统一管理问题，这种新型的存储技术也代表了存储发展的未来。

目前以太网光纤通道（FCoE）标准已经成型，产品推出市场也有数年的时间，同时端到端系统也已经非常成熟。而 FCoE 技术标准可以将光纤通道映射到以太网，它可以将光纤通道信息插入以太网信息包内，从而让服务器 -SAN 存储设备的光纤通道的请求和数据都可以通过以太网传输，而无需去建立专门的光纤通道结构通信，从而可以在以太网上传输 SAN 数据。FCoE 允许在一根通信线缆上同时传输 LAN 和 FC SAN，融合网络可以支持 LAN 和 SAN 数据类型，从而减少数据中心的设备和线缆的数量，同时也可以降低供电和制冷的负载，使其敛成一个统一的网络后，需要支持的点也跟着减少了，这样有助于降低管理人员的负担。但是作为一个行业，由于网络合并优势多，因此企业现在主要方向是往以太网或 IP（iSCSI 和 FCoE）的方向发展，但是光纤通道目前仍然占较大的市场份额，因为它在传统投资、性能可靠性以及客户信任方面仍占有很大优势。一般来说我们需要结合网络存储结构（DAS、NAS 、SAN）考虑搭建与部署整个项目的存储架构。

常见存储协议的比较见表3-1。

表3-1　常见存储协议的比较

协议	SCSI协议	FC协议	ISCSI协议	AOE协议
接口	SCSI	光纤	IP	IP
接口类型	并行	串行	串行	并行
适配器	SCSI卡	FC HBA	ISCSI HBAor 以太网	以太网
管理	简单	复杂	简单	简单
兼容性	好	差	好	好

2. 容量与性能

我们在选择存储系统的时候，存储系统的容量和性能也是客户考虑的重要因素。传统的存储系统的最大磁盘容量是由磁盘数量和磁盘大小决定的。如果最大存储容量的存储系统没有分级和高速缓存等功能的话，存储系统的性能将与磁盘数量挂钩。因此企业必须配备更多的磁盘保证 IOPS 性能，同时还需要配备很多没有被使用的备用存储容量。

如果用户想选择一个存储平台，这个平台可以在基础构架的工作周期中灵活扩展以满足用户对容量的需求。传统的方法是选择由若干个"通用存储设备"组成的集群，而组成集群存储的每个存储系统的性能和容量均可以通过"集群"的方式得以叠加和扩展。当我们使用了存储集群，遇到存储系统的瓶颈时，我们还有两种选择：一是我们可以采用硬件更加强大的单个存储系统；二是我们可以采用若干个普通性能的存储系统组成"存储的集群"。这样我们就可按比例增加存储资源的性能、容量、可靠性及可用性，从而突破了单机设备的种种限制。性能的表现对于任何存储平台来说都意义重大，例如一个典型的私有云部署平台在性能表现上会被划分为多个层次，一般情况下它们可以被分为银级、金级和铂金级三个级别，如果用户想要存储平台在不耗尽资源的情况下有多个服务层次（即用户不想在每次服务中都为顶层服务花费）。存储的一些功能就像自动分层处理（阵列频繁地从磁盘中读取数据，或者反过来），或者计算机高速缓冲处理（前端的高速缓冲内存条），从而可以满足在低消耗情况下实现高性能。此外，像数据去重、复制和快照等功能也是值得我们去考虑的方面。

3. 可扩展性、易管理性和成本

（1）可扩展性

集群存储包括存储节点、前端网络、后端网络三个元素，并且每个元素都可以采用业界最新技术实现用户需要的功能，并且扩展起来非常的方便，我们可以像搭积木一样扩展和增加存储。特别对数据增长趋势较难预测的企业用户，他们可以先购买一部分存储，当数据快速增长并存储不够时，但又对存储有需求的时候，我们可以随时添加从而改变存储的大小，但是又不会影响现有存储的使用。

分布式存储能有效地提高系统的性能，尤其是它的可扩展性。所有对集群存储的操作都必须经由分布式操作系统统一调度和分发，从而分散到集群存储的各个存储节点上去完成。其实使用分布式存储操作系统带来的好处是保证各节点之间没有区别，从而保证所有存储节点功能完全一致，只有这样才能真正保证性能最优。

（2）易管理性

目前关于存储的管理方式大都是通过各厂商自己编写的管理工具，或者通过 Web 界面进行管理和配置的，但是还需要客户端安装相关软件才能访问存储上的空间。在随着需要管理的存储空间逐渐增大，管理存储的复杂度和管理人员的数量也将会随之增加。而集群存储应该提供一种集中的、简便易用的管理方式，对客户端没有任何影响，采用业界标准的访问协议（比如 NFS，CIFS）来访问集群存储。

（3）成本

成本在任何 IT 项目中都是一个非常关键的因素。对于私有云来说，用户一定需要一个能被本地工具和自己构建的自动化监控平台同时管理和检测的操作系统平台。存储管理平台越开放，它的应用程序界面或软件系统就会越强大，使用起来也就越方便。所以用户一定要确保为自动化监控管理平台选择的软件能够很好地适应和管理存储平台。而这些工具会经常被使用并且价格昂贵，它们对硬件的限制显得很重要。

总之，对于一个 IT 项目来说，存储设备的选择很复杂也很重要。即使用户现在还没有考虑把服务虚拟化，但是为了以后存储平台在云方面的发展，服务也要逐渐虚拟化。在 IT 系统复杂度和风险不断增加、采购和管理成本不断上涨的情况下，管理好存储和数据对所有企业来说都是一个严峻的挑战。但总体来说，企业的存储需求大同小异，我们可以简要归纳为以下几点：

① 有效控制总体拥有成本（TCO）；

② 数据的安全性、可靠性、一致性；

③ 以低成本提供高端存储服务；

④ 整合不同存储级；

⑤ 降低存储管理的复杂性；

⑥ 存储可扩展性和高性能；

⑦ 管理数据存储生命周期。

3.2.4 任务回顾

知识点总结

1. 选择服务器需要考虑：服务器上运行什么服务、服务器业务的负载量、业务的重要性、服务器网卡方面、服务器安全、服务器种类和价格。

2. 选择交换机的基本原则：适用性与先进性相结合、选择市场主流产品、安全可靠、产品与服务相结合。

3. 选择路由器的基本原则：实用性、可靠性、标准性和开放性、先进性、安全性、扩展性、性价比。

4. 选择防火墙的基本原则：总拥有成本和价格、明确系统需求、应满足企业特殊要求、防火墙的安全性、防火墙产品、管理与培训、可扩充性。

5. 选择存储设备的基本原则：协议、容量、性能、可扩展性、易管理性和成本。

学习足迹

任务二学习足迹如图 3-16 所示。

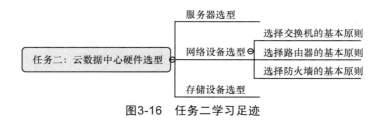

图3-16 任务二学习足迹

思考与练习

1. 简述服务器选型的原则和注意事项。
2. 简述网络设备（防火墙、交换机、路由器）的选型原则和注意事项。
3. 简述常见存储设备的选型方法和原则。
4. 简述常见的存储协议的区别。

3.3 项目总结

通过本项目的学习，学生应掌握云数据中心，服务器设备、网络设备、存储设备的分类以及设备的选型原则和注意事项。

项目 3 项目总结如图 3-17 所示。

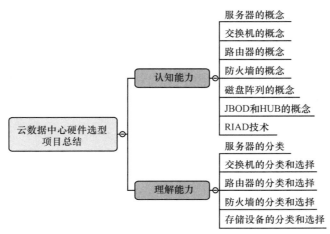

图3-17 项目3项目总结

3.4 拓展训练

自主调研:"校园数据中心"硬件设备选型调研。

◆ **调研要求**

选题:请对本院校的"校园数据中心"硬件设备进行调研,并撰写调研报告。

调研报告需包含以下关键点:

① "校园数据中心"的服务器设备选型;

② "校园数据中心"的网络设备(交换机、防火墙、路由器)类型、品牌及其型号;

③ "校园数据中心"的存储设备型号。

◆ **格式要求**:需提交 Word 版本的调研报告。

◆ **考核方式**:采取课内发言,时间要求 3 ~ 5 分钟。

◆ **评估标准**:见表 3-2。

表3-2 拓展训练评估表

项目名称: "校园数据中心"硬件设备选型调研	项目承接人: 姓名:	日期:
项目要求	**评分标准**	**得分情况**
"校园数据中心"的服务器设备选型 (30分)	① "校园数据中心"的服务器设备选型分析正确、逻辑清晰。(25分) ② 发言人语言简洁、严谨;言行举止大方得体;说话有感染力,能深入浅出(5分)	
"校园数据中心"的网络设备(交换机、防火墙、路由器)类型、品牌及其型号(50分)	① "校园数据中心"的网络设备(交换机、防火墙、路由器)的类型、品牌及其型号分析正确、逻辑清晰。(45分) ② 发言人语言简洁、严谨;言行举止大方得体;说话有感染力,能深入浅出(5分)	
"校园数据中心"的存储设备型号(20分)	① "校园数据中心"的存储设备型号分析正确、逻辑清晰。(15分) ② 发言人语言简洁、严谨;言行举止大方得体;说话有感染力,能深入浅出(5分)	
评价人	**评价说明**	**备注**
个人		
老师		

项目 4

虚拟化与云计算

 项目引入

> 我：徐工，您能给我简单介绍一下什么是虚拟化吗？
>
> 徐工：通俗地解释，"虚拟"是不真实的，不像硬件那样看得见、摸得着，它是通过技术模拟出来的。传统的情况下，一台计算机有一套硬件，只能同时运行一个系统，但是，通过虚拟化的技术，我们可以让一套硬件同时运行一个甚至多个不同的系统，而且它们之间相互独立、互不影响，类似一个人有几个大脑，每个大脑都可以独立思考，是不是很有趣？
>
> 我：我明白了。

 知识图谱

项目 4 知识图谱如图 4-1 所示。

4.1 任务一：认识虚拟化技术

【任务描述】

虚拟化技术对于新手来说是"高深莫测"的，通过虚拟化技术，一台服务器可同时运行多个系统。那么到底是什么样的技术可以如此神奇，IT 行业又有多少虚拟化技术呢？接下来我们一一对其介绍。

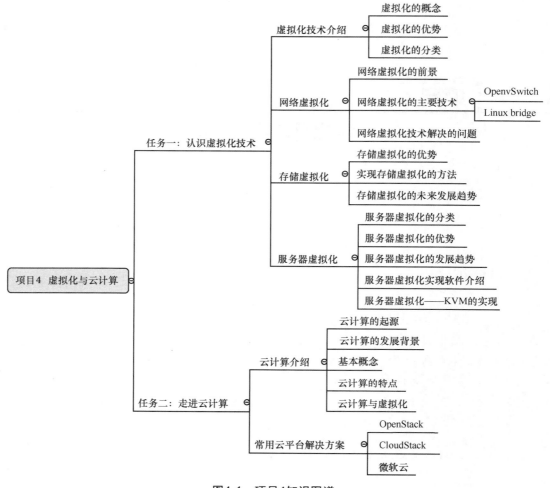

图4-1 项目4知识图谱

4.1.1 虚拟化技术介绍

1. 虚拟化的概念

虚拟化技术是一种资源管理技术，是将计算机的各种实体资源，如服务器、网络、内存及存储等，予以抽象、转换后呈现出来，实现物理层向逻辑层变化的技术。它使原本运行在真实环境上的计算机系统或组件在虚拟出来的环境中运行，一台计算机上可以同时运行多个逻辑计算机，每个逻辑计算机可运行不同的操作系统，并且应用程序都可以在相互独立的空间内运行且互不影响，因此，计算机的工作效率得到显著提升。

在实际的生产环境中，虚拟化技术主要解决高性能的物理硬件产能过剩和旧的硬件产能过低带来的资源浪费的问题，从而实现底层物理硬件的透明化，从而最大化地利用物理硬件。

我们通过一台计算机主机来解释物理结构与虚拟化结构的区别，虚拟化体系结构与真实物理体系结构的对比如图4-2所示。

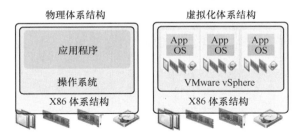

图4-2　虚拟化体系结构与物理体系结构的对比

1）物理体系结构

硬件层：由CPU、内存、硬盘、网卡等物理元件组成。

系统层：硬件之上的操作系统，给用户带来友好的交互界面，同时将用户的所有操作翻译成硬件可以执行的指令。

应用层：运行在操作系统上的程序，给用户带来良好的体验。

特点：硬件层之上只有一个操作系统，所有资源只为这一个系统"服务"。

2）虚拟化体系结构

硬件层：由CPU、内存、硬盘、网卡等物理元件组成。

虚拟化层：模拟并调用硬件层的资源。

虚拟硬件层：虚拟化层分配和调用硬件层的资源，从而形成虚拟化硬件层。

系统层：此系统层调用虚拟硬件层的资源。

应用层：运行在操作系统上的程序，给用户带来良好的体验。

特点：虚拟化体系比物理体系结构多了虚拟化层与虚拟硬件层，可以同时运行 N 个系统。硬件层通过虚拟化层将所有资源同时分配到 N 个系统上，系统与系统之间互不影响、相互隔离。

2. 虚拟化的优势

①提高资源利用率；

②降低管理成本；

③提高使用的灵活性；

④提高可用性；

⑤更高的可扩展性。

3. 虚拟化的分类

虚拟化技术经过多年的发展，已经是一门非常成熟的技术了，根据不同维度，它也有不同的分类，下面我们通过以下3个维度来介绍虚拟化技术。

（1）从虚拟化层次角度划分——软件辅助虚拟化和硬件虚拟化

软件辅助虚拟化：我们通过软件的方法，使宿主机实现虚拟化。它主要使用的技术就是优先级压缩和二进制代码翻译。

硬件虚拟化：在 CPU 中加入新的指令集和处理器运行模式，以此完成虚拟化操作系统对硬件资源的直接调用。典型技术包括 intel VT 和 AMD-V。

（2）从虚拟化平台角度划分——完全虚拟化和半虚拟化

1）完全虚拟化

定义：我们通过客户机与宿主机之间的虚拟化逻辑层——Hypervisor 来完全模拟底层硬件细节，如图 4-3 所示。

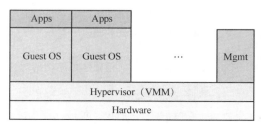

图4-3　完全虚拟化

工作原理：我们在虚拟机（VM）和硬件之间增加了一个软件层——Hypervisor。运行在虚拟机上的操作系统通过 Hypervisor 来分享硬件，所以虚拟机发出的指令需经过 Hypervisor 被捕获并处理。因此，每个客户操作系统（Guest OS）所发出的指令都要被翻译成 CPU 能识别的指令格式。

优点：运行在虚拟机上的操作系统没有经过任何修改。

缺点：操作系统必须能够支持底层的硬件。

典型技术：KVM、Vmware WorkStation、ESX Server。

2）半虚拟化

定义：半虚拟化是通过事先经过修改的客户机操作系统内核共享宿主底层硬件的，如图 4-4 所示。

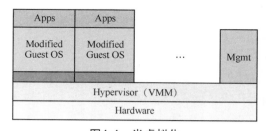

图4-4　半虚拟化

工作原理：在完全虚拟化的基础上，我们对客户操作系统进行了修改，增加了一个专门的 API，这个 API 可以将客户操作系统发出的指令进行最优化，即 Hypervisor 不需要耗费一定的资源就能进行翻译操作。

优点：Hypervisor 的工作负担变得非常小，因此整体的性能得到了改善。

缺点：在修改包含 API 的操作系统时，对于某些不含该 API 的操作系统（主要是 Windows）来说，半虚拟化不可用。

典型技术：Xen。

（3）从虚拟化在应用领域角度划分

虚拟化可分为服务器虚拟化、存储虚拟化、网络虚拟化、桌面虚拟化

1）服务器虚拟化

服务器虚拟化就是将服务器物理资源抽象成逻辑资源，让一台服务器变成几台甚至上百台相互隔离的虚拟服务器，让其不再受限于物理界限，CPU、内存、磁盘、I/O 等硬件变成可以被动态管理的"资源池"，因此资源的利用率得到有效提高、系统管理得到简化，也可实现服务器的整合，IT 也可更适应业务的变化，如图 4-5 所示。

图4-5　服务器虚拟化

2）存储虚拟化

存储虚拟化的方式是统一整合管理整个云系统的存储资源，再根据每个用户的不同需求分配存储空间。存储类似水池，而存储空间像水池中流动的水，可以任意地根据需要被分配，如图 4-6 所示。

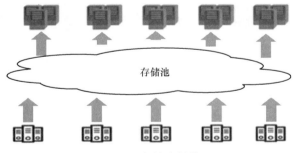

图4-6　存储虚拟化

3）网络虚拟化

网络虚拟化是指一个物理网络能够支持多个逻辑网络，虚拟化保留了网络设计中原有的层次结构、数据通道和所能提供的服务，使得最终用户获得的体验和独享物理网络的体验一样。网络虚拟化技术还可以实现对网络资源如空间、能源、设备容量等的高效利用，如图 4-7 所示。

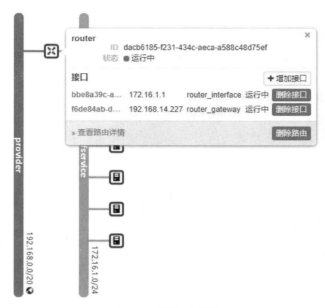

图4-7　网络虚拟化

4）桌面虚拟化

桌面虚拟化是指将用户的桌面环境与其使用的终端设备进行解耦，使服务器可存放完整的桌面环境。用户可以使用具有较强处理功能和显示功能的不同终端设备通过网络访问该桌面，如图 4-8 所示。

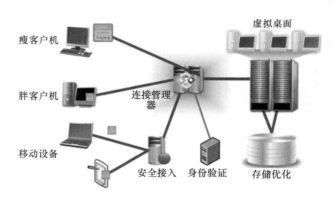

图4-8　桌面虚拟化

4.1.2 网络虚拟化

1. 网络虚拟化的前景

IaaS（基础设施即服务）中的核心技术就是虚拟化，包括服务器虚拟化、存储虚拟化和网络虚拟化。其中服务器虚拟化和存储虚拟化出现的时间远远早于 IaaS 概念出现的时间，且已有很多成熟的产品。

网络虚拟化出现的时间并不长，目前网络虚拟化的市场还处在开发阶段，只有少数的用户在自己的 IT 基础设施中施行网络虚拟化。随着 IaaS 的逐渐推广，网络虚拟化也会随之普及。

2. 网络虚拟化的主要技术

目前，网络虚拟化技术有很多种，我们主要介绍两种：OpenvSwitch 技术和 Linux bridge 技术。

（1）OpenvSwitch

1）OpenvSwitch 与虚拟交换机的含义

OpenvSwitch 即开放虚拟交换机，具体而言，OpenvSwitch 是在开源的 Apache2.0 许可下的、具有产品级质量的多层虚拟交换标准。它旨在通过编程扩展，使庞大的网络实现自动化（配置、管理、维护），同时还支持标准的管理接口和协议（如 NetFlow、sFlow、SPAN、RSPAN、CLI、LACP、802.1ag）。

OpenvSwitch 是一种开源软件，专门管理多租赁公共云计算环境，这样网络管理员能可见并能控制 VM 之间和之内的流量。

什么是虚拟交换机呢？虚拟交换机就是利用虚拟平台，通过软件的方式组成交换机。与传统的物理交换机相比，虚拟交换机同样具备众多优点：一是其配置更加灵活，一台普通的服务器可以配置出数十台甚至上百台虚拟交换机，且端口数目可以灵活选择，例如，VMware 的 ESX，一台服务器可以仿真出 248 台虚拟交换机，且每台交换机预设的虚拟端口可达 56 个；二是其成本更加低廉，例如，在微软的 Hyper-V 平台上，虚拟机与虚拟交换机之间的联机速度可达 10Gbit/s。

2）OpenvSwitch 的优势

OpenvSwitch 项目是由网络控制软件创业公司 Nicira Networks 支持推进的，旨在通过虚拟化过程解决网络问题，与控制器软件一起实现分布式虚拟交换技术。这意味着，交换机和控制器软件能够在多个服务器之间创建集群网络配置，不需要在每一个 VMware 和物理主机上单独配置网络。

3）OpenvSwitch 的特点

① 虚拟机间互联的可视性。

② 支持 trunking 的标准 802.1Q VLAN 模块。

③ 细粒度的 QoS。

④ 每台虚拟机端口的流量策略。

⑤ 负载均衡支持 OpenFlow。

⑥ 远程配置兼容 Linux 桥接模块代码。

（2）Linux bridge（网桥）

网桥技术是由 Linux 内核支持的桥接技术。那么什么是桥接呢？桥接就是把一台机器上的若干个网络接口"连接"起来，其带来的结果是其中一个网口收到的报文会被复制给其他网口并发送出去，这使得网口之间的报文能够互相转发。交换机就是这样一个设备，它有若干个网口，且这些网口是桥接起来的，因此，与交换机相连的若干个主机就能通过交换机的报文转发而互相通信。与单纯的交换机不同，虚拟交换机只是一个二层设备，对于接收到的报文，它只执行转发或丢弃操作。小型的交换机里只需要一块交换芯片即可，并不需要 CPU，而运行着 Linux 内核的机器本身就是一台主机，该主机有可能就是网络报文转发的目的地，其除了对收到的报文执行转发和丢弃操作，还可能将报文传送到网络协议栈的上层（网络层）。Linux 内核是通过一个虚拟的网桥设备来实现桥接的，这个虚拟设备可以绑定若干个以太网接口设备，从而将它们桥接起来。

3. 网络虚拟化技术解决的问题

（1）虚拟接入

虚拟接入是将虚拟机接入交换机中，交换机要求能识别虚拟机。虚拟接入的目的是让交换机能够像管理物理机一样管理虚拟机，包括配置网络策略、监控虚拟机流量等，以此让传统交换机管理物理机的方式都可以应用在虚拟机上。

目前，交换机无法实现对虚拟机的管理，这一现象产生的关键问题是数据帧不能发往收到该数据帧的端口。这个限制是 STP 的主要规则，而传统交换机都是采用 STP 工作的。传统方式中，一个端口只能接入一台物理机，端口和物理机一一对应。但是在虚拟环境中，一个交换机端口可以接入多个虚拟机，但当这些虚拟机之间需要通信时，该端口接收的数据帧就会被发往该端口，这违背了 STP 原则。

（2）虚拟通道

虚拟通道解决如何让虚拟机接入物理交换机的问题。虚拟机无法直接接入物理交换机。目前，多种虚拟化接入方式都采用虚拟以太网桥（virtual ethernet bridging，VEB）的方式来将虚拟机连接至交换机。

4.1.3 存储虚拟化

1. 存储虚拟化的优势

① 存储虚拟化将存储资源虚拟成一个"存储池"，把许多零散的存储资源整合起来，从而提高整体利用率，同时降低系统管理成本。对整合起来的存储池而言，系统根据每个用户的需求对其进行划分，以最高的效率、最低的成本来满足各类不同应用在性能和容量等方面的需求。该方法中的虚拟磁带库对于提升备份、恢复和归档等应用服务水平起到了非常显著的作用，极大地节省了企业的时间和金钱。

② 除了时间和成本方面的优势，存储虚拟化还可以提升存储环境的整体性能和可用性水平。

③ 通过存储虚拟化，许多既消耗时间又多次重复的工作，例如备份/恢复、数据归档和存储资源分配等，可以以自动化的方式来进行，这大大减少了人工作业量。因此，通过将数据管理工作纳入单一的自动化管理体系，存储虚拟化可以显著地缩小数据增长速度与企业数据管理能力之间的差距。

④ 存储虚拟化将存储网络上的各种品牌存储子系统整合成一个或多个可以被集中管理的存储池，并在存储池中按需建立一个或多个不同大小的虚卷，然后将这些虚卷按一定的读写授权分配给存储网络上的各种应用服务器，这样就达到了充分利用存储容量、

集中管理存储、降低存储成本的目的。

2. 实现存储虚拟化的方法

存储系统必须在能力和性能上有更出色的表现，才能适应今天高速增长的业务需求。存储虚拟化需要采用全新的软件方式来平衡扩容体系架构以实现千兆级的数据传输和存储要求。接下来，我们会介绍3种存储虚拟化的技术。

（1）基于主机的存储虚拟化

基于主机的存储虚拟化技术依赖于代理或管理软件，它们被安装在一个或多个主机上，实现对存储虚拟化的控制和管理。

控制软件在主机上运行，会占用主机的处理时间，因此，这种方法的可扩充性较差，实际运行的性能不是很好。这种基于主机的方法也有可能影响系统的稳定性和安全性，因为其有可能导致受保护的数据在不经意间被越权访问。这种方法要求主机上须安装适当的控制软件，因此一个主机的故障可能影响整个SAN系统中数据的完整性。基于主机的存储虚拟化还可能由于不同存储厂商生产的软、硬件的差异而带来不必要的互操作性开销，所以这种方法的灵活性也比较差。

但是，因为不需要任何附加硬件，这种基于主机的存储虚拟化方法最容易实现，设备成本也最低。使用这种方法的供应商趋向于成为存储管理领域的软件厂商，而且目前已经有成熟的软件产品。这些软件可以提供便于使用的图形接口，接口可方便地应用于SAN系统的管理和虚拟化，在主机和小型SAN结构中有着良好的负载平衡机制。从这个角度而言，基于主机的存储虚拟化是一种性价比较高的方法。

（2）基于存储设备的存储虚拟化

基于存储设备的存储虚拟化方法依赖于提供相关功能的存储模块。如果没有第三方的虚拟软件，基于存储设备的存储虚拟化经常只能提供一种不完全的存储虚拟化解决方案。对于包含多厂商存储设备的SAN存储系统，这种方法的运行效果并不是很好。

依赖于存储供应商的功能模块使得基于存储设备的存储虚拟化方法将会在系统中排斥JBODS（Just a Bunch of Disks，简单的硬盘组）和简单存储设备的使用，因为这些设备并没有提供存储虚拟化的功能。

基于存储设备的存储虚拟化方法也有一些优势：在存储系统中较容易实现，容易和某个特定存储供应商的设备相协调，所以更容易管理。同时它对用户或管理人员都是透明的。但是，我们必须注意，因为缺乏足够的软件对其进行支持，这种解决方案难以实现定制化。

（3）基于网络的存储虚拟化

基于网络的存储虚拟化方法是在网络设备之间实现存储虚拟化功能，具体有以下几种方式。

1）基于互联设备的存储虚拟化

基于互联设备的方法如果是对称的，那么控制信息和数据将承载于同一条通道；如果是不对称的，控制信息和数据将承载于不同的通道。在对称的方式下，互联设备可能成为瓶颈，但是多重设备管理和负载平衡机制可以减缓这种矛盾。同时，在多重设备管理环境中,当一个设备发生故障时,故障处理也容易实现。但是,这将产生多个 SAN 孤岛,因为一个设备仅控制与它所连接的存储系统。非对称式存储虚拟化比对称式方法的可扩展性更强,因为数据和控制信息的路径是分离的。

基于互联网设备的存储虚拟化方法能够在专用服务器上运行,它使用标准操作系统,如 Windows、Sun Solaris、Linux 或供应商提供的操作系统。这种方法运行在标准操作系统中,具有基于主机方法的诸多优势,如易使用、设备廉价等。许多基于设备的存储虚拟化提供商也提供附加的功能模块来改善系统的整体性能,它虽然能够获得比标准操作系统更好的性能和更完善的功能,但同时也需要更高的硬件成本。

但是,这种基于设备的方法同样也继承了基于主机的存储虚拟化方法中的一些缺陷,因为它仍然需要一个运行于主机上的代理软件或基于主机的适配器,任何主机的故障或不适当的主机配置都可能导致不被保护的数据被访问。同时,异构操作系统间的互操作性仍然是一个问题。

2)基于交换机的虚拟化

按照基于交换机的方法,存储虚拟化的功能模块嵌入交换机的固件中或者放在附属于交换机的单独服务器上。由于该方法并不要求每一台主机上都运行存储虚拟化功能的软件,基于交换机的存储虚拟化系统以软件的方式提供管理功能模块,这种方法不存在基于设备或基于主机环境中可能会遇到的安全性问题。同时,能够在异构环境中提供更强的互操作性。但是,交换机仍然是一个瓶颈,也可能成为故障的敏感点。当然,如果企业不在意较高的附加费用,可以引入备用交换机,用于数据通道上的故障接替。

3)基于路由器的虚拟化

虽然这种基于路由器的方法是在路由器固件上实现存储虚拟化功能的。但是供应商通常也会提供运行在主机上的附加软件来进一步增强存储管理能力。在此方法中,路由器被放置于每个主机接入存储网络的数据通道中,用来截取网络中任何一个从主机到存储系统的命令。由于路由器潜在地为每一台主机服务,大多数控制模块存在于路由器的固件中,相对于基于主机和大多数基于互联网设备的方法,基于路由器的虚拟化这种方法的性能更好、效果更佳。由于不依赖于在每个主机上运行的代理服务器,这种方法比基于主机或基于设备的方法更具有安全性。当连接主机到存储网络的路由器出现故障时,主机上的数据仍可能出现不能被访问的现象,此时只有连接故障路由器的主机才会受到影响,其他主机仍然可以通过存在于虚拟化中的路由器访问存储系统。路由器的冗余可以支持动态多路径,这也为上述故障的解决提供了一种很好的方法。由于路由器经常作为协议转换的桥梁,基于路由器的方法也可以在异构操作系统和多供应商存储环境之间提供互操作性。

3. 存储虚拟化的未来趋势

① 存储虚拟化技术的出现,很大程度上为企业增强了生产力、提高了资产利用率、为企业有效地管理运营环境提供了支持。虚拟存储不同类别之间的界限日渐模糊,存储虚拟化和服务器虚拟化之间的界限也有日益模糊的可能。

② 在这个信息高速发展的时代,存储虚拟化软件正在日益变得更有活力且更加趋于完整,正在逐渐发展成为一个全面的操作系统。业内人士已经充分认识到:通过交换机、

磁盘阵列还是通过应用设备实现虚拟化的争辩是没有任何意义的，未来的存储虚拟化必将通过这几种技术来实现，这几种方法也会通过某一种主要的虚拟层被结合。

③ 从当前的发展趋势看，基于主机的和基于存储的虚拟化技术目前已发展得相对成熟，用户可以充分享受它们所带来的益处，同时，由于它们已经进入成熟期，因此价格也较低。从这两方面出发，惠普已推出了服务器层的 Virtual Replicator、存储层的 StorageWorks EVA 和 VA。而网络虚拟化是一种新的技术，它独立于主机和存储设备，给用户带来了很大的灵活性，因此，其未来的发展空间最大。尽管网络虚拟化是新兴的领域，但它仍有很大的成长空间，甚至有人将这种在网络上实现虚拟化的方法称作第二代 SAN 或下一代 SAN。

④ 基于主机的和基于存储的方法对于初期的使用者来说魅力最大，因为它们不需要任何附加硬件，但对于异构存储系统和操作系统而言，系统的运行效果并不是很好。对于那些要求最大限度实现互操作性的企业来说，基于交换机或基于路由器的方法可能更为恰当。对那些要求更高可扩充性的用户来说，基于路由器的方法是最优选择。基于互联网设备的方法处于两者之间，它回避了一些安全性问题，存储虚拟化的功能较强，可以通过一台主机的负载同时获得很强的可扩展性。

⑤ 不同供应商提供的实现存储虚拟化的方法不同，一些偏重于复制、一些擅长备份、而另外一些在恢复和访问控制方面的性能更为优越。存储管理软件供应商趋向于提供最完善的管理套餐，但是，多平台的支持和最佳的性能特征并不容易实现。数据复制方面已经发展出多种镜像方法，许多存储供应商提供三层镜像结构，Veritas 公司甚至能够提供四层镜像结构。镜像在一些方面受到推崇，全面镜像能在另一个驱动器上产生完全相同的副本。这个附加的副本有时也被称作快照，它只存储以前版本的数据。有时，在不同地理位置上存在的副本驱动器，通过 IP 相连能产生远程或异步副本。在存储网络中，存储访问控制经常存在于分区式的主机和存储系统中，只有属于同一个分区的主机才能够访问这个分区的存储设备，主机和存储设备经常是多分区的一员，分区制的理念与虚拟专用存储网络的理念相似。

4.1.4　服务器虚拟化

1. 服务器虚拟化的分类

服务器虚拟化主要分为"一虚多""多虚一"和"多虚多"三种，具体介绍如下。

① "一虚多"：一台服务器被虚拟为多台服务器，即将一台物理服务器分割成多个相互独立、互不干扰的虚拟环境。

② "多虚一"：多个独立的物理服务器被虚拟为一个逻辑服务器，多台服务器相互协作，处理同一个业务。

③ "多虚多"：多台物理服务器被虚拟为一台逻辑服务器，然后再被划分为多个虚拟环境，即多个业务在多台虚拟服务器上运行。

2. 服务器虚拟化的优势

① 减少服务器的数量，提供一种服务器整合的方法，减少初期硬件采购成本。

②简化服务器的部署、管理和维护工作，降低管理费用。

③提高服务器资源的利用率，提高服务器计算能力。

④通过降低空间、散热以及电力消耗等途径压缩数据中心成本。

⑤通过动态资源配置提高 IT 对业务的灵活适应能力。

⑥提高可用性，带来具有透明负载均衡、动态迁移、故障自动隔离、系统自动重构的高可靠服务器应用环境，减少服务器或应用系统的停机时间。

⑦在不中断用户工作的情况下实现系统更新。

⑧支持快速转移和对虚拟服务器的复制，提供一种简单便捷的灾难恢复解决方案。

3. 服务器虚拟化的发展趋势

①有竞争力的选择方案趋于成熟：假如服务器虚拟化趋势目前才开始推行，虚拟化市场会有何不一样呢？在过去的几年间，VMware 竞争对手的技术有了大幅改进，价格也变成了一项明显的差异化因素。那些还没有开始采用虚拟化技术的企业（这类企业往往规模比较小）有了切实的选择。

②可供选择的厂商逐渐增多：现有的 VMware 用户也许不会从 VMware 迁移出去，但是他们担心成本和潜在的锁定问题，所以，越来越多的企业采取"第二供货源"（Second Sourcing）的策略——他们在企业的另一个部门部署不同的虚拟化技术。异构虚拟化管理难度虽然很大，但也不乏有的企业跃跃欲试。

③定价模式处于不断变化之中：从昂贵的虚拟机管理程序到免费的虚拟机管理程序，再到基于处理器核心的定价模式以及基于内存的授权模式，虚拟化技术的定价模式始终处于不断变化之中。私有云和公共云大行其道的趋势可能会导致虚拟化的定价模式继续发生变化，这极大地挑战了现有的企业 IT 开支模式，为企业节省了大量成本。

④普及率和饱和度：目前，虚拟化技术的普及率已达 50%，竞争日益激烈，新的小客户要求降低价格，而市场不同往日，厂商行为也因此而发生很大的变化。此外，虚拟化给服务器厂商带来的影响也很大，除非虚拟化领域的发展速度减缓，否则，今后几年对服务器厂商来说将非常难熬。

4. 服务器虚拟化实现软件介绍

（1）VMware ESX

VMware ESX 属于 VMware 公司，是全球桌面到数据中心虚拟化解决方案的领导厂商。

VMware ESX 服务器是在通用环境下用于分区和整合系统的虚拟主机软件。它是具有高级资源管理功能的高效、灵活的虚拟主机平台。

VMware ESX 服务器是适用于任何系统环境的企业级的虚拟计算机软件，它为大型机级别的架构提供了空前的性能和操作控制。它能提供完全动态的资源可测量控制，适合各种严格要求的应用程序的需要，其同时可以实现对服务器的部署整合，可为企业未来的成长扩展空间。

VMware ESX 服务器能够完美匹配企业数据中心，通过提高资源使用率，扩展计算机性能并优化服务器，VMware ESX 服务器可帮助企业降低计算机基础构架的成本。

VMware ESX 服务器能实现以下几方面的功能与部署。

1）服务器整合

VMware ESX 服务器能够部署在高伸缩和高可靠的企业级服务器上（包括刀片式服务器），它可整合并运行在不同操作系统上的应用程序和基本服务。

2）提供高性能并保障服务品质

VMware ESX 服务器支持出于开发和测试目的并部署在同一系统内的虚拟主机集群。同样也可以高性能地支持系统间的虚拟主机集群。VMware ESX 服务器能够保证服务器的 CPU、内存、网络带宽和磁盘 I/O 处于最优化的状态，改进对内和对外的服务。

3）流水式测试和部署

VMware ESX 服务器压缩虚拟主机镜像以便实现它们在环境间的迁移，确保软件测试者和质量检验工程师在相对有限的时间和硬件状态下做更多有效的测试。

4）可伸缩的软、硬件构架

VMware ESX 服务器支持 VMware Virtual SMP，确保企业在灵活、安全和轻便的虚拟主机上运行所有重要的应用程序。

（2）Hyper-V

Hyper-V 是微软的一款虚拟化产品，是微软第一次采用类似 VMware 和 Citrix 开源 Xen 一样的、基于 Hypervisor 的虚拟化技术。

1）Hyper-V 运行对系统的要求

① Intel 或者 AMD 64 位处理器；

② Windows Server 2008 R2 及以上（服务器操作系统）；Windows 7 及以上（桌面操作系统）；

③ 硬件辅助虚拟化。现有的处理器包括一个虚拟化的选择工具体、Intel VT 或 AMD-V；

④ CPU 必须具备硬件的数据执行保护（DEP）功能，而且该功能必须启动；

⑤ 内存最低限度为 2GB。

2）Hyper-V 设计的目的

Hyper-V 设计的目的是为广泛的用户提供更为熟悉以及成本效益更高的虚拟化基础设施软件，这样可以为企业降低运作成本、提高硬件利用率、优化基础设施并提高服务器的可用性。Hyper-V 采用微内核的架构，在兼顾了安全性和性能要求的同时还具有以下特点。

· 高效率的 VMbus 架构

由于 Hyper-V 底层的 Hypervisor 代码量很小，不包含任何第三方的驱动，非常精简，所以安全性更高。Hyper-V 采用基于 VMbus 的高速内存总线架构及来自虚拟机的硬件请求（显卡、鼠标、磁盘、网络），可以直接经过 VSC，通过 VMbus 总线发送到根分区的 VSP，VSP 调用对应的设备驱动直接访问硬件，中间不需要 Hypervisor 的帮助。

这种架构效率很高，不再像以前的 Virtual 服务器，要求每个硬件请求都需要经过用户模式、内核模式的多次切换转移。更何况 Hyper-V 现在可以支持 Virtual SMP，

Windows Server 2008 虚拟机最多可以支持 4 个虚拟 CPU；而 Windows Server 2003 最多可以支持两个虚拟 CPU。每个虚拟机最多可以使用 64GB 内存，而且还可以支持 x64 位操作系统。

·完美支持 Linux 系统

Hyper-V 可以很好地支持 Linux，我们可以安装支持 Xen 的 Linux 内核，我们还可以安装专门为 Linux 设计的 Integrated Components，里面包含磁盘和网络适配器的 VMbus 驱动，这样 Linux 虚拟机也能获得更高性能。

·支持半虚拟化和全虚拟化

Hyper-V 可以采用半虚拟化和全虚拟化两种模拟方式创建虚拟机。半虚拟化方式要求虚拟机与物理主机的操作系统（通常是版本相同的 Windows）相同，虚拟机会具有较好的性能；全虚拟化方式要求 CPU 支持全虚拟化功能（如 Inter-VT 或 AMD-V），以便能够创建使用不同操作系统（如 Linux 和 MacOS）的虚拟机。

（3）Xen Server

Xen Server 是一种全面而易于管理的服务器虚拟化平台，其基于强大的 Xen hypervisor 程序，稳定性也比 Hyper-V 高，支持多达 128GB 内存，为 2008R2 及 Linux Server 都提供了良好的支撑。Xen 技术被业界广泛认为是业界最快速、最安全的虚拟化软件。Xen Server 是为了高效地管理 Windows 和 Linux 虚拟服务器而设计的，可提供经济高效的服务器整合方案。

（4）KVM

KVM（Kernel-based Virtual Machine，基于内核的虚拟机）是一种用于 Linux 内核的虚拟化基础设施，可以将 Linux 内核转化为一个 Hypervisor。KVM 在 2007 年 2 月被导入 Linux 2.6.20 核心，以可加载核心模块的方式被移植到 FreeBSD 及 illumos 上。

KVM 是 Linux 内核的虚拟机，因此需要硬件支持技术（需要处理器支持虚拟化：如 Intel 厂商的 Intel-VT（vmx）技术和 AMD 厂商的 AMD-V（svm）），PX 是基于硬件的完全虚拟化。

在 KVM 模型中，每一台虚拟机都是一个由 Linux 调度程序管理的标准进程，用户可以在用户空间启动客户端（Guest OS），在 Linux 进程中运行的模式有内核与用户两种，而 KVM 则增加了第三种模式：客户模式，即自己的内核和用户模式。

KVM 本身也有一些弱点，相比裸金属虚拟化架构的 Xen、VMware ESX 和 Hyper-V 而言，KVM 是运行在 Linux 内核之上的寄居式虚拟化架构，会消耗比较多的计算资源；不过针对这一点，Intel、AMD 已经在处理器设计了专门的 VT-X 和 AMD-V 扩展，这种特性在每次更新硬件时也会同步更新，每次更新后、虚拟化性能和速度都明显改善了。

（5）Docker

容器（Container-based）虚拟化方案充分利用了操作系统本身已有的机制和特性，以实现轻量级的虚拟化（每个虚拟机安装的不是完整的虚拟机），甚至有人把它称作新一代的虚拟化技术，Docker 无疑就是其中的佼佼者。

Docker 是一个 PaaS 提供商 dotCloud 开源的一个基于 LXC 的高级容器引擎开源的

应用容器引擎，Docker 项目已于 2013 年年初加入 Linux 基金会，它遵循 Apache 2.0 协议。Docker 使开发者可以把他们的应用以及依赖包打包到一个可移植的容器中，然后发布到任何流行的 Linux 机器上，也可以实现虚拟化。容器完全使用沙箱机制，相互之间不会有任何接口，几乎没有性能开销，可以很容易地在机器和数据中心运行。最重要的是，它们不依赖于任何语言、框架系统。目前，主流 Linux 操作系统都支持 Docker，如 RHEL6.5/CentOS 6.5 网上操作系统、Ubuntu14.04 操作系统，且都已默认并带 Docker 软件包。Google 公司宣称在 PaaS 产品中广泛应用了 Docker、微软宣布和 Docker 公司合作、公有云提供商亚马逊近期也推出 AWS EC2 Container，可支持 Docker。

Docker 的特点如下：

① 启动快；

② 资源占用少、资源利用率高；

③ 快速构建标准化运行环境；

④ 创建分布式应用程序；

⑤ 快速交付和部署；

⑥ 更轻松的迁移和扩展；

⑦ 更简单的更新管理。

5. 服务器虚拟化——KVM 的实现

（1）软件准备

VMware Workstation 12 Pro 的介绍如图 4-9 所示。

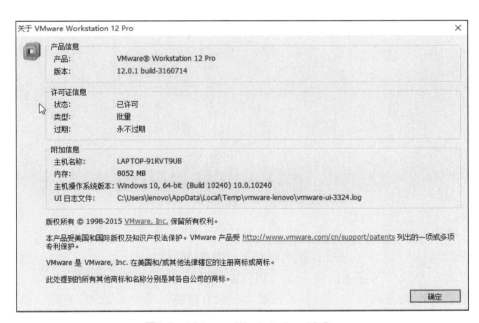

图4-9　VMware Workstation 12 Pro

Xshell 5——远程连接工具如图 4-10 所示。

VNC——桌面软件如图 4-11 所示。

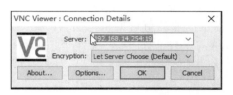

图4-10　Xshell 5——远程连接工具　　　　图4-11　VNC——桌面软件

CentOS 7.3.1611 镜像如图 4-12 所示。

图4-12　CentOS 7.3.1611镜像

传输软件 Win SCP 如图 4-13 所示。

图4-13　WinSCP

（2）环境准备

1）安装 CentOS 7.3 系统的虚拟机时需要注意的事项

① 要开启 CPU 的虚拟化，并设置 CPU 的总核数（大于 2 核）；

② 内存要设置为 4GB（可根据实际情况，自行调整，最少为 2GB）；

③ 6GB 空闲存储空间；

④ 网卡设置成桥接模式。

CPU 总核数的设置如图 4-14 所示。

内存设置如图 4-15 所示。

图4-14　设置CPU总核数的设置　　　　图4-15　内存设置

网卡设置如图 4-16 所示。

图4-16　设置网卡为桥接模式

2）查看 IP，使用 Xshell 连接

```
[root@localhost ~]# ip a
```

查询 IP 结果如图 4-17 所示。

使用 Xshell 登录的界面如图 4-18 所示。

图4-17　查询IP结果　　　　　　　　图4-18　使用Xshell登录

3）检查环境

① 检查 CPU 信息确认本地设备支持虚拟化（是否支持 Intel VT 或 AMD SVM），如图 4-19 所示。

```
[root@localhost ~]# cat /proc/cpuinfo | grep -e vmx -e nx -e svm
```

```
[root@localhost ~]# cat /proc/cpuinfo | grep -e vmx -e nx -e svm
flags          : fpu vme de pse tsc msr pae mce cx8 apic sep mtrr pge mca cmov pat pse36 clflush dts mmx fxsr sse sse2 ss ht syscall nx p
 lm constant_tsc arch_perfmon pebs bts nopl xtopology tsc_reliable nonstop_tsc aperfmperf eagerfpu pni pclmulqdq vmx ssse3 fma cx16 pcid s
 x2apic movbe popcnt tsc_deadline_timer aes xsave avx f16c rdrand hypervisor lahf_lm abm 3dnowprefetch ida arat pln pts dtherm hwp hwp_noit
 ndow hwp_epp tpr_shadow vnmi ept vpid fsgsbase tsc_adjust bmi1 avx2 smep bmi2 invpcid rdseed adx smap xsaveopt xsavec xgetbv1
flags          : fpu vme de pse tsc msr pae mce cx8 apic sep mtrr pge mca cmov pat pse36 clflush dts mmx fxsr sse sse2 ss ht syscall nx p
 lm constant_tsc arch_perfmon pebs bts nopl xtopology tsc_reliable nonstop_tsc aperfmperf eagerfpu pni pclmulqdq vmx ssse3 fma cx16 pcid s
 x2apic movbe popcnt tsc_deadline_timer aes xsave avx f16c rdrand hypervisor lahf_lm abm 3dnowprefetch ida arat pln pts dtherm hwp hwp_noit
 ndow hwp_epp tpr_shadow vnmi ept vpid fsgsbase tsc_adjust bmi1 avx2 smep bmi2 invpcid rdseed adx smap xsaveopt xsavec xgetbv1
flags          : fpu vme de pse tsc msr pae mce cx8 apic sep mtrr pge mca cmov pat pse36 clflush dts mmx fxsr sse sse2 ss ht syscall nx p
 lm constant_tsc arch_perfmon pebs bts nopl xtopology tsc_reliable nonstop_tsc aperfmperf eagerfpu pni pclmulqdq vmx ssse3 fma cx16 pcid s
 x2apic movbe popcnt tsc_deadline_timer aes xsave avx f16c rdrand hypervisor lahf_lm abm 3dnowprefetch ida arat pln pts dtherm hwp hwp_noit
 ndow hwp_epp tpr_shadow vnmi ept vpid fsgsbase tsc_adjust bmi1 avx2 smep bmi2 invpcid rdseed adx smap xsaveopt xsavec xgetbv1
flags          : fpu vme de pse tsc msr pae mce cx8 apic sep mtrr pge mca cmov pat pse36 clflush dts mmx fxsr sse sse2 ss ht syscall nx p
 lm constant_tsc arch_perfmon pebs bts nopl xtopology tsc_reliable nonstop_tsc aperfmperf eagerfpu pni pclmulqdq vmx ssse3 fma cx16 pcid s
 x2apic movbe popcnt tsc_deadline_timer aes xsave avx f16c rdrand hypervisor lahf_lm abm 3dnowprefetch ida arat pln pts dtherm hwp hwp_noit
 ndow hwp_epp tpr_shadow vnmi ept vpid fsgsbase tsc_adjust bmi1 avx2 smep bmi2 invpcid rdseed adx smap xsaveopt xsavec xgetbv1
```

图4-19　检查CPU是否支持虚拟化

② 确认可用内存如图 4-20 所示。

```
[root@localhost ~]# free -h
```

```
[root@localhost ~]# free -h
              total        used        free      shared  buff/cache   available
Mem:           3.7G        163M        3.0G        8.6M        527M        3.3G
Swap:          2.0G          0B        2.0G
```

图4-20　确定内存大小

③ 确认磁盘空间如图 4-21 所示。

```
[root@localhost ~]# df -h
```

```
[root@localhost ~]# df -h
文件系统              容量    已用    可用 已用% 挂载点
/dev/mapper/cl-root    17G    1.1G    16G    7% /
devtmpfs             1.9G       0   1.9G    0% /dev
tmpfs                1.9G       0   1.9G    0% /dev/shm
tmpfs                1.9G    8.6M   1.9G    1% /run
tmpfs                1.9G       0   1.9G    0% /sys/fs/cgroup
/dev/sda1           1014M    139M   876M   14% /boot
tmpfs                378M       0   378M    0% /run/user/0
```

图4-21　确定磁盘空间

（3）安装部署 KVM

① 安装 epel 源。

```
[root@localhost yum.repos.d]# yum install epel-release -y
```

② 安装 KVM 核心套件。

```
[root@localhost yum.repos.d]# yum install qemu-kvm libvirt
bridge-utils qemu-kvm-tools qemu-img virt-install -y
```

KVM 核心套件介绍见表 4-1。

表4-1　KVM核心套件

属性	作用
qemu-kvm	核心套件
libvirt	提供虚拟机与宿主相互通信的机制
virt-install	CLI下创建 KVM 的工具
qemu-img	VMs 磁盘管理
qemu-kvm-tools	kvm虚拟机与宿主机的增强组件
bridge-utils	Linux网桥管理工具

③ 关闭 Firewalld 与 selinux 防火墙。

selinux 防火墙

```
[root@localhost ~]# vi /etc/selinux/config
```

关闭 selinux 防火墙如图 4-22 所示。

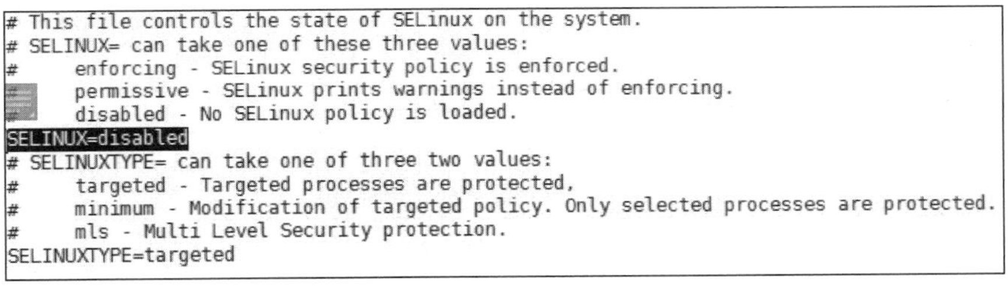

```
# This file controls the state of SELinux on the system.
# SELINUX= can take one of these three values:
#     enforcing - SELinux security policy is enforced.
#     permissive - SELinux prints warnings instead of enforcing.
#     disabled - No SELinux policy is loaded.
SELINUX=disabled
# SELINUXTYPE= can take one of three two values:
#     targeted - Targeted processes are protected,
#     minimum - Modification of targeted policy. Only selected processes are protected.
#     mls - Multi Level Security protection.
SELINUXTYPE=targeted
```

图4-22　关闭selinux防火墙

```
[root@localhost ~]# setenforce 0
```

防火墙

```
[root@localhost ~]# systemctl disable firewalld
[root@localhost ~]# systemctl stop firewalld
[root@localhost ~]# systemctl status firewalld
```

关闭防火墙如图 4-23 所示。

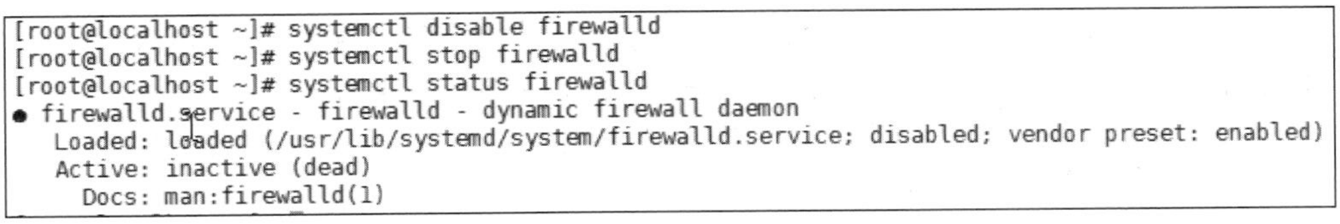

```
[root@localhost ~]# systemctl disable firewalld
[root@localhost ~]# systemctl stop firewalld
[root@localhost ~]# systemctl status firewalld
● firewalld.service - firewalld - dynamic firewall daemon
   Loaded: loaded (/usr/lib/systemd/system/firewalld.service; disabled; vendor preset: enabled)
   Active: inactive (dead)
     Docs: man:firewalld(1)
```

图4-23　关闭Firewalld防火墙

```
[root@localhost ~]# reboot
```

④ 启动 KVM，加载 KVM 模块，开启 libvirtd 进程，如图 4-24 所示。

```
[root@localhost yum.repos.d]# modprobe kvm
[root@localhost yum.repos.d]# lsmod | grep kvm
```

```
[root@localhost yum.repos.d]# modprobe kvm
[root@localhost yum.repos.d]# lsmod | grep kvm
kvm_intel              170181  0
kvm                    554609  1 kvm_intel
irqbypass               13503  1 kvm
```

图4-24　加载并查看KVM模块

```
[root@localhost yum.repos.d]# systemctl enable libvirtd
[root@localhost yum.repos.d]# systemctl start libvirtd
[root@localhost yum.repos.d]# systemctl status libvirtd
```

开启 libvirtd 服务示意如图 4-25 所示。

```
[root@localhost yum.repos.d]# systemctl enable libvirtd
[root@localhost yum.repos.d]# systemctl start  libvirtd
[root@localhost yum.repos.d]# systemctl status  libvirtd
● libvirtd.service - Virtualization daemon
   Loaded: loaded (/usr/lib/systemd/system/libvirtd.service; enabled; vendor preset: enabled)
   Active: active (running) since 五 2017-11-24 15:46:29 CST; 5s ago
     Docs: man:libvirtd(8)
           http://libvirt.org
 Main PID: 19333 (libvirtd)
   CGroup: /system.slice/libvirtd.service
           ├─19333 /usr/sbin/libvirtd
           ├─19429 /usr/sbin/dnsmasq --conf-file=/var/lib/libvirt/dnsmasq/default.conf --leasefile-ro --dhcp-script=/usr/libexec/libvirt_leasehelpe...
           └─19430 /usr/sbin/dnsmasq --conf-file=/var/lib/libvirt/dnsmasq/default.conf --leasefile-ro --dhcp-script=/usr/libexec/libvirt_leasehelpe...

11月 24 15:46:29 localhost systemd[1]: Started Virtualization daemon.
11月 24 15:46:30 bogon dnsmasq[19429]: started, version 2.66 cachesize 150
11月 24 15:46:30 bogon dnsmasq[19429]: compile time options: IPv6 GNU-getopt DBus no-i18n IDN DHCP DHCPv6 no-Lua TFTP no-conntrack ipset auth
11月 24 15:46:30 bogon dnsmasq-dhcp[19429]: DHCP, IP range 192.168.122.2 -- 192.168.122.254, lease time 1h
11月 24 15:46:30 bogon dnsmasq[19429]: reading /etc/resolv.conf
11月 24 15:46:30 bogon dnsmasq[19429]: using nameserver 202.106.196.115#53
11月 24 15:46:30 bogon dnsmasq[19429]: using nameserver 202.106.0.20#53
11月 24 15:46:30 bogon dnsmasq[19429]: read /etc/hosts - 2 addresses
11月 24 15:46:30 bogon dnsmasq[19429]: read /var/lib/libvirt/dnsmasq/default.addnhosts - 0 addresses
11月 24 15:46:30 bogon dnsmasq-dhcp[19429]: read /var/lib/libvirt/dnsmasq/default.hostsfile
```

图4-25　开启libvirtd服务

```
[root@localhost ~]#  virsh -c qemu:///system list
```

检查 KVM 安装是否成功如图 4-26 所示。

```
[root@localhost ~]#  virsh -c qemu:///system list
 Id    名称                         状态
----------------------------------------------------
```

图4-26　检测KVM是否安装成功

（4）创建一个 KVM 虚拟机

① 创建桥接网卡 br0——（KVM 虚拟机通过桥接网卡和宿主机进行通信）。

```
[root@localhost ~]# cd /etc/sysconfig/network-scripts/
[root@localhost network-scripts]# ls
```

查看网卡示意如图 4-27 所示。

```
[root@localhost ~]# cd /etc/sysconfig/network-scripts/
[root@localhost network-scripts]# ls
ifcfg-ens33  ifdown-ppp    ifdown-tunnel   ifup-ib      ifup-plusb   ifup-Team      network-functions
ifcfg-lo     ifdown-ippp   ifdown-routes   ifup         ifup-ippp    ifup-post      ifup-TeamPort   network-functions-ipv6
ifdown       ifdown-ipv6   ifdown-sit      ifup-aliases ifup-ipv6    ifup-ppp       ifup-tunnel
ifdown-bnep  ifdown-isdn   ifdown-Team     ifup-bnep    ifup-isdn    ifup-routes    ifup-wireless
ifdown-eth   ifdown-post   ifdown-TeamPort ifup-eth     ifup-plip    ifup-sit       init.ipv6-global
```

图4-27　查看网卡配置

```
[root@localhost network-scripts]# cp ifcfg-ens33 ifcfg-br0
[root@localhost network-scripts]# vi ifcfg-br0
```

br0 网卡配置文件如图 4-28 所示。

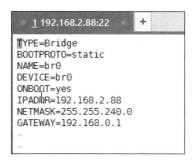

图4-28 br0网卡配置文件

```
[root@localhost network-scripts]# vi ifcfg-ens33
```

ens33 网卡配置文件如图 4-29 所示。

图4-29 ens33网卡配置文件

```
[root@localhost network-scripts]# systemctl restart network
[root@localhost network-scripts]# ip a
```

查看 IP 信息结果如图 4-30 所示。

```
[root@localhost network-scripts]# ip a
1: lo: <LOOPBACK,UP,LOWER_UP> mtu 65536 qdisc noqueue state UNKNOWN qlen 1
    link/loopback 00:00:00:00:00:00 brd 00:00:00:00:00:00
    inet 127.0.0.1/8 scope host lo
        valid_lft forever preferred_lft forever
    inet6 ::1/128 scope host
        valid_lft forever preferred_lft forever
2: ens33: <BROADCAST,MULTICAST,UP,LOWER_UP> mtu 1500 qdisc pfifo_fast master br0 state UP qlen 1000
    link/ether 00:0c:29:6a:ca:9a brd ff:ff:ff:ff:ff:ff
3: virbr0: <NO-CARRIER,BROADCAST,MULTICAST,UP> mtu 1500 qdisc noqueue state DOWN qlen 1000
    link/ether 52:54:00:c0:69:22 brd ff:ff:ff:ff:ff:ff
    inet 192.168.122.1/24 brd 192.168.122.255 scope global virbr0
        valid_lft forever preferred_lft forever
4: virbr0-nic: <BROADCAST,MULTICAST> mtu 1500 qdisc pfifo_fast master virbr0 state DOWN qlen 1000
    link/ether 52:54:00:c0:69:22 brd ff:ff:ff:ff:ff:ff
5: br0: <BROADCAST,MULTICAST,UP,LOWER_UP> mtu 1500 qdisc noqueue state UP qlen 1000
    link/ether 00:0c:29:6a:ca:9a brd ff:ff:ff:ff:ff:ff
    inet 192.168.2.88/20 brd 192.168.15.255 scope global br0
        valid_lft forever preferred_lft forever
    inet6 fe80::a497:c2ff:fee0:4037/64 scope link
        valid_lft forever preferred_lft forever
```

图4-30 查看IP信息

注意：此时会多出来之前提到过的一块 br0 的网卡，同时，原本在 ens33 网卡上的 IP 地址会出现在 br0 上。

② 创建存放目录，并上传镜像。

```
[root@localhost network-scripts]# mkdir /iso
```

上传 KVM 虚拟机使用的镜像界面如图 4-31 所示。

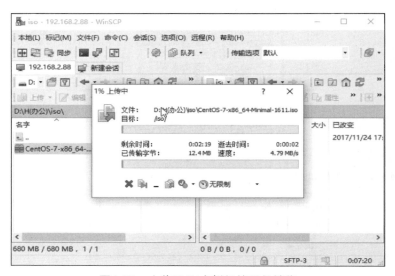

图4-31 上传KVM虚拟机使用的镜像

```
[root@localhost iso]# ls /iso/
```

查看完成上传镜像的示意如图 4-32 所示。

```
[root@localhost iso]# ls /iso/
CentOS-7-x86_64-Minimal-1611.iso
```

图4-32 查看上传完毕的镜像

③ 创建 KVM 虚拟机所用的存储，如图 4-33 所示。

```
[root@localhost iso]# qemu-img create -f qcow2 KVM.qcow2 20G
```

```
[root@localhost iso]# qemu-img create -f qcow2 KVM.qcow2 20G
Formatting 'KVM.qcow2', fmt=qcow2 size=21474836480 encryption=off cluster_size=65536 lazy_refcounts=off
```

图4-33 创建KVM虚拟机使用的磁盘

```
[root@localhost iso]# ls
```

查看创建好的磁盘文件示意如图 4-34 所示。

```
[root@localhost iso]# ls
CentOS-7-x86_64-Minimal-1611.iso   KVM.qcow2
```

图4-34 查看创建好的磁盘文件

解释：创建一个格式为 qcow2，大小为 20GB，名称为 KVM.qcow2 的磁盘文件。

④ 安装并使用 virt-install 工具创建 KVM 虚拟机，如图 4-35 所示。

```
[root@localhost iso]# yum install virt-install -y
[root@bogon iso]# vi kvm.sh
```

```
1 192.168.2.88:22    +

virt-install --name kvm \
--ram=1024  --arch=x86_64 --vcpus=2 \
--check-cpu --os-type=linux \
--os-variant='rhel7' -c /iso/CentOS-7-x86_64-Minimal-1611.iso \
--disk path=/iso/KVM.qcow2,device=disk,bus=virtio,size=20,format=qcow2 \
--bridge=br0 --noautoconsole --vnc --vncport=5901 --vnclisten=0.0.0.0
~
~
~
```

图4-35　创建KVM虚拟机的命令

参数详情见表 4-2。

表4-2　参数详情

属性	作用
－ － name	虚拟机名称
－ － ram	分配内存大小MB
－ － arch	#架构
－ － vcpu	分配虚拟机vcpu颗数
－ － check–cpu	确定vcpu是否超过物理cpu数目，如果超过则发出警告
－ － os–variant	操作系统版本，如："Fedora6""rhel5""solaris10""win2k"
–c	挂在镜像的位置
--diskpath（device,bus,size,format）	虚拟机所用磁盘或镜像文件（驱动类型、总线类型、大小用GB表示，磁盘格式）
－ － bridge	指定网路，采用网桥
－ － noautoconsole	不自动启动控制台
－ － vnc	使用vnc远程桌面协议
－ － vncport	确定vnc协议端口
－ － vnclisten	监听的地址（0.0.0.0任意地址）

⑤ 查看虚拟机状态，进行系统安装，如图 4-36 所示。

```
[root@bogon iso]# virsh list --all
```

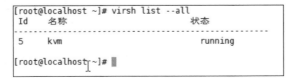

```
[root@localhost ~]# virsh list --all
 Id    名称                     状态
----------------------------------------------
 5     kvm                      running

[root@localhost ~]#
```

图4-36　确定KVM虚拟机状态

注释：此时虚拟机的状态显示 running，表示正在运行。

```
[root@bogon iso]# virsh edit kvm
```

查看 XML 文件中 vnc 部分端口号的界面如图 4-37 所示。

```
1 192.168.43.106:22          +
        <mac address='52:54:00:e8:c6:81'/>
        <source bridge='br0'/>
  I     <model type='virtio'/>
        <address type='pci' domain='0x0000' bus='0x00' slot='0x03' function='0x0'/>
      </interface>
      <serial type='pty'>
        <target port='0'/>
      </serial>
      <console type='pty'>
        <target type='serial' port='0'/>
      </console>
      <channel type='unix'>
        <target type='virtio' name='org.qemu.guest_agent.0'/>
        <address type='virtio-serial' controller='0' bus='0' port='1'/>
      </channel>
      <input type='tablet' bus='usb'>
        <address type='usb' bus='0' port='1'/>
      </input>
      <input type='mouse' bus='ps2'/>
      <input type='keyboard' bus='ps2'/>
      <graphics type='vnc' port='5901' autoport='no' listen='0.0.0.0'>
        <listen type='address' address='0.0.0.0'/>
      </graphics>
      <video>
        <model type='cirrus' vram='16384' heads='1' primary='yes'/>
        <address type='pci' domain='0x0000' bus='0x00' slot='0x02' function='0x0'/>
      </video>
      <memballoon model='virtio'>
        <address type='pci' domain='0x0000' bus='0x00' slot='0x07' function='0x0'/>
      </memballoon>
    </devices>
</domain>
```

图4-37　查看XML文件中vnc部分端口号

注释：查看虚拟机 KVM 的 XML 文件，并确定 VNC 部分的端口号。

使用 VNC 远程登录界面如图 4-38 所示。

图4-38　使用VNC远程登录

系统安装界面如图 4-39 所示。

注释：使用 VNC 安装桌面连接（IP+ 端口）系统。KVM 虚拟机的系统安装的过程和使用 Vmware 进行系统安装的过程一样。

⑥ 使用 virsh 命令对 KVM 虚拟机进行简单操作。

我们可以通过 virsh 工具管理 KVM 虚拟机，virsh 工具里面集成了对 KVM 虚拟机的所有操作，如：添加网卡、添加磁盘、创建储存池、建立快照等。我们可以通过 virsh --help 命令查找我们想用的命令格式。

图4-39 系统安装

```
[root@bogon iso]# virsh --help
```

virsh 命令集如图 4-40 所示。

```
[root@localhost ~]# virsh --help

virsh [options]... [<command_string>]
virsh [options]... <command> [args...]

 options:
  -c | --connect=URI      hypervisor connection URI
  -d | --debug=NUM        debug level [0-4]
  -e | --escape <char>    set escape sequence for console
  -h | --help             this help
  -k | --keepalive-interval=NUM
                          keepalive interval in seconds, 0 for disable
  -K | --keepalive-count=NUM
                          number of possible missed keepalive messages
  -l | --log=FILE         output logging to file
  -q | --quiet            quiet mode
  -r | --readonly         connect readonly
  -t | --timing           print timing information
  -v                      short version
  -V                      long version
       --version[=TYPE]   version, TYPE is short or long (default short)
 commands (non interactive mode):

Domain Management (help keyword 'domain')
   attach-device               从一个XML文件附加装置
   attach-disk                 附加磁盘设备
   attach-interface            获取网络界面
   autostart                   自动开始一个域
   blkdeviotune                设定或者查询块设备 I/O 调节参数。
```

图4-40 virsh命令集

下面我们举几个简单的例子，让大家熟悉一下如何使用 virsh 命令。

```
[root@localhost ~]# virsh destroy kvm
```

注释：强制关闭名字为 kvm 的虚拟机。

```
[root@localhost ~]# virsh start kvm
```

注释：开启名字为 kvm 的虚拟机。

```
[root@localhost ~]# virsh shutdown kvm
```

注释：正常关闭名字为 kvm 的虚拟机。

4.1.5　任务回顾

 知识点总结

1. 虚拟化的概念、特点和优势。

2. 虚拟化的分类。

① 从虚拟化层次角度划分：辅助软件虚拟化和硬件虚拟化。

② 从虚拟化平台角度划分：完全虚拟化和半虚拟化。

③ 从虚拟化在应用领域角度划分：服务器虚拟化、存储虚拟化、网络虚拟化和桌面虚拟化。

3. 网络虚拟化的概念、主要技术（OpenvSwitch 和 Linux bridge）。

4. 存储虚拟化的优势、方法。

5. 服务器虚拟化的分类、优势和发展趋势。

6. kvm 虚拟化的实现。

 学习足迹

任务一学习足迹如图 4-41 所示。

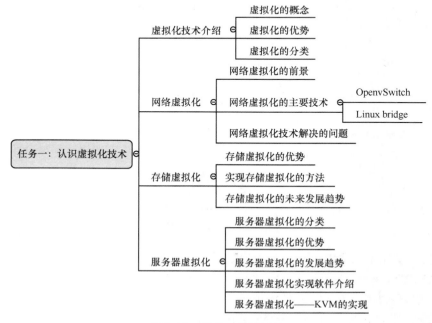

图4-41　任务一学习足迹

思考与练习

1. 简述什么是虚拟化以及虚拟化的分类。
2. 简述网络虚拟化的 OpenvSwitch Linux bridge 技术。
3. 简述存储虚拟化及其实现方法。
4. 服务器虚拟化的分类以及与传统物理服务器相比的优、缺点。
5. 使用 KVM 虚拟机创建 ubuntu 系统的虚拟机，并叙述其过程。

4.2　任务二：走进云计算

【任务描述】
云计算将云资源虚拟化，方便用户随时随地获取云端的资源。接下来我们揭开云计算神秘的面纱。

4.2.1　云计算介绍

1. 云计算的起源

（1）云计算概念的发展

云计算（Cloud Computing）涉及很多概念，如效用计算、网格计算等，但这些概念都不是云计算概念的起源。云计算的概念起源于 Dell 公司提出的数据中心解决方案、亚马逊公司的 EC2（Elastic Compute Cloud）产品和 Google-IBM 推出的分布式计算项目。这个单词很大程度上与这两个项目及网络的关系密切相关，而"云"在很多示意图里是用来表示互联网的，云计算的原始含义是指将计算能力放在互联网上。当然，云计算发展至今，其包括的内容早已超越了原始概念涉及的范围。亚马逊 EC2 产品起始于 2006 年，是现在公认最早的云计算产品，但那时它被命名为"Elastic Computing Cloud"（弹性计算云），只有个别报道无心或者失误性地将其称为"Cloud Computing"。最早从企业层次提出"Cloud Computing"概念的是 Dell 公司。

Dell 公司在 2007 年 6 月初发布的第 1 季度财报里提道，在产品与服务方面，Dell 都将不断采纳新的标准化技术、降低客户部署解决方案的难度、维护安全稳定的系统架构的复杂度和成本。为此，Dell 采取了一系列措施，比如组建新的 Dell 数据中心解决方案部门（Dell Data Center Solution Division），提供 Dell 的云计算（Cloud Computing）服务和设计模型，使企业客户能够根据他们的实际需求优化 IT 系统架构。但是这些对云计算概念本身的影响，远不如 IBM-Google 并行计算项目和亚马逊的 EC2 产品的影响大。

（2）IBM-Google 并行计算项目

2007 年 10 月初，Google 和 IBM 联合 6 所大学签署协议，提供在大型分布式计算系统上开发软件课程和支持服务，帮助学生和研究人员获得开发网络级应用软件的经验。这个项目的主要内容是教授 MapReduce 算法和 Hadoop 文件系统的相关内容。两家公司将各自出资 2000 万～ 2500 万美元，为从事计算机科学研究的教授和学生提供所需的计算机软、硬件和相关服务。IBM 负责系统和技术团队的高级副总裁 Willian M.Zeilter 表示："对我来说，这种感觉就像 2000 年面对 Linux。"目前，该公司已经在这项业务的研究上部署了 200 多名研发人员。

IBM 的女发言人 Colin · Haikesi 称："这种相对新的并行计算（有时也称云计算）形式还未在大学中流行，虽然这种技术已经在行业里得到应用，但是大学还未教授该课程"。两家公司称，他们将向这些大学提供软件、硬件和服务。之后，华盛顿大学签署了该计划，紧接着包括 MIT、马里兰大学和斯坦福大学在内的 5 所高校也加入该计划。两家公司希望其他大学今后也能逐渐加入该计划。

IBM 和谷歌先期将提供 400 台左右的计算机，并计划最终在多个地点共装备 4000 台计算机。这些计算机与 6 所美国大学相连，其中位于西雅图的华盛顿大学将作为牵头大学承担起部分编程技术的研发工作。

"这种相对新的并行计算（有时也称云计算）"明确将云计算作为一个新概念提出，此时云计算只是一个概念，此后，由于 IBM 和 Google 公司在信息科技领域的影响力越来越大，越来越多的媒体、公司、技术人员开始了解云计算，甚至将很多 IT 创新都加入云计算的概念中。

（3）亚马逊的 EC2 产品

EC2 产品的发布比 IBM-Google 并行计算项目要早，虽然是云计算市场的重量级产品之一，但在 2006 和 2007 年由于亚马逊公司本身的影响力有限，亚马逊的 EC2 产品对云计算概念的普及远不如 IBM-Google 并行计算项目明显，但这并不妨碍 EC2 产品作为云计算先行者的地位。

亚马逊公司于 2006 年 8 月发布 EC2 产品的 Beta 版，在此之前，它已经发布了另一个重要的产品 S3（Simple Storage Service）。

2007 年 10 月后，随着 IBM-Google 并行计算项目的发展，IBM、Google 分别将自己的一些项目定为云计算，云计算开始迅速普及（仅限于 IT 范围内）。此时，IBM-Google 并行计算项目还用于研究和科研目的，客户却发现 EC2 已是一个商业化的云计算产品了。由于亚马逊的 AWS 系列产品包括了很多云计算服务，亚马逊作为云计算市场的领军企业的地位由此奠定。

2. 云计算的发展背景

二十一世纪初期，崛起的 Web2.0 让网络迎来了新的发展高峰。网站或者业务系统所需要处理的业务量快速增长。例如，在线视频或者照片共享网站需要为用户储存和处理大量的数据。这类系统所面临的重要问题是：如何在用户数量快速增长的情况下快速扩展原有系统。同时，在移动终端的智能化、移动宽带网络逐渐普及的情况下，将有越来越多的移动设备接入互联网，因为这意味着与移动终端相关的 IT 系统会承受更多的载荷，而对于提供数据服务的企业而言，IT 系统会需要处理更多的业务。对于企业而言，由于资源是有限的，电力成本、空间成本、各种设施的维护成本会快速上升，这将直接导致数据中心的成本上升，企业因此面临着如何有效、更少地利用资源解决更多问题的局面。同时，随着高速网络连接的衍生，芯片和磁盘驱动器产品在功能增强的同时，其价格也在变得更加低廉，拥有大量计算机的数据中心，也具备了快速为大量用户处理复杂问题的能力。

技术上，分布式计算的日益成熟和应用，特别是网格计算的发展通过 Internet 把分散在各处的硬件、软件、信息资源连接成为一个巨大的整体，使得人们能够利用地理上分散于各处的资源，完成大规模的、复杂的计算和数据处理任务。数据存储的快速增长产生了以 GFS（Google File System）、SAN（Storage AreaNemork）为代表的高性能存储技术。服务器整合需求的不断升温，推动了 xen 等虚拟化技术的进步，还有 Web2.0 的实现、SaaS 观念的快速普及、多核技术的广泛应用等技术为产生更强大的计算能力和服务提供了可能。随着对计算能力、资源利用效率、资源集中化的迫切需求，云计算应运而生。

3. 基本概念

（1）云

"云"是一个庞大的资源池，它包含（IP、CPU、内存、硬盘等）IT 资源，当你需要资源的时候，可以从"云"里直接使用。云包含的 IT 资源可以按需收费，你需要多少，就买多少。云是可以像自来水、电、煤气那样计费。

（2）三大服务模式，四种部署模型

云计算也是分层的，分别为 IaaS（Infrastructure-as-a-Service，基础设施即服务）、PaaS（Platform-as-a-Service，平台即服务）、SaaS（Software-as-a-Service，软件即服务）。基础设施在最下层，平台在中间层，软件在顶层。别的一些"软"的层可以在这些层上面添加。

1）IaaS

第一层为 IaaS，有时候也称为 Hardware-as-a-Service。IaaS 公司会提供场外服务器、存储和网络硬件，用户可以租用相关设备，既节省了维护成本和办公场地，公司也可以在任何时候利用这些硬件运行应用。

一些大的 IaaS 公司有亚马逊、微软、VMware 等，但这些公司给用户提供的服务不只是 IaaS，他们还会将计算能力出租给用户，主要产品包括 Amazon EC2、Linode、Joyent、Rackspace、IBM Blue Cloud 和 Cisco UCS 等。

2）PaaS

第二层是 PaaS，有时也称为中间件。用户和其他公司所有的开发都可以在这一层进行，节省了彼此的时间和资源。

PaaS 公司在网上提供各种开发和分发应用的解决方案，比如虚拟服务器和操作系统。一些大型的 PaaS 提供者有 Google App Engine、Microsoft Azure、Force.com、Heroku、Engine Yard。最近兴起的公司有 AppFog、Mendix 和 Standing Cloud。

3）SaaS

第三层是 SaaS。这一层是我们每天都接触的一层，大多是通过网页浏览器接入。任何一个远程服务器上的应用都可以通过网络来运行，这就是 SaaS。

用户消费的服务完全是从网页，如 Netflix、MOG、Google Apps、Box.net、Dropbox或者苹果的 iCloud 那里进入这些分类。尽管这些网页服务大多数是用作商务或娱乐，但这也是云技术的一部分。

一些用作商务的 SaaS 应用包括 Citrix 公司的 GoToMeeting、Cisco 公司的 WebEx、Salesforce 公司的 CRM、ADP、Workday 和 SuccessFactors。

三种服务之间的关系可以从两个角度进行分析。从用户体验角度，它们之间的关系是独立的，因为它们面对不同类型的用户。从技术角度，它们并不是简单的继承关系，SaaS 基于 PaaS，而 PaaS 基于 IaaS，首先 SaaS 可以是基于 PaaS 或者直接部署于 IaaS 之上的，其次 PaaS 可以构建于 IaaS 之上，也可以直接构建在物理资源之上。

（3）分布式计算、并行计算、网格计算

分布式计算是一种计算方法，它和集中式计算是相对应的，分布式计算其实是一门计算机科学，它研究如何把需要用非常强大的计算能力才能解决的问题分成许多小的部分，然后把这些部分分配给许多计算机分别处理，最后把这些计算结果综合起来得到最终的结果。这样可以节约整体计算时间，大大提高计算效率。如果采用集中式计算，需要耗费相当长的时间完成。

并行计算分为时间上的并行和空间上的并行。时间上的并行是指流水线技术，而空间上的并行则是用多个处理器并发的执行计算。为利用并行计算,通常计算问题表现以下特征：

① 将工作分离成离散部分，有助于同时解决；

② 随时并及时地执行多个程序指令；

③ 多计算资源下解决问题的耗时要短于单个计算资源下的耗时。

网格计算是分布式计算的一种，是伴随着互联网而迅速发展起来的，它专门针对复杂科学计算的新型计算模式。这种计算模式是利用互联网把分散在不同地理位置的计算机组合成一个"虚拟的超级计算机"，每一台参与计算的计算机是一个"节点"，而整个计算是由成千上万个"节点"组成的"一张网格"。网格计算的优势有两个：一个是数据处理能力超强；另一个是能充分利用网上的闲置处理能力。

4. 云计算的特点

云计算的特点见表 4-3。

表4-3　云计算的特点

超大规模	"云"现在已经具备相当大的规模，目前我国公有云提供商，一个节点一般拥有成百上千台服务器。"云"能赋予用户前所未有的计算能力
虚拟化	云计算支持用户在任意位置、使用各种终端获取应用服务。用户所请求的资源来自"云"，而不是固定的有形的实体。应用在"云"中某处运行，但实际上，用户无需了解，也不用担心应用运行的具体位置。用户只需要一台计算机或者一个手机，就可以通过网络服务来实现我们需要的一切，甚至包括超级计算这样的任务
高可靠性	"云"使用了数据多副本容错、计算节点同构可互换等措施来保障服务的高可靠性，使用云计算比使用本地计算机可靠

通用性	云计算不针对特定的应用，在"云"的支撑下可以构造出千变万化的应用，同一个"云"可以同时支撑不同的应用运行
高可扩展性	"云"的规模可以动态伸缩，满足应用和用户规模增长的需要
按需服务	"云"是一个庞大的资源池，我们按需购买；云可以像自来水、电、煤气那样计费
极其廉价	由于"云"的特殊容错措施因此我们可以采用极其廉价的节点来构成云，"云"的自动化集中式管理使大量企业无需负担日益高昂的数据中心管理成本，"云"的通用性使资源的利用率较之传统系统大幅提升，因此用户可以充分享受"云"的低成本优势，通常只要花费几百美元、几天时间就能完成以前需要数万美元、数月时间才能完成的任务

5. 云计算与虚拟化

虚拟机的发展催生了硬件加速方案，因为硬加速的需求，所以虚拟机可以大范围应用，也正是如此，加快了云计算发展，也就是硬件又反过来加速了软件的变革。

我们必须承认虚拟化是云计算中的主要支撑技术之一。虚拟化将应用程序和数据在不同层次以不同的形式展现，这样有助于使用者、开发及维护人员方便地使用、开发及维护这些应用程序及数据。虚拟化为组织带来灵活性，从而改善 IT 运维和减少成本支出。

企业接受云计算作为总方针来运行业务，通过简化管理流程和提高效率来降低总成本可以为虚拟化平台带来巨大的价值。

云计算和虚拟化是密切相关的，但是虚拟化对于云计算来说并不是必不可少的。云计算为基础设施带来的服务有：管理私有云（在你的数据中心）、公共云（如 SalesForce）、托管云（托管在别处的虚拟服务器）以及许多其他的增值服务，这些都是虚拟化与云计算的不同。

可以说，云计算把计算当作公用资源，而不是当作一个具体的产品或者是技术。云计算是由公用计算的概念演进而来的，我们也可以把云计算想象是把许多不同的计算机当作一个计算环境。

云计算将各种 IT 资源以服务的方式通过互联网交付给用户。然而虚拟化本身并不能给用户提供自服务层。没有自服务层，就不能提供计算服务。云计算模型允许终端用户自行提供服务器、应用程序和包括虚拟化等其他的资源，这反过来又能使企业最大程度地处理自身的计算资源，但这仍需要系统管理员为终端用户提供虚拟机。

虽然虚拟化和云计算并不是捆绑技术，但二者可以通过优势互补为用户提供更优质的服务。云计算方案使用虚拟化技术使得整个 IT 基础设施的资源部署更加灵活。反过来，虚拟化方案也可以引入云计算的理念，按需为用户提供资源和服务。在一些特定业务中，云计算和虚拟化是分不开的，只有同时应用这两项技术，服务才能顺利开展。

4.2.2 常用云平台解决方案

1. OpenStack

（1）OpenStack 简介

OpenStack 是由 NASA（美国国家航空航天局）和 RackSpace 合作研发并发起的，以 Apache 许可证授权的自由软件和开放源代码项目。OpenStack 覆盖了网络、虚拟化、操作系统、服务器等多个方面，是一个非常优秀的云计算解决方案。

OpenStack 是为公共及私有云提供建设与管理的开源软件。OpenStack 的社区拥有超过 130 家企业及 1350 位开发者，其中华为、中国移动、中国联通、中国电信、中国九州云、中兴通讯等企业也在积极地对 OpenStack 项目作贡献。这些机构与个人都将 OpenStack 作为 IaaS 资源的通用前端。OpenStack 项目的首要任务是简化云的部署过程并为其带来良好的可扩展性。

Openstack 项目是以 Python 编程语言编写的，使用 Twisted 软件框架遵循 Open Virtualization Format、AMQP、SQLAlchemy 等标准。

（2）OpenStack 的目标

OpenStack 的主要目标是管理数据中心的资源，简化资源分派。它管理计算资源、存储资源、网络资源。下面我们来详细介绍这三部分资源的功能。

计算资源：OpenStack 可以规划并管理大量虚拟机，从而允许企业或服务提供商按需提供计算资源。开发者可以通过 API 访问计算资源从而创建云应用，管理员与用户可以通过 Web 浏览器访问这些资源。

存储资源：OpenStack 可以为云服务或云应用提供所需的对象及块存储资源。因此对性能及价格有很大的需求，很多组织已不满足于传统的企业级存储技术，因此 OpenStack 可以根据用户需要提供可配置的对象存储或块存储功能。

网络资源：如今的数据中心存在大量的设备，如服务器、网络设备、存储设备、安全设备，而它们还将被划分成更多的虚拟设备或虚拟网络，这将直接导致 IP 地址的数量、路由配置、安全规则呈爆炸式增长；传统的网络管理技术无法真正地实现高扩展、高自动化地管理下一代网络；而 OpenStack 提供了插件式、可扩展、API 驱动型的网络及 IP 管理。

（3）OpenStack 版本

OpenStack 的开发周期是每年固定发布两个新版软件，并且在每个新版软件发布时，开发者与项目技术领导者已经在规划下一个版本的细节。OpenStack 开发者来自全球 70 多个组织，超过 1600 人。他们采用高级的工具与开发方式，进行代码查看、持续的集成、测试与开发架构，让版本在快速成长的同时也能确保稳定性。

OpenStack 的每个主版本系列以字母表顺序（A ～ Z）命名，以年份及当年内的排序作为版本号，从第一版的 Austin（2010.1）到目前最新的版本 Pike（2017.9），共经历了 16 个主版本，如图 4-42 所示。OpenStack 成了全球发展最快的开源项目。

日期	版本	模块
2010.10	Austin	Swift、Nova
2011.2	Bexar	Swift、Nova、Glance
2011.4	Cactus	Swift、Nova、Glance
2011.9	Diablo	Swift、Nova、Glance
2012.4	Essex	Swift、Nova、Glance、Keystone、Horizon
2012.9	Folsom	Swift、Nova、Glance、Keystone、Horizon、Cinder、Quantum
2013.4	Grizzly	Swift、Nova、Glance、Keystone、Horizon、Cinder、Quantum
2013.10	Havana	Swift、Nova、Glance、Keystone、Horizon、Cinder、Quantum更名为Neutron、Ceilometer、Heat
2014.4	IceHouse	Swift、Nova、Glance、Keystone、Horizon、Cinder、Neutron、Ceilometer、Heat、Trove
2014.10	Juno	Swift、Nova、Glance、Keystone、Horizon、Cinder、Neutron、Ceilometer、Heat、Trove、Sahara
2015.4	Kilo	Swift、Nova、Glance、Keystone、Horizon、Cinder、Neutron、Ceilometer、Heat、Trove、Sahara、Ironic
2015.10	Liberty	Swift、Nova、Glance、Keystone、Horizon、Cinder、Neutron、Ceilometer、Heat、Trove、Sahara、Ironic
2016.4	Mitaka	Swift、Nova、Glance、Keystone、Horizon、Cinder、Neutron、Ceilometer、Heat、Trove、Sahara、Ironic
2016.10	Newton	Swift、Nova、Glance、Keystone、Horizon、Cinder、Neutron、Ceilometer、Heat、Trove、Sahara、Ironic
2017.2	Ocata	Swift、Nova、Glance、Keystone、Horizon、Cinder、Neutron、Ceilometer、Heat、Trove、Sahara、Ironic
2017.8	Pike	Swift、Nova、Glance、Keystone、Horizon、Cinder、Neutron、Ceilometer、Heat、Trove、Sahara、Ironic

图4-42 OpenStack发展历程表和模块增加

2. CloudStack

（1）CloudStack 简介

CloudStack 是一个开源的具有高可用性及扩展性的云计算平台，同时是一个开源云计算解决方案。我们可以加速高伸缩性的公共云和私有云（IaaS）的部署、管理、配置。使用 CloudStack 作为基础，数据中心操作者可以快速方便地通过现存基础架构创建云服务。

目前，CloudStack 支持管理大部分主流的 hypervisor，如 KVM 虚拟机、XenServer、Vmware、Oracle VM、Xen 等。

CloudStack 形成的基础设施云使数据中心运营商可以快速、轻松地建立在其现有的基础设施提供云服务的需求，即弹性云计算服务。CloudStack 用户可以充分利用云计算以更高的效率、无限的规模、更快地部署新服务。

CloudStack 是一个开源的云操作系统，它可以帮助企业用户利用自己的硬件提供类似于 Amazon EC2 的公共云服务。CloudStack 可以通过组织和协调用户的虚拟化资源，构建一个和谐的环境。CloudStack 具有许多强大的功能，可以为用户构建一个安全的多租户云计算环境。CloudStack 兼容 Amazon API。CloudStack 可以让用户快速和方便地在现有的架构上建立自己的云服务。CloudStack 可以帮助用户更好地协调服务器，存储网络资源，从而构建一个 IaaS 平台。

CloudStack 的前身是 Cloud com，后来被 Citrix 公司收购。目前，英特尔、阿尔卡特－朗迅、瞻博网络、博科等公司都已宣布支持 CloudStack。2011 年 7 月，Citrix 收购 Cloud com，并将 CloudStack 100% 开源。2012 年 4 月 5 日，Citrix 又宣布将其拥有的 CloudStack 开源软件交给 Apache 软件基金会管理。

（2）Cloudstack 基本概念

1）Zone

Zone 对应于现实中的一个数据中心，它是 CloudStack 中最大的一个单元。我们从包含关系上看，一个 Zone 包含多个 Pod，一个 Pod 包含多个 Cluster，一个 Cluster 包含多个 Host。

2）提供点（Pod）

一个提供点通常代表一个机架，机柜里面的主机在同一个子网，每个区域中必须包含一个或多个提供点，提供点中包含主机和主存储服务器，CloudStack 的内部管理通信配置一个预留 IP 地址范围。预留的 IP 范围对云中的每个区域来说必须是唯一的。

3）集群（Clusters）

Clusters 是由多个主机组成的一个群集。同一个 Clusters 中的主机有相同的硬件、相同的 Hypervisor 和共用同样的存储。同一个 Clusters 中的虚拟机，可以无中断地从一个主机迁移到另外一个主机上。集群由一个或多个宿主机和一个或多个主要存储服务器构成。集群的大小取决于下层虚拟机软件。当使用 VMware 时，每个 VMware 集群都被 vCenter 服务器管理，管理员必须在本产品中登记 vCenter。每个 Zone 下可以有多个 vCenter 服务器，每个 vCenter 服务器可能管理多个 VMware 集群。

4）主机（Host）

Host 就是运行的虚拟机（VM）主机。宿主机就是个独立的计算机。宿主机运行来宾虚拟机并提供相应的计算资源。每个宿主机都装有虚拟机软件来运行来宾虚拟机，比如一个开启了 kvm 支持的服务器、一个 citrix XenServer 服务器，或者一个 ESXi 服务器可以作为宿主机。宿主机在 CloudStack 部署中属于最小的组织单元。宿主机包含在集群中，集群又属于提供点，而区域中包含提供点（在逻辑概念上，Zone>Pod>Cluster>Host），新增的宿主机可以随时添加以便提供更多资源给来宾虚拟机，CloudStack 自动探测宿主机的 CPU 数量和内存资源。宿主机对终端用户不可见。终端用户不能决定他们的虚拟机被分配到哪台宿主机上。

5）CloudStack 中存在两种存储

Primary storage：一级存储与 Cluster 关联，它为该 Cluster 中的主机的全部虚拟机提供磁盘卷。一个 Cluster 至少有一个一级存储，且在部署时位置要临近主机，这样性能才能提高。

Secondary storage：二级存储与 Zone 关联，它存储模板文件、ISO 镜像和磁盘卷快照。

（3）CloudStack 的特点

CloudStack 是最流行的开源云平台，它拥有自己的 API 云管理平台，也支持亚马逊 Web 服务的 API 模型。它还可以跨 Availability zone 支持虚拟私有云，并且提供了高性能的虚拟实例，从而更加有效地使用硬件。脱离孵化阶段以后，CloudStack 是一个顶级的 Apache 项目。

CloudStack 支持多个 hypervisor，但是企业要确保自己选择的 hypervisor 能够被支持。如果觉得社区和商业支持很重要，就多关注 OpenStack，硬件兼容性也是另外一个要考虑的问题。如果公司要再次利用已有的计算服务器和存储系统，就考虑一下每个平台的计算和存储模型要如何更好地支持。

3. 微软云

（1）Windows Azure 简介

Windows Azure 是微软基于云计算的操作系统，现在更名为"Microsoft Azure"，它和 Azure Services Platform 一样，是微软"软件和服务"技术的名称。Windows Azure 的主要目标是为开发者提供一个平台，帮助开发者开发可运行在云服务器、数据中心、Web和 PC 上的应用程序。云计算的开发者能使用微软全球数据中心的储存、计算能力和网络基础服务。Azure 服务平台包括的组件有：Windows Azure、Microsoft SQL 数据库服务、Microsoft .Net 服务、用于分享、储存和同步文件的 Live 服务、针对商业的 Microsoft SharePoint 和 Microsoft Dynamics CRM 服务。

Azure 是一种灵活的、支持互操作的平台，它可以被用来创建云中运行的应用或者通过基于云的特性来加强现有应用。它开放式的架构给开发者提供了 Web 应用、互联设备应用、个人计算机、服务器或最优在线复杂解决方案。Windows Azure 以云技术为核心，提供了软件＋服务的计算方法，它是 Azure 服务平台的基础。Azure 能够将处于云端的开发者的个人能力，与微软全球数据中心网络托管的服务（如存储、计算和网络基础设施服务）紧密结合起来。

微软会保证 Azure 服务平台的开放性和互操作性。我们确信企业的经营模式和用户从 Web 获取信息的体验将会因此改变。

（2）Windows Azure 优势

Windows Azure 是微软研发的公有云计算平台。该平台可供企业在互联网上运行应用，并可进行扩展。通过 Windows Azure，企业能够在多个数据中心快速开发、部署、管理应用程序。

Windows Azure 提供了企业级服务等级协议（SLA）保证，并且可以轻松地在位于不同城市的数据中心实现万无一失的异地多点备份，为企业应用提供了可靠的保障。

1）安全可靠

Windows Azure 的平台设计完全消除了单点故障的可能，并提供企业级的服务等级协议（SLA）。它可以轻松地实现异地多点备份，万无一失的防灾备份能力，可让用户专心开发和运行应用，不必担心基础设施的安全问题。

2）架构灵活

Windows Azure 同时提供 Windows 和 Linux 虚拟机，支持 PHP、Node.js、Python 等大量开源工具。它提供了极大的弹性，能够根据实际需求瞬间部署任意数量虚拟机，调用无限存储空间。Windows Azure 定价灵活，并支持按使用量支付费用，帮助用户以最低成本将新服务上线而后再按需扩张。

3）技术价值

Windows Azure 提供了业界顶尖的云计算技术，它的云存储技术性能、扩展性和稳定性这三项关键指标均在 Nasuni 的权威测试中拔得头筹。Windows Azure 能够与企业现有本地 IT 设施混合使用，为存储、管理、虚拟化、身份识别、开发，提供从本地到云端的整合式体验。

4）开源软件支持

Windows Azure 支持大量开源应用程序、框架和语言，并且数量仍在不断增加，这要归功于微软与开源社区的协作。开发人员自然希望使用最适合自身经验、技能和应用程序需求的工具，Windows Azure 的目标也正是这个。

4.2.3 任务回顾

知识点总结

1. 云计算的起源、背景。

2. 云计算的一些基本概念:"云"、三种服务模式、分布式计算、并行计算、网格计算。

3. 云计算的特点：超大规模、虚拟化、高可靠性、通用性、高可扩展性、按需服务、极其廉价。

4. 云计算和虚拟化的关系。

5. 常见云计算解决方案有 OpenStack、CloudStack、Windows Azure。

学习足迹

任务二学习足迹如图 4-43 所示。

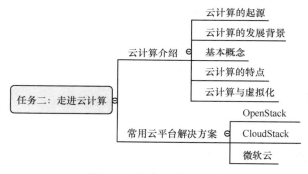

图4-43 任务二学习足迹

思考与练习

1. 简述云计算的起源及背景。

2. 详细说明云计算的特点。

3. 简述云计算三种服务模式。

4. 简述分布式计算、并行计算、网格计算。

5. 请自行了解阿里云、电信云、网易云这三家云平台运营商是基于哪种云计算解决方案实现的，并以 Word 的形式呈现。

4.3 项目总结

如图 4-44 所示，我们通过本项目的学习，掌握什么是虚拟化和虚拟化的分类以及什么是网络、存储、服务器虚拟化；通过实验（主流虚拟化技术 KVM 的实现）更形象地理解了什么是虚拟化，并掌握了云计算的基本概念、特点和常见云平台的解决方案，并了解了云计算与虚拟化之间的关系。

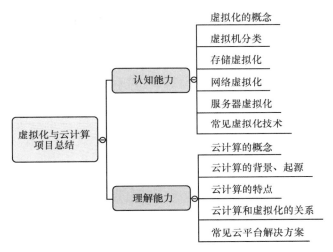

图4-44 技能图谱

4.4 拓展训练

自主实践：使用 KVM 创建出系统为 Windows7 的虚拟机。

◆ **拓展训练要求：**

• 使用 KVM 创建出一台系统为 Windows7 的虚拟机，并且保留实践结果。

• 以 Word 文档的形式，将创建过程记录下来，并说明创建 Linux 系统的虚拟机和创建 Windows 系统的虚拟机的不同之处。

◆ **格式要求：**

• 保存实践结果；

• 需提交 Word 版本。

◆ **考核方式：**

• 提交 Word 版本创建过程；

- 课上演示实践成果。
◆ 评估标准：见表 4-4。

表4-4　拓展训练评估表

项目名称：使用KVM创建出系统为 Windows7的虚拟机	项目承接人： 姓名：	日期：
项目要求	**评分标准**	**得分情况**
使用KVM创建出一台系统为Windows7的虚拟机，并且保留实践结果（30）	① 无明显错误（15分）； ② 实现思路正确，未出结果（15分）	
以Word文档的形式将创建过程记录下来，并说明创建Linux系统的虚拟机和创建Windows系统的虚拟机的不同之处（70）	① 思路清晰，表达清楚（30分）； ② 逻辑正确，无重大错误（30分）； ③ 字面干净、整洁、大方（10分）	
评价人	**评价说明**	**备注**
个人		
老师		

项目 5

OpenStack 应用

 项目引入

经过为期两周的虚拟化技术的学习和实验的搭建后，一个崭新的领域出现在我的面前，一台计算机居然可以虚拟出多台不同系统的计算机。这让我对接下来的 OpenStack 应用的学习充满热情。

按我们项目组徐工的话说，OpenStack 其实是一种云平台的解决方案，该方案是开源的、稳定的，同时支持很多平台，因此非常受欢迎，目前很多云平台都是依托于 OpenStack 开发的。

接下来，我将重点围绕 OpenStack 展开学习。

 知识图谱

项目 5 知识图谱如图 5-1 所示。

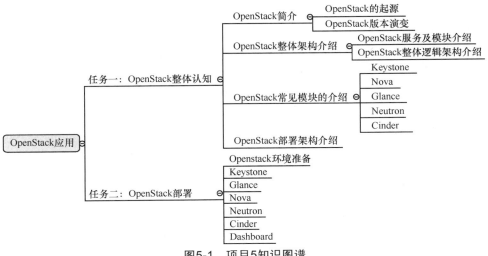

图5-1 项目5知识图谱

5.1 任务一：OpenStack 整体认知

【任务描述】

OpenStack 作为目前最火的开源项目深受国内外一些大型企业的青睐。那么 OpenStack 是如何走进我们的世界的呢？OpenStack 是如何从刚开始的只有两个服务的小项目，到现在可以提供完整的云服务的开源项目的呢？下面，我们一起看看 OpenStack 走过的历程以及 OpenStack 的使用。

5.1.1 OpenStack简介

1. OpenStack 的起源

Rackspace（一家美国的云计算厂商）和 NASA 在 2010 年共同发起了 OpenStack 项目。那时，Rackspace 是美国第二大云计算厂商，但规模只占到亚马逊的 5%，只依靠内部的力量来超越或者追赶亚马逊不太可能，这家公司索性就把自己的项目开源了，也就是后来的 OpenStack 的存储源码（Swift）。

与此同时，NASA 也对自己使用的 Eucalyptus 云计算管理平台不满意。Eucalyptus 有开源版本和收费版本两个版本。NASA 想给 Eucalyptus 开源版本贡献 patch，Eucalyptus 不接受，因为这与收费版本的功能重叠。当时 NASA 的 6 个开发人员经过一个星期的时间用 Python 做出了一套原型，结果虚拟机在这上面运行得很成功，这就是 Nova（计算源码）的起源。

NASA 与 Raskspace 合作得很好，于是 NASA 贡献 Nova，Raskspace 贡献 Swift，两家在 2010 年的 7 月发起了 OpenStack 项目。

2010 年 7 月 19 日，在美国波特兰举办的 OSCON 大会上，OpenStack 开源项目诞生，当时只有 25 家机构宣布加入这一项目。

2011 年 2 月，Cloudstack 引起了大家的关注，此时开源四子的格局初步形成。

2011 年 4 月，Cloudstack 被 Citrix 收购。

2011 年 9 月，HP 和 AT&T 选择加入了 Openstack 基金会。而 Cloudstack 在 Citrix 的庇护下迅速发展。

2012 年 4 月，基于 OpenStack 的 Rackspace 开源云平台投入生产运营。Citrix 将 CloudStack 捐献给 Apache 基金会。

2012 年 9 月，Openstack 基金会正式成立，通过投票接纳 vmware、intel、Nec 成为金牌会员。

中国厂商华为加入 Openstack 基金会。

2013 年 2 月，中国 OpenStack 创业 UnitedStack 公司成立。

2013 年 9 月，OpenstackSummit 选择在中国香港建立。

2014 年，曾经的四大开源云之一的 Eucalyptus 被惠普收购，中国首个基于

OpenStack 的公有云平台 UnitedStack 被正式开放注册，OpenStack 在开源社区的活跃度远远超越其他项目。

2015 年，OpenStack 最早的创业公司 Nebula 宣布倒闭，业界哗然，紧接着 Citrix 宣布重回 Openstack 基金会，业界再次哗然。

2. OpenStack 版本演变

OpenStack 的开发周期是每年固定发布两个新版本，每个主版本系列以字母表顺序（A ～ Z）命名，以年份及当年内的排序作为版本号，具体见表 5-1。

表5-1　OpenStack版本演变

时间	内容
2010.10Austin	作为OpenStack第一个正式版本，Austin主要包含两个子项目：Swift是对象存储模块，Nova是计算模块。它带有一个简单的控制台，允许用户通过Web管理计算和存储；带有一个部分实现的Image文件管理模块，未正式发布
2011.2Bexar	Bexar在此基础上补充了ImageService（Glance），它在许多方面与计算和存储有交集： ① 镜像代表存储在OpenStack上的模板虚拟机，用于按需快速启动计算实例； ② Swift增加了对大文件（大于5GB）的支持； ③ 增加了支持S3接口的中间件； ④ 增加了一个认证服务中间件Swauth； ⑤ Nova增加对raw磁盘镜像的支持，增加对微软Hyper-V的支持； ⑥ 开始了Dashboard控制台的开发
2011.4Cactus	① Nova增加新的虚拟化技术支持，如LXC容器、VMWare/vSphere、ESX/ESXi4.1； ② 支持动态迁移运行中的虚拟机； ③ 增加支持Lefthand/HPSAN作为卷存储的后端
2011.9Diablo	① Nova整合了Keystone认证； ② 支持KVM的暂停恢复； ③ KVM的块迁移； ④ 采用了全局防火墙规则
2012.4Essex	Essex的发布增加了两个核心项目： ① OpenStackIdentity（Keystone）隔离之前由Nova处理的用户管理元素； ② OpenStackDashboard（Horizon）的引入则标准化和简化了用户界面（UI），使之同时适用于每个租户和OpenStack管理人员
2012.9Folsom	Folsom使得版本项目数量又增加了以下几个： ① 增加了Cinder块存储以及Quantum网络模块（后来更名为Neutron）。正式发布Quantum项目，提供网络管理服务； ② 正式发布Cinder项目，提供块存储服务； ③ Nova中libvirt驱动增加支持以LVM为后端的虚拟机实例； ④ XenAPI增加支持动态迁移、块迁移等功能； ⑤ 增加可信计算池功能； ⑥ 卷管理服务抽离成Cinder

（续表）

时间	内容
2013.4Grizzly	① Nova支持将分布于不同地理位置的机器组织成的集群划分为一个cell（池）； ② 支持通过libguestfs直接向guest文件系统中添加文件； ③ 通过Glance提供的Image位置URL直接获取Image内容以加速启动； ④ 支持无image条件下启动带块设备的实例； ⑤ 支持为虚拟机实例设置（CPU、磁盘IO、网络带宽）配额； ⑥ Keystone中使用PKI签名令牌代替传统的UUID令牌； ⑦ Quantum中可以根据安全策略过滤3层和4层的包； ⑧ 引入仍在开发中的loadbalancer服务； ⑨ Cinder支持光纤通道连接设备； ⑩ 支持LIO作为ISCSI的后端
2013.10Havana	① 正式发布Ceilometer项目，进行（内部）数据统计，可用于监控报警； ② 正式发布Heat项目，让应用开发者通过模板定义基础架构并自动部署； ③ 网络服务Quantum变更为Neutron； ④ Nove支持在使用cell时的同一cell中虚拟机的动态迁移； ⑤ 支持Docker管理的容器，使用Cinder卷时支持加密； ⑥ 增加自然支持GlusterFS； ⑦ Glance中按组限制对Image的元属性的访问修改； ⑧ 增加使用RPC-over-HTTP的注册API； ⑨ 增加支持Sheepdog、Cinder、GridFS作为后端存储； ⑩ Neutron中引入一种新的边界网络防火墙服务； ⑪ 可通过VPN服务插件支持IPSecVPN； ⑫ Cinder中支持直接使用裸盘作存储设备无须再创建LVM； ⑬ 新支持的厂商中包含IBM的GPFS
2014.4IceHouse	① 针对集成项目（IntegratedProject），主要关注每个项目的稳定性与成熟度，同时包含新功能以及更好地与平台其他服务相整合； ② 一致性的用户体验，提高测试的门槛，特别是针对存储方面； ③ 对象存储（Swift）项目有一些大的更新，包括可发现性的引入和一个全新的复制过程（称为s-sync），以提高性能； ④ 新的块存储功能使OpenStack在异构环境中拥有更好的性能； ⑤ 联合身份验证将允许用户通过相同认证信息同时访问OpenStack私有云与公有云； ⑥ 新项目Trove（DBasaService）现在已经成为版本中的组成部分，它允许用户可以在OpenStack环境中管理关系数据库服务
2014.10Juno	① Nova网络功能虚拟化项目组在Atlanta峰会上成立，新的功能已经在JUNO中逐渐显现； ② 包括救援模式等运维层面的更新工作也落在nova-network中； ③ 通过StackForge增加了多个重要的驱动，如支持Ironic和Docker； ④ 支持调度和在线升级，Cinder块存储添加了10种新的存储后端； ⑤ 改进了第三方存储系统的测试，Cinderv2API被集成进Nova； ⑥ 块存储在每个开发周期中不断成熟；

（续表）

时间	内容
2014.10Juno	⑦ Neutron支持IPv6和第三方驱动，保证网络的可靠性和可持续性； ⑧ API层面添加了插件支持，支持三层网络高可用； ⑨ 支持分布式网络模式； ⑩ Swift存储策略的推出对于对象存储是具有里程碑意义的，存储策略给予用户更多的控制与性能的提升； ⑪ 支持Keystone，Horizon支持部署ApacheHadoop集群； ⑫ 扩展了RBAC系统； ⑬ Keystone联邦认证使用户可以通过同一套认证体系访问私有和共有OpenStack服务； ⑭ 可以配置使用多个认证后端； ⑮ 与LDAP的集成更加便捷； ⑯ Heat出错后更易于回滚操作和环境清理； ⑰ 可以授权无权限用户操作； ⑱ Ceilometer提高性能； ⑲ 支持负载均衡、防火墙与VPN； ⑳ Glance扩展image定义； ㉑ 异步处理进程； ㉒ 可控下载策略； ㉓ Sahara应用Hadoop和Spark实现大数据集群快速搭建与管理
2015.4Kilo	Horizon在K版本中除了增强了对新增模块的支持，从UE的角度也为我们带来了很多新功能裸机服务Ironic完全发布，增加了互操作性
2015.10Liberty	在Liberty版本中，更加精细的访问控制和更简洁的管理功能非常亮眼。这些功能直接满足了OpenStack运营人员的需求。 ① 增加了通用库应用和更有效的配置管理功能。 ② 为Heat编排和Neutron网络项目增加了基于角色的访问控制（RBAC）。这些可以帮助运维人员更好地调试不同级别的网络和编排功能的安全设置和API。该版本更是面向企业，包括开始对一系列跨产品进行滚动升级的支持，以及对管理性和可扩展性的增强。 ③ 引入了Magum容器管理，支持Kubernetes、Mesos和DockerSwarm
2016.4Mitaka	OpenStack的第13个版本—Mitaka聚焦于可管理性、可扩展性和终端用户体验三方面。 ① 重点在用户体验上简化了Nova、Keynote的使用； ② 使用一致的API调用创建资源； ③ Mitaka版本中可以处理更大的负载和更为复杂的横向扩展
2016.10Newton	OpenStack的第14个版本，推出的新功能包括以下几点。 ① Ironic裸机开通服务。 ② Magum容器编排集群管理器。 ③ Kuryr容器组网项目可将容器、虚拟和物理基础设施无缝集成于统一控制面板。 ④ Newton还可解决扩展性和弹性问题。 ⑤ Newton可大大降低实现架构性和功能性扩展的难度，可实现跨平台、跨地域的向上扩展和向下扩展，从而提升OpenStack在搭建各类规模云解决方案中的主导作用。

时间	内容
2016.10Newton	⑥ Newton在高可用性、适应性以及自我修复功能方面提升显著，无论负载需求有多大，都可以满足运营商对稳定性的要求。其中，项目组件Cinder、Ironic、Neutron以及Trove都可提供增强的高可用功能。 ⑦ Newton的安全性也得以提升，例如，Keystone提供的升级中包括PCI合规和加密证书。Cinder增加了对重新录入加密文件到解密流量的支持，反之亦然。 ⑧ Cinder还包含微版本支持，可借助集联功能使用快照方式来删除流量，同时提供备份服务可扩展至多个实例。 ⑨ Newton版本显著提升了OpenStack作为单一云平台对虚拟化、裸机及容器的管理，并为运营商及应用开发者提高了易用性，令OpenStack的安装、运行、变更及维修变得更加便捷和自动化
2017.02Ocata	① 新的Nova计算"取代"原有应用编程接口（简称API），旨在帮助用户更为智能地根据应用需求分配资源。 ② Cellsv2亦作为默认配置以提升Nova可扩展性。 ③ OpenStack的Horizon仪表板提供新的OS配置UI，以实现各Keystone间联动，运营人员能够在各项OpenStack服务之间检测性能问题。 ④ Keystone身份联动机制能够自动动态配置项目，并在验证成功后为联动用户分配角色。 ⑤ Ironic裸机服务迎来网络与驱动程序增强。 ⑥ Telemetry各项目实现性能与CPU使用量改进，如今用户可利用Ceilometer配合Gnocchi存储引擎每秒存储数百万条指标。 ⑦ Cinder块存储服务中的主动/主动高可用性可通过驱动程序实现。 ⑧ Congress治理框架现迎来政策语言增强，旨在实现网络地址操作以实现更好的网络与安全性治理。 ⑨ Ocata亦在网络层对基于容器的应用框架提供更为出色的支持能力。 ⑩ 在最新版本中，大家亦可对OpenStack各服务容器化。这意味着我们能够更轻松地将OpenStack作为微服务应用进行部署与管理。 ⑪ OpenStack还引入了新的基于容器应用框架及部署工具。其中具体包括用于实现OpenStack服务容器化的Kolla、用于桥接容器网络与存储资源的Kuryr以及用于容器管理的Zun。 ⑫ 新引入的"nova-statusupgradecheck"命令允许运营人员测试其部署的准备情况，从而使其了解其是否能够安全升级至Ocata。如果无法安全升级，该命令将提示其需要解决相应问题后再进行升级。

5.1.2　OpenStack整体架构介绍

1. OpenStack 服务及模块介绍

OpenStack 项目是一个开源的云计算平台，特点是实现简单、可大规模伸缩、功能丰富。来自世界各地的云计算开发人员和技术人员共同创建了 OpenStack 项目。OpenStack 通过一组相关的服务提供一个 IaaS 解决方案。每个服务提供了一个应用程序编程接口（API），促进了这种集成。根据自身的需要，我们可以安装部分或全部服务。表 5-2 描述了构成 OpenStack 架构的服务。

表5-2 构成OpenStack架构的服务

Service	CodeName	Description
IdentityService	Keystone	UserManagement
ComputeService	Nova	VirtualMachineManagement
ImageService	Glance	ManagesVirtualimagelikekernelimageordiskimage
Dashboard	Horizon	ProvidesGUIconsoleviaWebbrowser
ObjectStorage	Swift	ProvidesCloudStorage
BlockStorage	Cinder	StorageManagementforVirtualMachine
NetworkService	Neutron	VirtualNetworkingManagement
OrchestrationService	Heat	ProvidesOrchestrationfunctionforVirtualMachine
MeteringService	Ceilometer	ProvidesthefunctionofUsagemeasurementforaccounting
DatabaseService	Trove	DatabaseresourceManagement
DataProcessingService	Sahara	ProvidesDataProcessingfunction
BareMetalProvisioning	Ironic	ProvidesBareMetalProvisioningfunction
MessagingService	Zaqar	ProvidesMessagingServicefunction
SharedFileSystem	Manila	ProvidesFileSharingService
DNSService	Designate	ProvidesDNSServerService
KeyManagerService	Barbican	ProvidesKeyManagementService

以上 16 个服务中，分为 11 个可选服务和 5 个核心服务。

（1）核心服务

IdentityService（认证服务）：由 Keystone 模块实现，Keystone 为所有的 OpenStack 组件提供认证和访问策略服务。OpenStack 上的每一个操作都必须通过 Keystone 的审核。

ComputeService（计算服务）：由 Nova 模块实现，是 OpenStack 计算的弹性控制器。OpenStack 云实例生命期所需的各种动作都将由 Nova 进行处理和支撑。

ImageService（镜像服务）：由 Glance 模块实现，管理 VM 启动镜像，Nova 创建 VM 时将使用 Glance 提供的镜像。

NetworkService（网络服务）：由 Neutron 模块实现，为 OpenStack 提供网络连接服务，负责创建和管理 L2、L3 网络，为 VM 提供虚拟网络和物理网络连接。

BlockStorage（块存储服务）：由 Cinder 模块实现，为 VM 提供块存储服务。Cinder 提供的每一个 Volume 在 VM 看来就是一块虚拟硬盘，一般用作数据盘。

（2）可选服务

Dashboard（仪表盘服务）：由 Horizon 模块实现，为 OpenStack 用户提供一个 Web 的自服务 Portal。

ObjectStorage（对象存储）：由 Swift 模块实现，提供对象存储服务。VM 可以通过 RESTfulAPI 存放对象数据。作为可选的方案，Glance 可以将镜像存放在 Swift 中，Cinder 也可以将 Volume 备份到 Swift 中。

OrchestrationService（部署编排服务）：由 Heat 模块实现，为 OpenStack 用户提供编排资源的一个工具，它能够生成一个模板，修改模板通过资源、参数、输入、彼此的约束和依赖等参数描述被执行的任务。

MeteringService（计量服务）：由 Ceilometer 模块实现，为 OpenStack 提供计量方面，为上层的计费、结算或者监控应用提供统一的资源使用数据收集功能。

DatabaseService（数据库服务）：由 Trove 模块实现，为 OpenStack 用户提供可扩展和高可靠性的云数据库，并作为一个基本服务可以同时支持关系和非关系型数据库。

DataProcessingService（数据处理服务）：由 Sahara 模块实现，为 OpenStack 用户提供简单部署 Hadoop 集群的能力，比如简单地配置 Hadoop 版本、集群结构、节点硬件信息等。在用户提供了这些参数后，Sahara 迅速把 Hadoop 集群部署起来，同时还支持集群的扩容和减容。

BareMetalProvisioning（裸机部署服务）：由 Ironic 模块实现，一个进行裸机部署安装的项目。该项目可以很方便地为 OpenStack 用户实现对指定的一台或多台裸机执行一系列的操作。例如部署大数据集群需要同时部署多台物理机。

MessagingService（消息服务）：由 Zaqar 模块实现，OpenStack 为 Web 和移动开发者提供多租户的云消息服务的组件，功能类似于亚马逊云的 SQS 和阿里云的 MQS。通过 Zaqar，开发者可以在 SaaS 和移动应用平台不同组件之间共享消息。除了针对外部应用，在 Openstack 内部组件之间也可以使用 Zaqar 来传递消息。

SharedFileSystem（文件共享即服务）：由 Manila 模块实现，为 OpenStack 用户提供云上的文件共享，支持 CIFS 协议和 NFS 协议

DNSService（域名服务）：由 Designate 模块实现，为 OpenStack 用户提供云域名系统的能力，云服务商可以使用 Designate 就能够很容易地建造一个云域名管理系统来托管租户的公有域名。

KeyManagerService（密钥管理服务）：由 Barbican 模块实现，为 OpenStack 用户提供 Key 管理组件，提供 RESTAPI 来安全存储、提供和管理"机密文件"。

2. OpenStack 整体逻辑架构介绍

我们已经了解了 OpenStack 的服务实现模块，接下来我们学习 OpenStack 整体的逻辑架构。如图 5-2 所示，我们可以看出每个服务模块又由若干组件组成，每个组件负责各自的任务。组件与组件之间相互配合，实现了服务模块的功能，服务模块和服务模块之间相互协同作业，实现了整个 OpenStack 平台提供的各种服务。

那么组件之间是如何通信的？模块之间是如何通信的？OpenStack 是如何对外暴露接口的？组件之间是如何作业协同配合的？OpenStack 的存储有几种？接下来，让我们一起学习来寻找答案。

（1）OpenStack 的 API

OpenStack 的逻辑关系是通过各个组件之间的信息传输来实现的，而组件之间的信息传输主要是通过 OpenStack 之间相互调用 API 来实现的，作为一个操作系统，作为一

个框架，它的 API 有着重要的意义。

1）RESTfulWebAPI

RESTfulWebAPI 的调用非常简单，REST 描述的是一种风格、一种架构、一种原则，因此它并没有规定具体的实践方式或者协议。

目前最常见的实现方式就是基于 HTTP 实现的 RESTfulWebAPI，OpenStack 用的就是这种方式。REST 架构里面对资源的操作包括获取、创建、修改和删除，正好对应着 HTTP 提供的 GET、POST、PUT 和 DELETE 方法，因此用 HTTP 来实现 REST 是比较方便的。

2）NativeAPI

NativeAPI 出现在 OpenStack 各组件和第三方的软硬件之间，比如，Cinder 和存储后端之间的通信，Neutron 的 agent 或者插件和网络设备之间的通信，这些通信都需要调用第三方的设备或第三方软件的 API，这就是我们前面说的基于第三方 API 的通信。

3）调用及调试 API 的几种方式

第一种方式：curl 命令（Linux 下发送 HTTP 请求并接受响应的命令行工具），这种方式使用得比较少。

第二种方式：比较常用的是 OpenStack 命令行客户端，每一个 OpenStack 项目都有一个以 Python 写的命令行客户端。

第三种方式：用 Firefox 或 Chrome 浏览器的 REST 的客户端（图形界面的，浏览器插件）。

第四种方式：用 OpenStack 的 SDK，我们可以不用手写代码发送 HTTP 请求调用 REST 接口，从而省去了一些管理诸如 Token 等数据的工作，能够很方便地基于 OpenStack 进行开发。OpenStack 官方提供的是 Python 的 SDK，当然还有第三方提供的 SDK，如支持 Java 的 Jclouds，还有支持 Node.js、Ruby、.Net 等。

（2）OpenStack 核心模块间逻辑关系

OpenStack 的核心模块间的逻辑关系，我们用创建的一个 VM 实例的方式来展示，如图 5-2 所示。

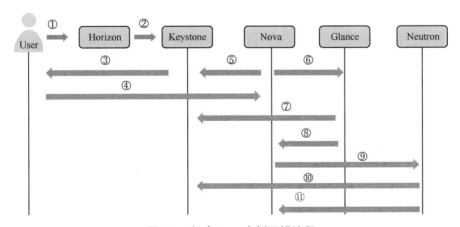

图5-2 创建Nova实例逻辑流程

① User 登录 Horizon 提供的 Web 界面；

② User 通过 Horizon 提供的 Web 界面输入账户密码向 Keystone 请求；

③ Keystone 接收到请求后，会进入数据库查询账户密码真实性，验证通过后将会返回 Token 和所有服务的 endpoint；

④ User 以 Token 向 Nova 请求申请虚拟机；

⑤ Nova 向 Keystone 验证 Token 的真实性和时效性；

⑥ 验证通过后，Nova 会带着 Token 向 Glance 请求镜像；

⑦ Glance 会向 Keystone 验证 Token 的真实性和时效性；

⑧ 验证通过后，Glance 会将镜像交给 Nova；

⑨ Nova 会带着 Token 向 eutron 请求网络；

⑩ Neutron 会向 Keystone 验证 Token 的真实性和时效性；

⑪ 验证通过，Neutron 将赋予 Nova 实例网络。

通过上述 11 个步骤，我们可以创建出一个最基本的 Nova 实例，同时我们也能看出模块之间的逻辑关系，它们各自负责自己的工作。Keystone 负责 Nova 实例的认证，Nova 负责实例的运行和创建，Glance 负责向 Nova 实例提供所需要的镜像，Neutron 负责 Nova 实例需要的网络。在创建 Nova 实例的整个过程中，模块之间的通信，都是基于 HTTP 的 RESTfulWebAPI 之间通信的。

（3）OpenStack 组件间的通信关系

1）基于高级消息队列协议（AMQP）

AMQP 是一种高级消息队列协议，OpenStack 没有规定它是用什么实现的，我们经常使用的是 RabbitMQ，实际上，用户也可以根据自身的情况选择其他的消息中间件。

基于 AMQP 进行的通信，主要是每个项目内部各个组件之间的通信，如 Nova 的 Compute 和 Scheduler 之间、Cinder 的 Scheduler 和 Volume 之间。

需要说明的是，Cinder 是从 NovaVolume 演化出来的，因此 Cinder 和 Nova 之间也有通过 AMQP 的通信关系，AMQP 进行通信也属于面向服务的架构，虽然大部分通过 AMQP 进行通信的组件属于同一个项目，但是它们可以不安装在同一个节点上，这给系统的横向扩展带来了很大的好处：可以对其中的各个组件分别按照它们负载的情况进行横向扩展。因为它们不在同一个节点上，所以可以分别用不同数量的节点去承载它们的这些服务。

2）基于 SQL 的通信

通过数据库连接实现通信，这些通信大多属于各个项目内部，不要求数据库和其他项目组件安装在同一个节点上，它可以分开安装，也可以专门部署数据库服务器，并把数据库服务放到上面。它们之间基于 SQL 的连接来进行通信。OpenStack 没有规定必须使用哪种数据库，虽然通常用的是 MariaDB。

3）通过 NativeAPI 实现通信

出现在 OpenStack 各组件和第三方的软硬件之间，如 Cinder 和存储后端之间的通信，Neutron 的 agent 或插件和网络设备之间的通信，这些通信都需要调用第三方的设备或第三方软件的 API，我们称它们为 NativeAPI，这个就是我们前面说的基于第三方 API 的通信。

（4）OpenStack 包括文件存储、块存储、对象存储 3 种存储。

1）文件存储

对于有 POSIX 接口或者 POSIX 兼容的接口，我们就可认为它是一个文件系统，比较典型的分布式文件系统有 Glance 的 FS、Hadoop 的 HDFS。

2）块存储

计算机上的一个盘格式化之后是一个文件系统，那么在格式化之前是一个块设备，也就是块存储。实际上，我们在数据中心里面，如 EMC 的很多设备、华为的 SAN 的设备、NetApp 的一些设备，如果是散存储，一般来说就是提供块存储的，在 OpenStack 中由 Cinder 来提供块存储。

3）对象存储

对象存储的典型代表是亚马逊的 Swift，它的接口不是 POSIX，也不是像一块硬盘那样作为一个块存储的接口，它是通过 RESTfulWebAPI 访问的，对于应用开发者来说，其优势在于可以很方便地访问存储在里面的数据。对象存储里的数据通常被叫作 Object，实际上它就是 File，但是对象存储为了和文件系统做一个区分，便被叫作对象 Object。

5.1.3　OpenStack常见模块的介绍

1. Keystone

（1）基本功能

Keystone 作为 OpenStack 的 IdentityService，它提供了用户信息管理功能和完成各个模块的认证服务。

用户信息管理：User/Tenant 基本信息、Tenant 管理。

认证服务：登录认证、各个组件 API 的权限控制。

（2）架构

因为 Keystone 为各个模块提供认证服务，所以各个模块与 Keystone 都有所交互。其中，登录认证体现在用户访问各个组件的 API 时，调用了 WSGI 框架的 authtokenfilter，该 filter 调用 Keystoneclient，最终通过 Keystone 验证 token，完成对用户的登录认证。如果认证失败，用户将不能访问该 API。Keystone 架构如图 5-3 所示。

（3）Keystone 基本概念介绍

1）User

User 可简单地理解为用户，用户携带信物（token）能够访问 OpenStack 各个服务和资源。

2）Tenant

Tenant 即租户，早期版本又称为 Project，它是各个服务中的一些可以访问的资源集合。如通过 Nova 创建虚拟机时要指定到某个租户中，在 Cinder 创建卷也要指定到某个租户中。用户访问租户的资源前，必须与该租户关联，并且指定该用户在该租户下的角色。

3）Role

Role 即角色，我们可以理解为 VIP 等级，用户的 Role 级别越高，在 OpenStack 中能访问的服务和资源就更多。

OpenStack 逻辑架构如图 5-4 所示。

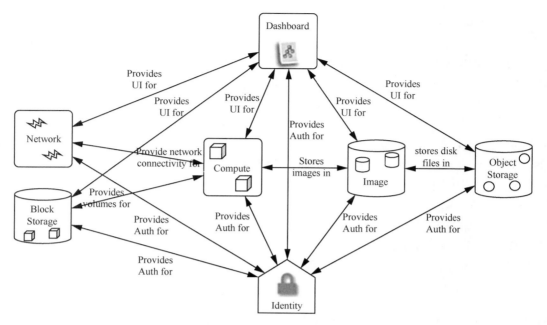

图5-3　Keystone架构图

4）Service

Service 即服务，如 Nova、Glance、Swift、Heat、Ceilometer、Cinder 等。Nova 提供云计算的服务，Glance 提供镜像管理服务，Swift 提供对象存储服务，Heat 提供资源编排服务，Ceilometer 提供告警计费服务，Cinder 提供块存储服务。

5）Endpoint

Service 显得太抽象笼统，Endpoint（端点）则具体化 Service，我们可以将它理解为一个服务暴露出来的访问点，如果我们需要访问一个服务，则必须知道它的 Endpoint，而 Endpoint 一般为 URL，我们知道了服务的 URL，就可以访问它。Endpoint 的 URL 具有 public、private 和 admin 这 3 种权限。publicurl 可以被全局访问，privateurl 只能被局域网访问，adminurl 则从常规的访问中分离出来。

6）Token

Token 即信物、令牌，用户可以通过用户名和密码获取在某个租户下的 Token，通过 Token，可以实现单点登录。

7）Credentials

Credentials 是 User 用来证明自己身份信息的，而这些证明身份的信息可以是：用户名 / 密码、Token、APIKey、其他高级方式。

8）Authentication

Authentication 是 Keystone 验证 User 身份的过程。User 访问 OpenStack 时向 Keystone 提交用户名和密码形式的 Credentials，Keystone 验证通过后会给 User 签发一个 Token 作为后续访问的 Credentials。

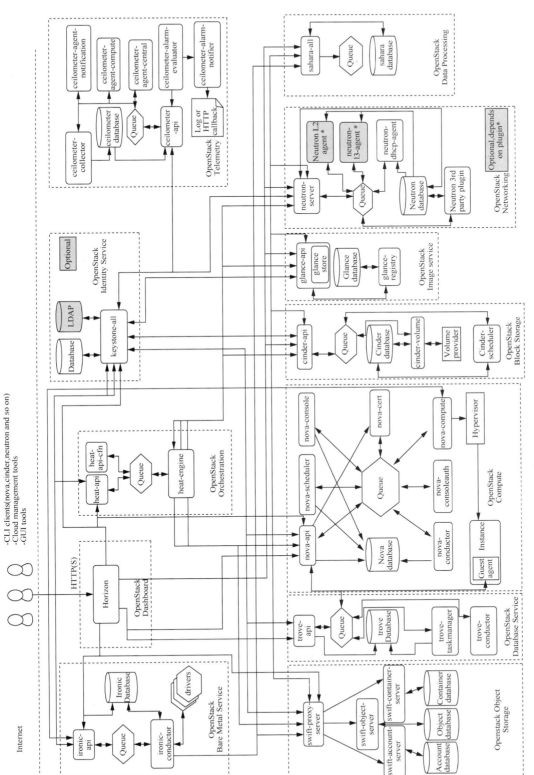

图5-4 OpenStack逻辑架构图

2. Nova

Compute Service Nova 是 OpenStack 最核心的服务，它负责维护和管理云环境的计算资源。OpenStack 作为基于 IaaS 层来实现的云操作系统，虚拟机生命周期管理则是通过 Nova 来实现的。

（1）架构

Nova 处于 OpenStak 架构的中心，其他组件都为 Nova 提供支持：Glance 为 VM 提供 Image Cinder、Swift 分别为 VM 提供块存储和对象存储、Neutron 为 VM 提供网络连接。Nova 逻辑架构如图 5-5 所示。

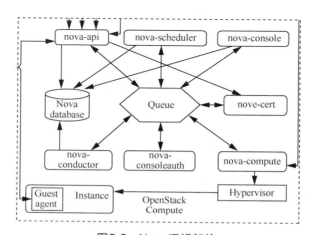

图5-5　Nova逻辑架构

Nova 的架构比较复杂，包含很多组件。这些组件以子服务（后台 deamon 进程）的形式运行。

1）nova-api

接收和响应客户的 API 调用。除了提供 OpenStack 自己的 API，nova-api 还支持 Amazon EC2 API。也就是说，如果客户以前使用 Amazon EC2，并且用 EC2 的 API 开发了一些工具来管理虚拟机，如果现在要换成 OpenStack，这些工具可以无缝迁移到 OpenStack，因为 nova-api 兼容 EC2 API，无需做任何修改。

2）nova-schedule

nova-schedule 负责从 nova-queue（消息队列）里获取虚拟实例请求并通过算法决定该请求应该在哪台主机上运行，即起到调度器（Scheduler）的作用。Schedule 算法可以由我们指定，目前有 Simple（最少加载主机）、Chancd（随机主机分配）、Zone（可用区域内的随机节点）等算法。

3）nova-compute

这是一个非常重要的守护进程，nova-compute 负责创建和终止虚拟机实例，即管理着虚拟机实例的生命周期。该模块内部非常复杂，但是基本原理很简单，就是接受来自队列的动作，然后通过运行一系列命令执行相应的系统操作（如启动一个 KVM 实例），并且更新数据库的状态。

4）Hypervisor

计算节点上"跑"的虚拟化管理程序，虚拟机管理最底层的程序。不同虚拟化技术提供自己的 Hypervisor。常用的 Hypervisor 有 KVM、Xen、VMWare 等。

5）nova-conductor

nova-compute 经常需要更新数据库，如更新虚拟机的状态。出于安全性和伸缩性的考虑，nova-compute 并不会直接访问数据库，而是将这个任务委托给 nova-conductor，避免直接访问数据库带来的安全隐患。

6）nova-console

用户可以通过多种方式访问虚拟机的控制台：

① nova-novncproxy，基于 Web 浏览器的 VNC 访问；

② nova-spicehtml5proxy，基于 HTML5 浏览器的 SPICE 访问；

③ nova-xvpnvncpoxy，基于 Java 客户端的 VNC 访问。

7）nova-consoleauth

nova-consoleauth 负责对访问虚拟机控制台请求提供 Token 认证。

8）nova-cert

提供 x509 证书支持。

9）Database

Nova 会有一些数据需要存放到数据库中，我们一般使用 MariaDB。数据库安装在控制节点上。Nova 使用命名为"nova"和"nova-api"的数据库。

10）Message Queue

前文中我们了解到 Nova 包含众多的子服务，这些子服务之间需要相互协调和通信。为解耦各个子服务，Nova 通过 MessageQueue 作为子服务的信息中转站。所以在架构图上我们看到了子服务之间没有直接的连线，而是通过 Message Queue 联系的。OpenStack 默认的是用 RabbitMQ 作为 Message Queue。

（2）Nova 工作流程

下面，我们从 Nova 的角度来看一下，虚拟机是如何创建的。Nova 工作流程如图 5-6 所示。

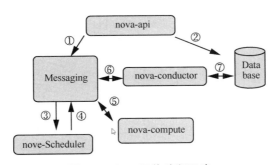

图5-6　Nova工作流程示意

①用户向 nova-api 请求创建虚拟机后，nova-api 会将请求和参数传到 Messaging 队列；

② 同时 nova-api 也会将虚拟机的参数传入 Database 中；

③ nova-Scheduler 从 Messaging 队列中获取请求后，通过算法找出合适的 nova-compute 节点；

④ nova-Scheduler 会将选出的信息发送到 Messaging 队列中；

⑤ 选中 nova-compute 节点从 Messaging 队列中得到创建虚拟机的消息后，会在本节点 Hypervisor 上创建虚拟机，同时会向 Messaging 队列中发出查询虚拟机的具体参数；

⑥ nova-conductor 从 Messaging 中得到 nova-compute 发出的查询消息；

⑦ nova-conductor 会从 Database 中查询并更新数据库的变动，同时通过 nova-conductor 和 Messaging 队列将消息发送给 nova-compute。

以上 7 个步骤简单地展示了 nova 组件之间是如何协同作业的。还有许多的细节，我们之后会介绍。

3. Glance

Glance 作为 OpenStack 的 Image Service，功能是管理 Image，让用户能够发现、获取和保存 Image。Glance 支持多种格式的镜像，如 raw、qcow2、vmdk、VDI、ISO 等。

（1）功能

① 提供 RESTAPI 让用户能够查询和获取 Image 的元数据和 Image 本身。

② 支持多种方式存储 Image，包括普通的文件系统、Swift、AmazonS3 等。

③ 对 Instance 执行 Snapshot 创建新的 Image。

（2）架构

Glance 架构如图 5-7 所示。

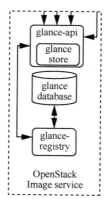

图5-7　Glance架构

1）glance-api

glance-api 是系统后台运行的服务进程，对外提供 RESTAPI，响应 Image 查询、获取和存储的调用。

glance-api 不会真正处理请求，它会把请求转发，当与 Image metadata 相关时，它会转发给 glance-registry；当与 Image 自身存取相关时，它会转发给该 Image 的 store backend。

2）glance-registry

glance-registry 是系统后台运行的服务进程，它负责处理和存取 Image 的 metadata，例如 Image 的大小和类型。在控制节点上可以查看 glance-registry 进程。

3）Database

Image 的 metadata 会保持在 Database 中，默认是 MariaDB。在控制节点上可以查看 Glance 的 Database 信息。

4）Store backend

Glance 自己并不存储 Image，真正的 Image 是存放在 backend 中的。Glance 支持多种 backend，包括 A directory on a local file system、GFS、Ceph、Amazon S3、Cinder、Swift、ESX 等。

（3）Glance 的优势

在传统的环境下，部署一个新系统需要从 ISO 光盘或者 USB 启动，这往往需要很长的时间，并且安装后需要手动配置或者安装一些软件，效率较低，备份和系统恢复不灵活。在 OpenStack 中，我们对虚拟机进行快照，生成新镜像。当需要新的虚拟机时，我们只需要从镜像中生成多个虚拟机就可以了；并且，我们还可以对新生成的虚拟机进行快照、备份等操作。

4. Neutron

Neutron 为 OpenStack 实现 Network Service，现已由之前的 Quantum 改名为 Neutron。Neutron 是 OpenStack 核心项目之一，提供云计算环境下的虚拟网络功能。

（1）基本概念

1）Network

Network 是一个隔离的二层广播域。Neutron 支持多种类型的 Network，包括 local、flat、vlan、vxlan 和 Gre。

2）local

local 网络与其他网络和节点隔离。local 网络中的 instance 只能与位于同一节点上同一网络的 instance 通信，local 网络主要用于单机测试。

3）flat

flat 网络是无 vlan tagging 的网络。flat 网络中的 instance 能与位于同一网络的 instance 通信，并且可以跨多个节点。

4）vlan

vlan 是具有 802.1q tagging 的网络。vlan 是一个二层的广播域，同一 vlan 中的 instance 可以通信，不同 vlan 只能通过 router 通信。vlan 可跨节点，是应用最广泛的网络类型。

5）vxlan

vxlan 是基于隧道技术的 overlay 网络。vxlan 通过唯一的 segmentation ID（也叫 VNI）与其他 vxlan 区分。vxlan 中数据包会通过 VNI 封装成 UDP 包进行传输。因为二层的包通过封装在三层传输，能够克服 vlan 和物理网络基础设施的限制。

6）Gre

Gre 是与 vxlan 类似的一种 overlay 网络，主要区别在于它使用 IP 包而非 UDP 进行封装。

Network 必须属于某个 Project（Tenant 租户），Project 中可以创建多个 Network。Project 与 Network 之间是一对多的关系。

7）Subnet

Subnet 是一个 IPv4 或者 IPv6 地址段。instance 的 IP 从 subnet 中分配。每个 subnet 需要定义 IP 地址的范围和掩码。

Network 与 Subnet 是一对多的关系。一个 Subnet 只能属于某个 Network，一个 Network 可以有多个 Subnet，这些 Subnet 可以是不同的 IP 段，但不能重叠。

8）Port

Port 可以被看作是虚拟交换机上的一个端口。Port 上定义了 MAC 地址和 IP 地址，当 instance 的虚拟网卡 VIF（Virtual Interface）绑定到 Port 时，Port 会将 MAC 和 IP 分配给 VIF。

Subnet 与 Port 是一对多关系。一个 Port 必须属于某个 Subnet；一个 Subnet 可以有多个 Port。

（2）功能

云环境下的网络已经变得非常复杂，特别是在多租户场景中，用户随时都可能需要创建、修改和删除网络，这就对网络的连通性和隔离性提出了更高的要求。使用传统依赖人工手动配置和维护设备的网络管理方式已经不再适用。

SDN 软件定义网络灵活和自动化的特点使得它成为了云时代的网络管理的热门。Neutron 在设计时借鉴了 SDN 的设计思路，充分利用了 Linux 系统上各种网络技术。

Neutron 为整个 OpenStack 环境提供网络，通过简单的配置，就能实现二层交换机、三层路由、负载均衡、防火墙等功能。

1）二层交换机（Switching）

Instance 实例是通过虚拟交换机连接到虚拟二层网络的。Neutron 支持多种虚拟交换机，包括 Linux 原生的 Linux Bridge 和 Open vSwitch（OVS）。Open vSwitch 我们在前文中介绍过，属于第三方软件。

Linux Bridge 和 OVS 除了可以创建传统的二层网络，还可以创建基于隧道技术的 Overlay 网络，如 VxLAN 和 GRE，而 Linux Bridge 目前只支持 VxLAN。

2）三层路由（Router）

Instance 可以配置不同网段的 IP，Neutron 的 router（虚拟路由器）实现 instance 跨网段通信。router 通过 IP forwarding、iptables 等技术来实现路由和 NAT。

3）负载均衡（Load Balancing）

负载均衡提供了将负载分发到多个 instance 的能力。LBaaS 支持多种负载均衡产品和方案，不同的实现以 Plugin 的形式集成到 Neutron，目前默认的 Plugin 是 HAProxy。

4）防火墙

Neutron 通过以下两种方式来保障 instance 和网络的安全性。

a. Security Group

通过 iptables 限制进出 instance 的网络包。

b. Firewall-as-a-Service

FWaaS 限制进出虚拟路由器的网络包，也是通过 iptables 实现。

（3）架构

Neutron 网络架构如图 5-8 所示。

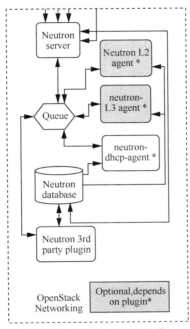

图5-8　Neutron网络架构

1）Neutron server

对外提供 OpenStack 网络 API、接收请求，并调用 Plugin 处理请求。

2）Neutron Plugin

处理 NeutronServer 发来的请求，维护 OpenStack 逻辑网络状态，并调用 Agent 处理请求。Neutron 目前实现了一个 ML2（ModularLayer2）plugin，对 plugin 的功能进行抽象和封装。有了 ML2plugin，各种 networkprovider 无须开发自己的 plugin，只需针对 ML2 开发相应的 driver 就可以了，工作量和难度都大大减少。

Plugin 按照功能分为两类。

① Core Plugin：维护 Neutron 的 Netowrk、Subnet 和 Port 相关资源的信息，与 Core Plugin 对应的 Agent 包括 Linux Bridge、OVS 等

② Service Plugin：提供 Routing、Firewall、Load Balance 等服务，也有相应的 agent。

3）Agent

处理 Plugin 的请求，负责在 Networkprovider 上真正实现各种网络功能。

Agent 分为以下几类。

1）L2 agent

负责二层网络的 IP 地址，连接到虚拟机。

2）L3 agent

负责 Floating IPs 和 NAT。

负责三层网络特性，如负载均衡。

每个 Network 对应一个 L3 agent。

3）dhcp-agent

负责 dhcp 的配置，为实例分配 IP。

负责 dhcp 服务器的开始、停止。

4）Metadata-agent

提供元数据服务。

5）Queue

Neutron Server、Plugin 和 Agent 之间通过 Messaging Queue 通信和调用。

6）Database

存放 OpenStack 的网络状态信息，包括 Network、Subnet、Port、Router 等。

（4）工作流程

我们以创建一个使用 Linux bridge 的 Flat 扁平网络为例，学习 neutron 组件是如何工作的，如图 5-9 所示。

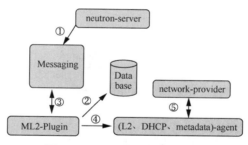

图5-9　neutron工作流程示意

① neutron-server 收到用户创建网络的请求后，将请求转发到 Messaging 队列中；

② ML2 Plugin 将要创建的 Network 信息保存到 Database 中；

③ 同时将创建 Network 信息转发到 Messaging 队列中；

④ 运行在网络节点的 Agent 从 Messaging 队列中收到创建网络的消息；

⑤ Agent 选择该节点的物理设备，使用 Network provider 创建网卡设备，并创建 Bridge 网桥，分配 IP 地址，桥接网卡设备。

5. Cinder

Block Storage Service 提供对 volume 从创建到删除整个生命周期的管理。从 instance 的角度看，挂载的每一个 volume 都是一块硬盘。OpenStack 提供 Block Storage Service 的 Cinder。

（1）功能

① 提供 REST API 使用户能够查询和管理 volume、volume snapshot 以及 volume type；

② 提供 scheduler 调度 volume 创建请求，合理优化存储资源的分配；

③ 通过 driver 架构支持多种 back-end（后端）存储方式，包括 LVM、NFS、Ceph

和其他诸如 EMC、IBM 等商业存储产品和方案。

（2）架构

Cinder 架构如图 5-10 所示。

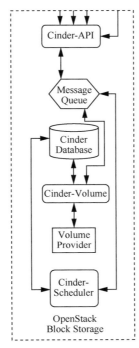

图5-10 Cinder架构

1）Cinder-API

Cinder-API 是整个 Cinder 组件的门户，所有 Cinder 的请求都应先由 Cinder-API 处理。Cinder-API 向外界暴露若干 HTTP REST API 接口。

2）Cinder-Volume

Cinder-Volume 在存储节点上运行，OpenStack 对 Volume 的操作最后都是交给 Cinder-Volume 来完成的。Cinder-Volume 自身并不管理真正的存储设备，存储设备是由 Volume Provider 管理的。Cinder-Volume 与 Volume Provider 一起实现 Volume 生命周期的管理。

3）Cinder-Scheduler

创建 Volume 时，Cinder-Scheduler 会基于容量、Volume Type 等条件选择出最合适的存储节点，然后让其创建 Volume。

4）Volume Provider

数据的存储设备，为 Volume 提供物理存储空间。Cinder-Volume 支持多种 Volume Provider，每种 Volume Provider 通过自己的 driver 与 Cinder-Volume 协调工作。

5）Message Queue

Cinder 各个子服务通过消息队列实现进程间通信和相互协作。OpenStack 默认是用

RabbitMQ 作为 Message Queue。

6）Cinder Database

存放有关 Cinder 一些数据的数据库，一般使用 MariaDB。

（3）创建 Volume 的工作流程

创建 Volume 时，Cinder 组件工作流程如图 5-11 所示。

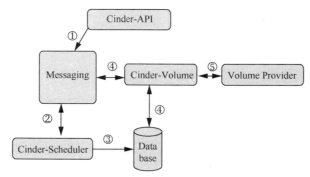

图5-11　Cinder组件工作流程示意

① Cinder-API 收到用户发出创建卷的请求后，会将请求发到 Messaging 消息队列中；

② Cinder-Scheduler 从 Messaging 消息队列中收到消息后，通过算法选出合适的 Cinder-Volume 节点。并将结果发送到 Messaging 消息队列中；

③ 同时 Cinder-Scheduler 会向 Database 数据库中写入数据；

④ 被选到的 Cinder-Volume 从 Messaging 消息队列中接到消息后到 Database 数据库进行查询和校验是否正确；

⑤ 校验后，Cinder-Volume 通过 Driver 驱动在 Volume Provider 创建出 Volume。

以上就是 Cinder 创建出 Volume 简单的工作流程。我们可以清晰地了解 Cinder 组件之间的协同配合。

5.1.4　OpenStack部署架构介绍

OpenStack 是个分布式的系统，如何把 OpenStack 的各个项目、组件安装到实际的服务器节点和实际的存储设备上，如何把它们通过网络连接起来，这就是 OpenStack 的架构部署。

OpenStack 架构的部署大致分为单节点部署、多节点部署两种。

单节点部署是所有的模块组件都部署在一台服务器上，也就是一个节点。这种部署环境适用于开发、学习 OpenStack，不能应用在实际的生产中。

多节点部署也就是集群部署，OpenStack 的模块组件分别部署在多台服务器上。

部署 OpenStack 的架构并不是一成不变的，我们要根据实际的需求设计不同的实施方案。在实际生产过程中，我们首先要对计算、网络、存储所需要的资源进行规划，虽然我们现在用的云计算技术，比传统的 IT 架构在资源规划方面的困难和工作量要小一些，但是还是需要有一个规划，这里学习了解复杂的部署。

（1）三种网络

管理网络是指 OpenStack 的管理节点或它的管理服务对其他的节点进行管理的网络，他们之间有"不同组件之间的 API 调用，虚拟机之间的迁移"等。

存储网络是计算节点访问存储服务的网络，包括存储设备读写数据的流量。

服务网络是由 OpenStack 管理的虚拟机对外提供服务的网络，服务器上通常是一台服务器上有好几块网卡、好几个网口，我们可以给各个网络做隔离。隔离的好处是，它们的流量不会交叉，比如，我们在读写存储设备数据的时候，可能存储网络上的流量特别大，但是它不会影响这些节点对外提供服务；同样，在我们做虚拟机迁移的时候，可能管理网络上的数据流量会非常大，但是它不会影响这些计算节点对存储设备的读写性能。

（2）4 种节点

控制节点是 OpenStack 的管理节点，OpenStack 的大部分服务是运行在控制节点上的，比如 Keystone 的认证服务、虚拟机镜像管理服务 Glance 等。

计算节点指的是实际运行虚拟机的节点。

存储节点是提供对象存储的 Swift 的节点或是 Swift 集群的 Proxy 节点，也可以是其他服务的存储后端。

网络节点可实现网关和路由的功能。

注意：有些服务可以直接部署在 Controller 节点上或者直接部署在控制节点上，但是特别需要说明的一点是，Nova 和 Neutron 这两个组件必须采用分布式部署。还有，Nova-Compute 是控制和管理虚拟机的，所以必须部署在计算节点上，而 Nova 的其他几个服务则应该部署在控制节点上，特别需要强调的是，Nova-Compute 和 Nova-Conducter 一定不能部署在同一个节点上，把这两个分开就是为了解耦。

在规模较大的情况下，需要把各种管理服务部署到不同的服务器上，即把这些服务拆开部署到不同的节点上，甚至要把同一个服务的不同组件也拆开部署。比如，我们可以把 Nova 的数据库独立出来部署成一个 MySQL 数据库集群，还可将 Cinder 里面的 Scheduler 和 Volume 部署到不同的节点上。实际上因为 Swift 项目具有一定的独立性，所以 Swift 本身就有跨地域部署的环境，它的服务的可用性极高，可以提供极高可用性和极强数据持久性的对象存储服务。于是，很容易地对 OpenStack 的系统及服务进行横向扩展。所有的这些都得益于 OpenStack 设计时采用 SOA 架构。

出于高可用的考虑，我们会把 OpenStack 的同一个服务部署到不同的节点上，形成双机热备份或者多机热备份的高可用集群（或者用负载均衡集群）。

5.1.5　任务回顾

 知识点总结

1. OpenStack 的起源和版本介绍。
2. OpenStack 整体介绍包括各个服务模块、API、消息队列、认证机制、文件存储等。

3. OpenStack 常见服务模块的架构工作机制、名字及概念。

4. OpenStack 常见的部署架构以及逻辑架构。

学习足迹

任务一学习足迹如图 5-12 所示。

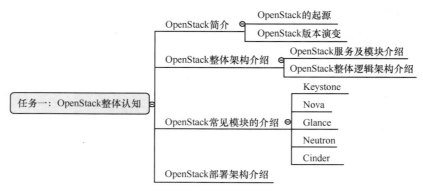

图5-12　任务一学习足迹

思考与练习

1. 简述 OpenStack 每个版本的服务模块有哪些。

2. OpenStack 目前最新版本是多少？

3. 简述 OpenStack 常见服务模块的工作原理，并画图说明。

4. 简述什么是计算节点，什么是存储节点，什么是网络节点，什么是控制节点。

5. 简述 OpenStack 三种网络的作用。

5.2　任务二：OpenStack 部署

【任务描述】

我们学习了 OpenStack 的基础知识。接下来，我们将学习如何部署一个属于自己的私有云平台，我们可以利用 OpenStack 管理和创建 VM 实例，让我们可以更好地理解云计算技术为我们的生活带来的巨大变革。

5.2.1　OpenStack环境准备

1. 环境说明

在此次部署示例中，我们将使用 yum 源的网络安装，手动部署 OpenStack-Newton

Vxlan 模式。我们将 OpenStack 的 5 个核心服务模块（Keystone、Nova、Glance、Neutron、Cinder）+ Horzion 模块，部署在两个节点中，两个节点服务器均采用 VMware 虚拟服务器，操作系统则采用 CentOS7.4 字符界面。具体部署如图 5-13 所示。

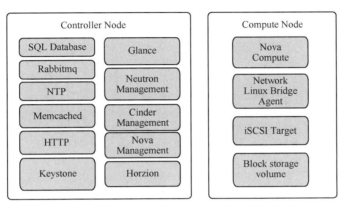

图5-13 部署示意

（1）服务器配置要求

服务器配置见表 5-3。

表5-3 服务器配置

	CPU/颗	网卡/块	硬盘/GB	内存/GB
Controller Node	4	3	50	4
Compute Node	4	3	100	2

（2）IP 规划

网卡 IP 规划见表 5-4。

表5-4 网卡IP规划

	Management	Ext	Tun
Controller Node	ens34 10.1.1.10/24	ens33 192.168.14.251/24	ens35 10.1.2.10/24
Compute Node	ens34 10.1.1.11/24	ens33 192.168.14.252/24	ens35 10.1.2.11/24

① Management：管理网络，OpenStack 各个模块的直接交互需要通过这个网络。此网络不需要连接外网，服务器之间可通信即可。

② Ext：外部网络，用户可以通过此网络来远程登录虚拟机。此网络必须允许外部访问。

③ Tun：隧道网络也称映射网络，使用 Vxlan 或者 Gre 网络时，需要此网络。此网络不需要连接外网，服务器内部可通信即可。

2. 环境准备

（1）宿主机要求

检查 BIOS 支持 Intel VT 或 AMD SVM。

确认 BIOS 选项中有虚拟化支持并开启"Intel(R) Virtualization Tech [Enable]"。

（2）VMware Workstation12Pro——虚拟化软件（64 位 CPU 支持虚拟化 VT-xorAMD-V）

VMware Workstation 如图 5-14 所示。

图5-14　VMware Workstation

（3）Xshell——远程连接

Xshell 如图 5-15 所示。

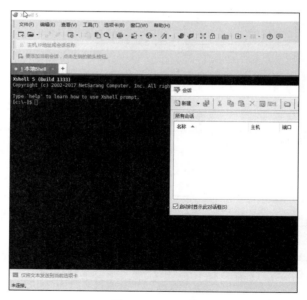

图5-15　Xshell

（4）系统镜像：CentOS 7.4.1611 镜像

系统镜像如图 5-16 所示。

| CentOS-7-x86_64-Minimal-1708 | 2017/12/14 16:34 | 好压 ISO 压缩文件 | 811,008 KB |

图5-16　系统镜像

（5）WinSCP——传输软件

WinSCP 如图 5-17 所示。

图5-17　WinSCP

3. 创建服务器

（1）修改服务器虚拟网卡设置

我们部署服务的服务器需要三块网卡，第一块网卡 Ext，为外部网络选择桥接模式；第二块网卡 Management，为管理网络选择仅主机模式；第三块网卡 Tun，为网络选择仅主机模式。

编辑→虚拟网络编辑器→更改设置→移除网络→添加网络。

第一块网卡：桥接模式，桥接到"走"数据的网卡。虚拟网卡名称：VMnet0，第一块网卡配置如图 5-18 所示。

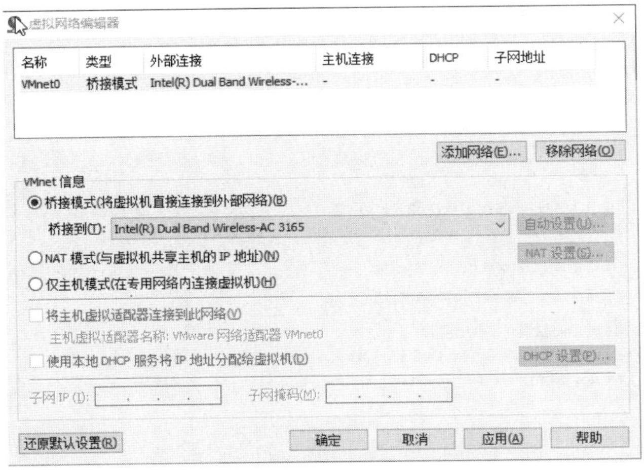

图5-18　第一块网卡配置

第二块网卡：仅主机模式，子网 IP：10.1.1.0 ，子网掩码：255.255.255.0，虚拟网卡名称：VMnet1，具体配置如图 5-19 所示。

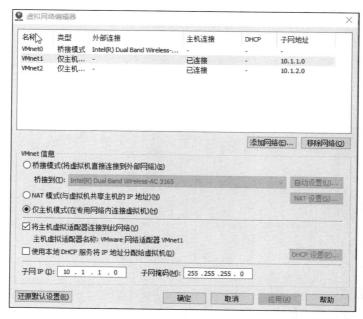

图5-19　第二块网卡配置

第三块网卡：仅主机模式，子网 IP：10.1.2.0，子网掩码：255.255.255.0，虚拟网卡名称：VMnet2，具体配置如图 5-20 所示。

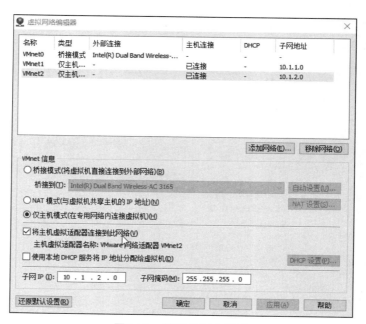

图5-20　第三块网卡配置

（2）创建虚拟机

为了更好地掌握部署过程，我们为两台虚拟机取名：N_controller 与 N_compute，二者分别对应 Controller Node 与 Compute Node。

N_controller 虚拟机配置如图 5-21 所示。

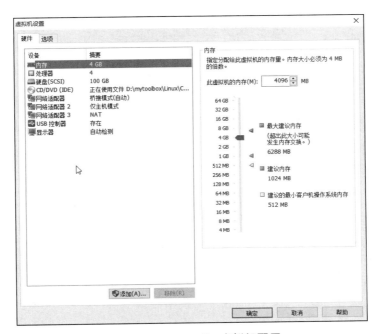

图5-21　N_controller虚拟机配置

N_compute 虚拟机配置如图 5-22 所示。

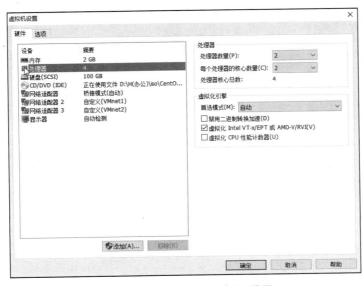

图5-22　N_compute虚拟机配置

注意：Compute Node 需要开启 VT 虚拟化加速。硬盘空间设置为 100GB。

（3）安装操作系统

我们在此说明需要注意的地方。

① 两台虚拟机操作系统为最小化安装，以避免版本的冲突。设置相同时区，保证时间同步，如图 5-23 所示。

图5-23　最小化安装

② 设置 Root 管理员密码，如图 5-24 所示。

图5-24　Root密码

③安装完成后，建议保存初始快照。一旦发生错误，可以恢复初始状态重新部署。单击"管理此虚拟机的快照"，如图 5-25 所示。

图5-25　管理虚拟机快照

单击"拍摄快照",如图 5-26 所示。

图5-26　拍摄快照

4. 部署前准备

(1) 修改主机名

1) Controller Node

```
[root@bogon ~]# hostnamectl set-hostname controller
[root@bogon ~]# hostname
```

主机名如图 5-27 所示。

cotroller

图5-27　主机名

2) Compute Node

```
[root@bogon ~]# hostnamectl set-hostname compute
[root@bogon ~]# hostname
```

主机名如图 5-28 所示。

compute

图5-28　主机名

解释：使用 hostnamectl 命令修改主机名，需要重新登录才能生效，我们在此处不需要重新登录，等所有参数配置完成后再重新登录。

（2）配置 IP 地址

1）Controller Node

```
[root@bogon network-scripts]# vi /etc/sysconfig/network-scripts/
ifcfg-ens33
```

ens33 网卡配置文件如图 5-29 所示。

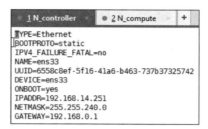

图5-29　ens33 网卡配置文件

查看 bogon network-scripts 日志文件。

```
[root@bogon network-scripts]# vi /etc/sysconfig/network-scripts/
ifcfg-ens34
```

ens34 网卡配置文件如图 5-30 所示。

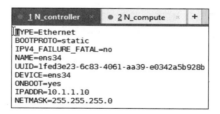

图5-30　ens34 网卡配置文件

查看 bogon network-scripts 日志文件。

```
[root@bogon network-scripts]# vi /etc/sysconfig/network-scripts/
ifcfg-ens35
```

ens35 网卡配置文件如图 5-31 所示。

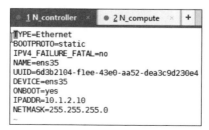

图5-31　ens35 网卡配置文件

查看 bogon network-scripts 文件如下。

```
[root@bogon network-scripts]#systemctl restart network
[root@bogon network-scripts]# ip -a
```

查看网卡 IP 信息如图 5-32 所示。

```
1: lo: <LOOPBACK,UP,LOWER_UP> mtu 65536 qdisc noqueue state UNKNOWN qlen 1
    link/loopback 00:00:00:00:00:00 brd 00:00:00:00:00:00
    inet 127.0.0.1/8 scope host lo
        valid_lft forever preferred_lft forever
    inet6 ::1/128 scope host
        valid_lft forever preferred_lft forever
2: ens33: <BROADCAST,MULTICAST,UP,LOWER_UP> mtu 1500 qdisc pfifo_fast state UP qlen 1000
    link/ether 00:0c:29:0f:b5:98 brd ff:ff:ff:ff:ff:ff
    inet 192.168.14.251/20 brd 192.168.15.255 scope global ens33
        valid_lft forever preferred_lft forever
    inet6 fe80::20c:29ff:fe0f:b598/64 scope link
        valid_lft forever preferred_lft forever
3: ens34: <BROADCAST,MULTICAST,UP,LOWER_UP> mtu 1500 qdisc pfifo_fast state UP qlen 1000
    link/ether 00:0c:29:0f:b5:a2 brd ff:ff:ff:ff:ff:ff
    inet 10.1.1.10/24 brd 10.1.1.255 scope global ens34
        valid_lft forever preferred_lft forever
    inet6 fe80::20c:29ff:fe0f:b5a2/64 scope link
        valid_lft forever preferred_lft forever
4: ens35: <BROADCAST,MULTICAST,UP,LOWER_UP> mtu 1500 qdisc pfifo_fast state UP qlen 1000
    link/ether 00:0c:29:0f:b5:ac brd ff:ff:ff:ff:ff:ff
    inet 10.1.2.10/24 brd 10.1.2.255 scope global ens35
        valid_lft forever preferred_lft forever
    inet6 fe80::20c:29ff:fe0f:b5ac/64 scope link
        valid_lft forever preferred_lft forever
```

图5-32 查看网卡IP信息

2）Compute Node

```
[root@bogon network-scripts]# vi /etc/sysconfig/network-scripts/
ifcfg-ens33
```

ens33 网卡配置文件如图 5-33 所示。

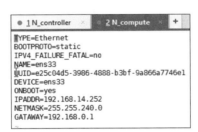

图5-33 ens33 网卡配置文件

查看 bogon network-scripts 日志文件。

```
[root@bogon network-scripts]# vi /etc/sysconfig/network-scripts/
ifcfg-ens34
```

ens34 网卡配置文件如图 5-34 所示。

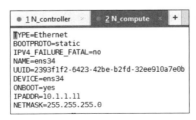

图5-34 ens34 网卡配置文件

查看 bogon network-scripts 日志文件。

```
[root@bogon network-scripts]# vi /etc/sysconfig/network-scripts/
ifcfg-ens35
```

ens35 网卡配置文件如图 5-35 所示。

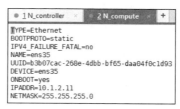

图5-35　ens35网卡配置文件

查看 bogon network-scripts 文件如下。

```
[root@bogon network-scripts]#systemctl restart network
[root@bogon network-scripts]# ip a
```

查看网卡 IP 信息如图 5-36 所示。

```
1: lo: <LOOPBACK,UP,LOWER_UP> mtu 65536 qdisc noqueue state UNKNOWN qlen 1
    link/loopback 00:00:00:00:00:00 brd 00:00:00:00:00:00
    inet 127.0.0.1/8 scope host lo
        valid_lft forever preferred_lft forever
    inet6 ::1/128 scope host
        valid_lft forever preferred_lft forever
2: ens33: <BROADCAST,MULTICAST,UP,LOWER_UP> mtu 1500 qdisc pfifo_fast state UP qlen 1000
    link/ether 00:0c:29:d4:78:4b brd ff:ff:ff:ff:ff:ff
    inet 192.168.14.252/20 brd 192.168.15.255 scope global ens33
        valid_lft forever preferred_lft forever
    inet6 fe80::20c:29ff:fed4:784b/64 scope link
        valid_lft forever preferred_lft forever
3: ens34: <BROADCAST,MULTICAST,UP,LOWER_UP> mtu 1500 qdisc pfifo_fast state UP qlen 1000
    link/ether 00:0c:29:d4:78:55 brd ff:ff:ff:ff:ff:ff
    inet 10.1.1.11/24 brd 10.1.1.255 scope global ens34
        valid_lft forever preferred_lft forever
    inet6 fe80::20c:29ff:fed4:7855/64 scope link
        valid_lft forever preferred_lft forever
4: ens35: <BROADCAST,MULTICAST,UP,LOWER_UP> mtu 1500 qdisc pfifo_fast state UP qlen 1000
    link/ether 00:0c:29:d4:78:5f brd ff:ff:ff:ff:ff:ff
    inet 10.1.2.11/24 brd 10.1.2.255 scope global ens35
        valid_lft forever preferred_lft forever
    inet6 fe80::20c:29ff:fed4:785f/64 scope link
        valid_lft forever preferred_lft forever
```

图5-36　查看网卡IP信息

（3）修改 hosts 文件

1）Controller Node

[root@bogon ~]# vi /etc/hosts

```
10.1.1.10 controller
10.1.1.11 compute
[root@bogon ~]# ping -c 4 controller
```

Ping controller 主机名验证 hosts 文件生效如图 5-37 所示。

```
PING controller (10.1.1.10) 56(84) bytes of data.
64 bytes from controller (10.1.1.10): icmp_seq=1 ttl=64 time=0.047 ms
64 bytes from controller (10.1.1.10): icmp_seq=2 ttl=64 time=0.058 ms
64 bytes from controller (10.1.1.10): icmp_seq=3 ttl=64 time=0.066 ms
64 bytes from controller (10.1.1.10): icmp_seq=4 ttl=64 time=0.058 ms

--- controller ping statistics ---
4 packets transmitted, 4 received, 0% packet loss, time 3001ms
rtt min/avg/max/mdev = 0.047/0.057/0.066/0.008 ms
```

图5-37　Ping controller主机名验证hosts文件生效

查看 bogon ～文件如下。

```
[root@bogon ~]# ping -c 4 compute
```

Ping compute 主机名验证 hosts 文件生效如图 5-38 所示。

```
PING compute (10.1.1.11) 56(84) bytes of data.
64 bytes from compute (10.1.1.11): icmp_seq=1 ttl=64 time=0.313 ms
64 bytes from compute (10.1.1.11): icmp_seq=2 ttl=64 time=0.281 ms
64 bytes from compute (10.1.1.11): icmp_seq=3 ttl=64 time=0.297 ms
64 bytes from compute (10.1.1.11): icmp_seq=4 ttl=64 time=0.310 ms

--- compute ping statistics ---
4 packets transmitted, 4 received, 0% packet loss, time 3004ms
rtt min/avg/max/mdev = 0.281/0.300/0.313/0.017 ms
```

图5-38　Ping compute主机名验证hosts文件生效

2）Controller Node

[root@bogon ~]# vi /etc/hosts

```
10.1.1.10 controller
10.1.1.11 compute
[root@bogon ~]# ping -c 4 controller
```

Ping controller 主机名验证 hosts 文件生效如图 5-39 所示。

```
PING controller (10.1.1.10) 56(84) bytes of data.
64 bytes from controller (10.1.1.10): icmp_seq=1 ttl=64 time=0.047 ms
64 bytes from controller (10.1.1.10): icmp_seq=2 ttl=64 time=0.058 ms
64 bytes from controller (10.1.1.10): icmp_seq=3 ttl=64 time=0.066 ms
64 bytes from controller (10.1.1.10): icmp_seq=4 ttl=64 time=0.058 ms

--- controller ping statistics ---
4 packets transmitted, 4 received, 0% packet loss, time 3001ms
rtt min/avg/max/mdev = 0.047/0.057/0.066/0.008 ms
```

图5-39　Ping controller主机名验证hosts文件生效

查看 bogon ～文件如下。

```
[root@bogon ~]# ping -c 4 compute
```

Ping compute 主机名验证 hosts 文件生效如图 5-40 所示。

```
PING compute (10.1.1.11) 56(84) bytes of data.
64 bytes from compute (10.1.1.11): icmp_seq=1 ttl=64 time=0.313 ms
64 bytes from compute (10.1.1.11): icmp_seq=2 ttl=64 time=0.281 ms
64 bytes from compute (10.1.1.11): icmp_seq=3 ttl=64 time=0.297 ms
64 bytes from compute (10.1.1.11): icmp_seq=4 ttl=64 time=0.310 ms

--- compute ping statistics ---
4 packets transmitted, 4 received, 0% packet loss, time 3004ms
rtt min/avg/max/mdev = 0.281/0.300/0.313/0.017 ms
```

图5-40　Ping compute主机名验证hosts文件生效

（4）关闭防火墙，并重启

1）Controller Node

```
[root@bogon ~]# systemctl disable firewalld
[root@bogon ~]# systemctl stop firewalld
[root@bogon ~]# systemctl status firewalld
```

关闭防火墙如图 5-41 所示。

```
● firewalld.service - firewalld - dynamic firewall daemon
   Loaded: loaded (/usr/lib/systemd/system/firewalld.service; disabled; vendor preset: enabled)
   Active: inactive (dead)
     Docs: man:firewalld(1)
```

图5-41　关闭防火墙

查看 bogon ～文件如下。

```
[root@bogon ~]# vi /etc/selinux/config
```

关闭 selinux 防火墙如图 5-42 所示。

```
# This file controls the state of SELinux on the system.
# SELINUX= can take one of these three values:
#     enforcing - SELinux security policy is enforced.
#     permissive - SELinux prints warnings instead of enforcing.
#     disabled - No SELinux policy is loaded.
SELINUX=disabled
# SELINUXTYPE= can take one of three two values:
#     targeted - Targeted processes are protected,
#     minimum - Modification of targeted policy. Only selected processes are protected.
#     mls - Multi Level Security protection.
SELINUXTYPE=targeted
```

图5-42　关闭selinux防火墙

注意：SELINUX=enforcing 改成 SELINUX=disabled

```
[root@bogon ~]# reboot
```

2）Compute Node

```
[root@bogon ~]# systemctl disable firewalld
[root@bogon ~]# systemctl stop firewalld
[root@bogon ~]# systemctl status firewalld
```

关闭防火墙如图 5-43 所示。

```
● firewalld.service - firewalld - dynamic firewall daemon
   Loaded: loaded (/usr/lib/systemd/system/firewalld.service; disabled; vendor preset: enabled)
   Active: inactive (dead)
     Docs: man:firewalld(1)
```

图5-43　关闭防火墙

查看 bogon ～文件如下。

```
[root@bogon ~]# vi /etc/selinux/config
```

如图 5-44 所示，关闭 selinux 防火墙。

```
# This file controls the state of SELinux on the system.
# SELINUX= can take one of these three values:
#     enforcing - SELinux security policy is enforced.
#     permissive - SELinux prints warnings instead of enforcing.
#     disabled - No SELinux policy is loaded.
SELINUX=disabled
# SELINUXTYPE= can take one of three two values:
#     targeted - Targeted processes are protected,
#     minimum - Modification of targeted policy. Only selected processes are protected.
#     mls - Multi Level Security protection.
SELINUXTYPE=targeted
```

图5-44　关闭selinux防火墙

注意：将 SELINUX=enforcing 改成 SELINUX=disabled。

```
[root@bogon ~]# reboot
```

5. 安装配置 OpenStack packages（官方资源库）

CentOS 提供了启用 OpenStack 存储库的 RPM。CentOS 包含存储库，所以我们只需要 YUM 安装包，即可启用 OpenStack 存储库。安装时，必须按照此顺序安装，否则可能出现软件冲突的情况。

Controller Node 和 Compute Node 都执行以下操作。

（1）安装 OpenStack 资源库

```
[root@controller ~]# yum install centos-release-openstack-newton -y
```

（2）更新所有软件包

```
[root@controller ~]# yum upgrade -y
```

（3）安装 OpenStack 客户端

```
[root@controller ~]# yum install python-openstackclient -y
```

（4）安装 OpenStack 自动管理服务的安全策略

```
[root@controller ~]# yum install openstack-selinux -y
```

6. 安装配置 HTTP 服务

Controller Node 执行。

（1）安装 HTTP 服务

```
[root@controller ~]# yum install httpd -y
```

（2）开启 HTTP 服务，设为开启自启动

```
[root@controller ~]# systemctl enable httpd
[root@controller ~]# systemctl start httpd
[root@controller ~]# systemctl status httpd
```

查看 httpd 状态如图 5-45 所示。

```
● httpd.service - The Apache HTTP Server
   Loaded: loaded (/usr/lib/systemd/system/httpd.service; enabled; vendor preset: disabled)
   Drop-In: /usr/lib/systemd/system/httpd.service.d
            └─openstack-dashboard.conf
   Active: active (running) since 四 2017-12-14 14:24:59 CST; 4h 44min ago
     Docs: man:httpd(8)
           man:apachectl(8)
  Process: 6743 ExecStop=/bin/kill -WINCH ${MAINPID} (code=exited, status=0/SUCCESS)
  Process: 6789 ExecStartPre=/usr/bin/python /usr/share/openstack-dashboard/manage.py compr
  Process: 6762 ExecStartPre=/usr/bin/python /usr/share/openstack-dashboard/manage.py colle
 Main PID: 6813 (httpd)
   Status: "Total requests: 767; Current requests/sec: 0; Current traffic:    0 B/sec"
   CGroup: /system.slice/httpd.service
           ├─6813 /usr/sbin/httpd -DFOREGROUND
           ├─6814 /usr/sbin/httpd -DFOREGROUND
           ├─6815 (wsgi:keystone- -DFOREGROUND
           ├─6816 (wsgi:keystone- -DFOREGROUND
           ├─6817 (wsgi:keystone- -DFOREGROUND
           ├─6818 (wsgi:keystone- -DFOREGROUND
           ├─6819 (wsgi:keystone- -DFOREGROUND
           ├─6837 (wsgi:keystone- -DFOREGROUND
           ├─6850 (wsgi:keystone- -DFOREGROUND
           └─6857 (wsgi:keystone- -DFOREGROUND
```

图5-45 查看httpd状态（running）

（3）验证安装

在本地的宿主机的浏览器中输入 HTTP 服务所在主机的 IP，如图 5-46 所示，表示成功。

图5-46 测试HTTP

（4）配置 HTTP 服务

编辑 /etc/httpd/conf/httpd.conf 配置文件，并修改 95 行，重启 HTTP 服务。

```
[root@controller ~]# vi /etc/httpd/conf/httpd.conf
ServerName controller
[root@controller ~]# systemctl restart network
```

7. 安装配置 Memcached 服务

Controller Node 执行。

（1）安装 Memcached 服务

```
yum install memcached python-memcached -y
```

（2）开启 Memcached 服务，设为开启自启动

```
[root@controller ~]# systemctl enable memcached
[root@controller ~]# systemctl start memcached
[root@controller ~]# systemctl status memcached
```

查看 Memcached 状态如图 5-47 所示。

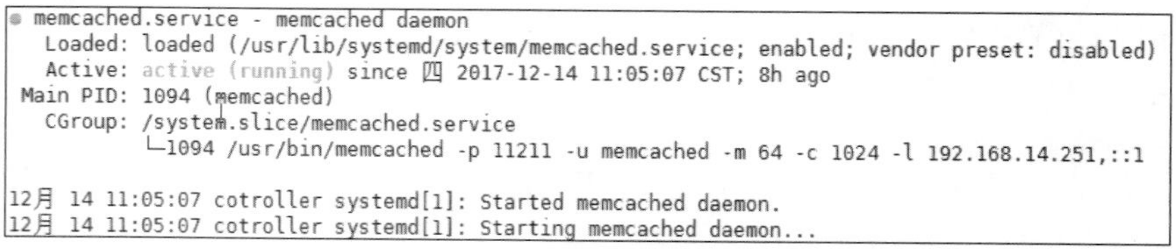

```
● memcached.service - memcached daemon
   Loaded: loaded (/usr/lib/systemd/system/memcached.service; enabled; vendor preset: disabled)
   Active: active (running) since 四 2017-12-14 11:05:07 CST; 8h ago
 Main PID: 1094 (memcached)
   CGroup: /system.slice/memcached.service
           └─1094 /usr/bin/memcached -p 11211 -u memcached -m 64 -c 1024 -l 192.168.14.251,::1

12月 14 11:05:07 cotroller systemd[1]: Started memcached daemon.
12月 14 11:05:07 cotroller systemd[1]: Starting memcached daemon...
```

图5-47　查看Memcached状态

（3）配置 Memcached 服务

编辑 /etc/sysconfig/memcached 配置文件，让其他节点能够通过管理网络进行访问。

```
[root@controller_node ~]# vi /etc/sysconfig/memcached
```

Memcached 配置文件如图 5-48 所示。

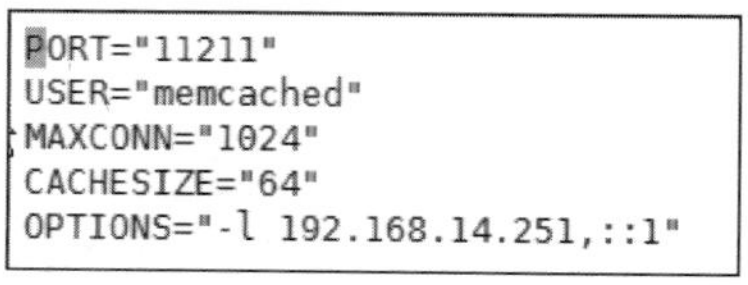

```
PORT="11211"
USER="memcached"
MAXCONN="1024"
CACHESIZE="64"
OPTIONS="-l 192.168.14.251,::1"
```

图5-48　Memcached配置文件

8. 安装配置 SQL database

Controller Node 执行

（1）安装 MariaDB

```
[root@controller ~]# yum install mariadb mariadb-server python2-PyMySQL -y
```

（2）配置 MariaDB

```
[root@controller ~]# vi /etc/my.cnf.d/openstack.cnf
```

创建 /etc/my.cnf.d/openstack.cnf 文件，并编辑。

MariaDB 配置文件如图 5-49 所示。

```
[mysqld]
bind-address = 192.168.14.251  ##controller_node IP
default-storage-engine = innodb
innodb_file_per_table
max_connections = 4096
collation-server = utf8_general_ci
character-set-server = utf8
```

图5-49　MariaDB配置文件

（3）开启 MariaDB 服务，设置开机自启动，并初始化数据库。

```
[root@controller ~]# systemctl start mariadb
[root@controller ~]# systemctl enable mariadb
[root@controller ~]# systemctl status mariadb
```

查看 MariaDB 状态如图 5-50 所示。

```
● mariadb.service - MariaDB 10.1 database server
   Loaded: loaded (/usr/lib/systemd/system/mariadb.service; enabled; vendor preset: disabled)
   Active: active (running) since 四 2017-12-14 11:05:58 CST; 8h ago
  Process: 1721 ExecStartPost=/usr/libexec/mysql-check-upgrade (code=exited, status=0/SUCCESS)
  Process: 1258 ExecStartPre=/usr/libexec/mysql-prepare-db-dir %n (code=exited, status=0/SUCCESS)
  Process: 1085 ExecStartPre=/usr/libexec/mysql-check-socket (code=exited, status=0/SUCCESS)
 Main PID: 1384 (mysqld)
   Status: "Taking your SQL requests now..."
   CGroup: /system.slice/mariadb.service
           └─1384 /usr/libexec/mysqld --basedir=/usr

12月 14 11:05:07 cotroller systemd[1]: Starting MariaDB 10.1 database server...
12月 14 11:05:09 cotroller mysql-prepare-db-dir[1258]: Database MariaDB is probably initialized i...e.
12月 14 11:05:09 cotroller mysql-prepare-db-dir[1258]: If this is not the case, make sure the /va...r.
12月 14 11:05:12 cotroller mysqld[1384]: 2017-12-14 11:05:12 140664098953408 [Note] /usr/libexe... ...
12月 14 11:05:58 cotroller systemd[1]: Started MariaDB 10.1 database server.
Hint: Some lines were ellipsized, use -l to show in full.
```

图5-50　查看MariaDB状态

查看 controller ～文件如下。

```
root@controller ~]# mysql_secure_installation
Enter current password for root (enter for none):<- 初次运行直接回车
Set root password? [Y/n] <- 是否设置 root 用户密码，输入 y 并回车或直接回车
New password: <- 设置 root 用户的密码
Re-enter new password: <- 再输入一次你设置的密码
注意：我们在这里设置的密码是：gg
Remove anonymous users? [Y/n] <- 是否删除匿名用户，回车
Disallow root login remotely? [Y/n] <- 是否禁止 root 远程登录，回车
Remove test database and access to it? [Y/n] <- 是否删除 test 数据库，回车
Reload privilege tables now? [Y/n] <- 是否重新加载权限表，回车
```

9. 安装配置 Network Time Protocol（NTP）

（1）Controller Node

1）安装 chronyd

```
[root@controller ~]# yum install chrony -y
```

2）配置 chronyd

编辑 /etc//etc/chrony.conf 配置文件，并编辑第 7 行和第 26 行。

```
[root@controller ~]# vi /etc/chrony.conf
```

chronyd 配置文件如图 5-51 所示。

```
 6 server 3.centos.pool.ntp.org iburst
 7 server NTP_SERVER iburst
25 # Allow NTP client access from local network.
26 allow 192.168.14.0/20
```

图5-51　chronyd配置文件

3）开启 chronyd 服务，并设置开机自启动。

```
[root@controller ~]# systemctl enable chronyd
[root@controller ~]# systemctl start chronyd
[root@controller ~]# systemctl status chronyd
```

查看 chronyd 状态如图 5-52 所示。

```
● chronyd.service - NTP client/server
   Loaded: loaded (/usr/lib/systemd/system/chronyd.service; enabled; vendor preset: enabled)
   Active: active (running) since 四 2017-12-14 01:02:33 CST; 18h ago
     Docs: man:chronyd(8)
           man:chrony.conf(5)
  Process: 713 ExecStartPost=/usr/libexec/chrony-helper update-daemon (code=exited, status=0/SUCCESS)
  Process: 697 ExecStart=/usr/sbin/chronyd $OPTIONS (code=exited, status=0/SUCCESS)
 Main PID: 706 (chronyd)
   CGroup: /system.slice/chronyd.service
           └─706 /usr/sbin/chronyd

12月 14 18:15:45 controller chronyd[706]: System clock wrong by 1743044.154670 seconds, adjustment started
12月 14 18:18:39 controller chronyd[706]: Selected source 120.25.115.20
12月 14 18:30:05 controller chronyd[706]: Source 61.216.153.105 replaced with 202.118.1.130
12月 14 18:36:33 controller chronyd[706]: Selected source 202.118.1.130
12月 14 19:12:49 controller chronyd[706]: Source 163.172.177.158 replaced with 203.135.184.123
12月 14 19:15:21 controller chronyd[706]: Selected source 85.254.217.3
12月 14 19:16:05 controller chronyd[706]: Can't synchronise: no majority
12月 14 19:18:04 controller chronyd[706]: Selected source 120.25.115.20
12月 14 19:18:04 controller chronyd[706]: System clock wrong by 3.525948 seconds, adjustment started
12月 14 19:19:40 controller chronyd[706]: Selected source 202.118.1.130
```

图5-52　查看chronyd状态

（2）Compute Node

1）安装 chronyd

```
[root@compute ~]# yum install chrony -y
```

2）配置 chronyd

编辑 /etc/chrony.conf 配置文件，并编辑第 7 行。

```
[root@compute~]# vi /etc/chrony.conf
```

chronyd 配置文件如图 5-53 所示。

```
  7 server controller_node iburst
```

图5-53　chronyd配置文件

3）开启 chronyd 服务，并设置开机自启动

```
[root@compute ~]# systemctl enable chronyd
[root@compute ~]# systemctl start chronyd
[root@compute ~]# systemctl status chronyd
```

查看 chronyd 状态如图 5-54 所示。

```
● chronyd.service - NTP client/server
   Loaded: loaded (/usr/lib/systemd/system/chronyd.service; enabled; vendor preset: enabled)
   Active: active (running) since 四 2018-01-04 16:54:40 CST; 1h 15min ago
     Docs: man:chronyd(8)
           man:chrony.conf(5)
  Process: 772 ExecStartPost=/usr/libexec/chrony-helper update-daemon (code=exited, status=0/SUCCESS)
  Process: 760 ExecStart=/usr/sbin/chronyd $OPTIONS (code=exited, status=0/SUCCESS)
 Main PID: 769 (chronyd)
   CGroup: /system.slice/chronyd.service
           └─769 /usr/sbin/chronyd

1月 04 16:54:40 compute systemd[1]: Starting NTP client/server...
1月 04 16:54:40 compute chronyd[769]: chronyd version 3.1 starting (+CMDMON +NTP +REFCLOCK +RTC...BUG)
1月 04 16:54:40 compute chronyd[769]: Frequency 8.006 +/- 1.186 ppm read from /var/lib/chrony/drift
1月 04 16:54:40 compute systemd[1]: Started NTP client/server.
Hint: Some lines were ellipsized, use -l to show in full.
```

图5-54　查看chronyd状态

（3）验证

1）Controller Node

```
[root@controller ~]# chronyc sources
```

验证时间同步如图 5-55 所示。

```
210 Number of sources = 4
MS Name/IP address         Stratum Poll Reach LastRx Last sample
===============================================================================
^- 203.135.184.123               1   9    0   26m    -10ms[-9559us] +/-  175ms
^- 85.254.217.3                  2   8    0   25m    -55ms[  -55ms] +/-  183ms
^? 120.25.115.20                 2   8    0   26m    -17ms[  -17ms] +/-   64ms
^? 202.118.1.130                 2   7    0   27m   +109us[ +811us] +/-   23ms
```

图5-55　验证时间同步

2）Compute Node

```
[root@compute ~]# chronyc sources
```

验证时间同步如图 5-56 所示。

```
210 Number of sources = 1
MS Name/IP address         Stratum Poll Reach LastRx Last sample
===============================================================================
^? controller                    0  10    0    -     +0ns[   +0ns] +/-    0ns
```

图5-56　验证时间同步

10. 安装配置 Message Queue

Controller Node 执行

（1）安装 rabbitmq-server

```
[root@controller_node ~]# yum install rabbitmq-server -y
```

（2）开启 rabbitmq-server 服务，并设置为开机自启动

```
[root@controller ~]# systemctl enable rabbitmq-server
[root@controller ~]# systemctl restart rabbitmq-server
[root@controller ~]# systemctl status rabbitmq-server
```

查看 rabbitmq-server 状态如图 5-57 所示。

```
● rabbitmq-server.service - RabbitMQ broker
   Loaded: loaded (/usr/lib/systemd/system/rabbitmq-server.service; enabled; vendor preset: disabled)
   Active: active (running) since 四 2017-12-14 11:07:20 CST; 8h ago
 Main PID: 1099 (beam.smp)
   Status: "Initialized"
   CGroup: /system.slice/rabbitmq-server.service
           ├─ 1099 /usr/lib64/erlang/erts-7.3.1.2/bin/beam.smp -W w -A 64 -P 1048576 -t 5000000 -stbt 
           ├─ 1937 inet_gethost 4
           └─13119 inet_gethost 4

12月 14 11:05:07 cotroller systemd[1]: Starting RabbitMQ broker...
12月 14 11:06:42 cotroller rabbitmq-server[1099]: RabbitMQ 3.6.5. Copyright (C) 2007-2016 Pivotal Softw
12月 14 11:06:42 cotroller rabbitmq-server[1099]: ## ##      Licensed under the MPL.  See http://www.
12月 14 11:06:42 cotroller rabbitmq-server[1099]: ## ##
12月 14 11:06:42 cotroller rabbitmq-server[1099]: ##########      Logs: /var/log/rabbitmq/rabbit@cotroller
12月 14 11:06:42 cotroller rabbitmq-server[1099]: ######  ##            /var/log/rabbitmq/rabbit@cotroller
12月 14 11:06:42 cotroller rabbitmq-server[1099]: ##########
12月 14 11:06:42 cotroller rabbitmq-server[1099]: Starting broker...
12月 14 11:07:20 cotroller systemd[1]: Started RabbitMQ broker.
12月 14 11:07:22 cotroller rabbitmq-server[1099]: completed with 6 plugins.
```

图5-57　查看rabbitmq状态

① 创建一个名为 OpenStack 的 rabbitmq-server 的用户，密码为 openstack。

```
[root@controller ~]# rabbitmqctl add_user openstack openstack
```

添加 OpenStack 用户如图 5-58 所示。

```
Creating user "openstack" ...
```

图5-58　添加OpenStack用户

② 允许用户 OpenStack 有配置、写入、读取的权限，并使用管理员的角色。

```
[root@controller ~]# rabbitmqctl set_permissions openstack ".*"
".*" ".*"
```

赋予 OpenStack 用户权限如图 5-59 所示。

```
Setting permissions for user "openstack" in vhost "/" ...
```

图5-59　赋予OpenStack用户权限

查看 controller ～文件如下。

```
[root@controller ~]# rabbitmqctl set_user_tags openstack administrator
```

赋予 OpenStack 用户管理员的权限如图 5-60 所示。

```
Setting tags for user "openstack" to [administrator] ...
```

图5-60　赋予OpenStack用户管理员的权限

③ 开启 rabbitmq 相关插件。

```
[root@controller ~]# rabbitmq-plugins enable rabbitmq_management
```

开启 rabbitmq 相关插件如图 5-61 所示。

```
Plugin configuration unchanged.
Applying plugin configuration to rabbit@controller... nothing to do.
```

图5-61　开启rabbitmq相关插件

（3）验证安装

① 查看 15672 端口。

[root@controller ~]# lsof -i:15672

查看 rabbitmq 占用端口如图 5-62 所示。

```
beam.smp 13904 rabbitmq   53u  IPv4  94000    0t0  TCP *:15672 (LISTEN)
beam.smp 13904 rabbitmq  122u  IPv4 125585    0t0  TCP controller:15672->10.1.1.1:50611 (ESTABLISHED)
beam.smp 13904 rabbitmq  123u  IPv4 125586    0t0  TCP controller:15672->10.1.1.1:50612 (ESTABLISHED)
beam.smp 13904 rabbitmq  125u  IPv4 125588    0t0  TCP controller:15672->10.1.1.1:50613 (ESTABLISHED)
beam.smp 13904 rabbitmq  126u  IPv4 125590    0t0  TCP controller:15672->10.1.1.1:50614 (ESTABLISHED)
beam.smp 13904 rabbitmq  127u  IPv4 125592    0t0  TCP controller:15672->10.1.1.1:50615 (ESTABLISHED)
beam.smp 13904 rabbitmq  128u  IPv4 125592    0t0  TCP controller:15672->10.1.1.1:50616 (ESTABLISHED)
```

图5-62　查看rabbitmq占用端口

② 在本地浏览器中输入 Controller Node IP:15672。

登录 rabbitmq web 界面如图 5-63 所示。

图5-63 登录rabbitmq web界面

到此，我们环境准备就完成了，下一节我们就正式开始部署 OpenStack 了。账户 openstack，密码 openstack，你准备好了吗？

5.2.2 Keystone

1. 添加 Keystone 数据库

① 使用数据库客户端，以 root 的身份进入数据库。

```
[root@controller ~]# mysql -u root -pgg
```

登录数据库成功如图 5-64 所示。

```
[root@controller_node ~]# mysql -u root -pgg
Welcome to the MariaDB monitor.  Commands end with ; or \g.
Your MariaDB connection id is 22
Server version: 10.1.20-MariaDB MariaDB Server

Copyright (c) 2000, 2016, Oracle, MariaDB Corporation Ab and others.

Type 'help;' or '\h' for help. Type '\c' to clear the current input statement.
```

图5-64 登录数据库成功

② 创建 Keystone 数据库。

```
MariaDB [(none)]>  CREATE DATABASE keystone;
```

创建 Keystone 数据库如图 5-65 所示。

```
MariaDB [(none)]>  CREATE DATABASE keystone;
Query OK, 1 row affected (0.00 sec)
```

图5-65 创建Keystone数据库

③ 设置 Keystone 数据库的访问权限，并将密码设置为 "keystone"。

```
MariaDB [(none)]> GRANT ALL PRIVILEGES ON keystone.* TO
'keystone'@'localhost' \
 ->   IDENTIFIED BY 'keystone';
 MariaDB [(none)]> GRANT ALL PRIVILEGES ON keystone.* TO
'keystone'@'%' \
 ->   IDENTIFIED BY 'keystone';
```

如图 5-66 所示，设置 Keystone 数据库密码和权限。

图5-66　设置Keystone数据库密码和权限

2. 安装 Keystone 模块组件，并修改配置文件

（1）下载安装 Keystone 模块组件

```
[root@controller ~]# yum install openstack-keystone mod_wsgi -y
```

（2）修改配置文件，配置服务

编辑 /etc/keystone/keystone.conf 文件，并修改下面部分。

```
[root@controller ~]# cd /etc/keystone/
[root@controller keystone]# mv keystone.conf keystone.conf.bak
[root@controller ~]# vi /etc/keystone/keystone.conf
```

具体代码如下：

【配置文件 keystone.conf】

```
[DEFAULT]
[database]
# 连接数据库信息
connection = mysql+pymysql://keystone:keystone@controller/keystone
[token]
# 使用 fernet 提供 token
provider = fernet
[root@controller keystone]#cd /etc/keystone/
[root@controller keystone]# chmod 640 keystone.conf
[root@controller keystone]#chgrp keystone keystone.conf
```

3. 填充数据库

```
[root@controller keystone]# su -s /bin/sh -c "keystone-manage db_sync" keystone
```

查看 Keystone 数据库中的表如图 5-67 所示。

图5-67　查看Keystone数据库中的表

4. 初始化 Fernet 密钥库

```
[root@controller keystone]# keystone-manage fernet_setup
--keystone-user keystone --keystone-group keystone
[root@controller keystone]# keystone-manage credential_setup
--keystone-user keystone --keystone-group keystone
```

5. 创建 admin 用户

设置 admin 用户密码为 admin，引导认证服务。

```
[root@controller keystone]#keystone-manage bootstrap --bootstrap-
password admin \
--bootstrap-admin-url http://controller:35357/v3/ \
--bootstrap-internal-url http://controller:35357/v3/ \
--bootstrap-public-url http://controller:5000/v3/ \
--bootstrap-region-id RegionOne
```

6. 创建一个指向 /usr/share/keystone/wsgi-keystone.conf 文件的链接

```
[root@controller conf]# ln -s /usr/share/keystone/wsgi-keystone.conf
```

7. 配置临时管理员账户

```
[root@controller conf]#export OS_USERNAME=admin
[root@controller conf]#export OS_PASSWORD=admin
[root@controller conf]#export OS_PROJECT_NAME=admin
[root@controller conf]#export OS_USER_DOMAIN_NAME=Default
[root@controller conf]#export OS_PROJECT_DOMAIN_NAME=Default
[root@controller conf]#export OS_AUTH_URL=http://controller:35357/v3
[root@controller conf]#export OS_IDENTITY_API_VERSION=3
```

8. 创建 service 项目

```
[root@controller ~]# openstack project create --domain default
--description "Service Project" service
```

创建 service 项目如图 5-68 所示。

图5-68 创建service项目

9. 创建 demo 项目

```
[root@controller ~]# openstack project create --domain default
--description "Demo Project" demo
```

创建 demo 项目如图 5-69 所示。

10. 创建 demo 用户，密码为 demo

```
[root@controller ~]# openstack user create --domain default demo --password demo
```

创建 demo 用户，密码为 demo，如图 5-70 所示。

```
+-------------+---------------------------------+
| Field       | Value                           |
+-------------+---------------------------------+
| description | Demo Project                    |
| domain_id   | default                         |
| enabled     | True                            |
| id          | 4f41e168bf1647c698ce6952597c3a65|
| is_domain   | False                           |
| name        | demo                            |
| parent_id   | default                         |
+-------------+---------------------------------+
```

图5-69　创建demo项目

```
+-------------------+---------------------------------+
| Field             | Value                           |
+-------------------+---------------------------------+
| domain_id         | default                         |
| enabled           | True                            |
| id                | a75078327c7e4684bc137a2b79737904|
| name              | demo                            |
| password_expires_at | None                          |
+-------------------+---------------------------------+
```

图5-70　创建demo用户，密码为demo

11. 创建 user 角色

```
[root@controller ~]# openstack role create user
```

创建 user 角色如图 5-71 所示。

```
+-----------+------------------------------------+
| Field     | Value                              |
+-----------+------------------------------------+
| domain_id | None                               |
| id        | 0002baed59ee45abbfa4b6953e45ad49   |
| name      | user                               |
+-----------+------------------------------------+
```

图5-71　创建user角色

12. 将 demo 用户赋予 user 角色

```
[root@controller ~]# openstack role add --project demo --user demo user
[root@controller ~]# openstack \
--os-auth-url http://controller:35357/v3 \
--os-project-domain-name default --os-user-domain-name default \
--os-project-name admin \
--os-username admin token issue --os-password admin
```

13. 验证 Keystone

验证 admin 如图 5-72 所示。

```
+------------+---------------------------------------------------+
| Field      | Value                                             |
+------------+---------------------------------------------------+
| expires    | 2017-12-11 16:00:36+00:00                         |
| id         | gAAAAABaLp2UyHMxBSLfs0k4jgsWoM0e3u0lVfZwMIINlml_D8unm5qePyjoY|
|            | 4IK8ZY9PzfeDvBomdhqCuFQcgMY-Pmb2rBkSQg            |
| project_id | 90b4cb4e15d645609260ecee67ae6f95                  |
| user_id    | 2a104bde93954349aa7301a48dd890fb                  |
+------------+---------------------------------------------------+
```

图5-72　验证admin

查看 controller ～文件如下。

```
[root@controller ~]# openstack \
--os-auth-url http://controller:5000/v3 \
--os-project-domain-name default --os-user-domain-name default \
--os-project-name admin \
--os-username demo token issue --os-password demo
```

验证 demo 如图 5-73 所示。

```
+-----------+-------------------------------------------------------------+
| Field     | Value                                                       |
+-----------+-------------------------------------------------------------+
| expires   | 2017-12-11 16:11:21+00:00                                   |
| id        | gAAAAABaLqAZn3n08uGK1jJym950XN6rMtWurlvN_HF5D_Jz60Erc        |
|           | Gldv2MZRvbPlVR0ugmFeehfZie_ZNodOBC5M1VdJyEwpMRR4iAGrz        |
| project_id| 4f41e168bf1647c698ce6952597c3a65                            |
| user_id   | a75078327c7e4684bc137a2b79737904                            |
+-----------+-------------------------------------------------------------+
```

图5-73　验证demo

5.2.3　Glance

1. 创建 glance 数据库

（1）使用数据库客户端用 root 的身份进入数据库

```
[root@controller ~]# mysql -u root -pgg
```

（2）创建 glance 数据库

```
MariaDB [(none)]> CREATE DATABASE glance;
```

（3）设置 keystone 数据库的访问权限，并将密码设置为"glance"

```
MariaDB [(none)]>GRANT ALL PRIVILEGES ON glance.* TO
'glance'@'localhost' IDENTIFIED BY 'glance';
MariaDB [(none)]>GRANT ALL PRIVILEGES ON glance.* TO 'glance'@'%'
IDENTIFIED BY 'glance';
```

2. 创建 glance 用户，密码为 glance

```
[root@cotroller ~]# openstack user create --domain default glance
--password glance
```

创建 glance 用户，密码为 glance，如图 5-74 所示。

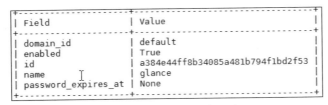

```
+---------------------+----------------------------------+
| Field               | Value                            |
+---------------------+----------------------------------+
| domain_id           | default                          |
| enabled             | True                             |
| id                  | a384e44ff8b34085a481b794f1bd2f53 |
| name                | glance                           |
| password_expires_at | None                             |
+---------------------+----------------------------------+
```

图5-74　创建glance用户，密码为glance

3. 将 glance 用户服务 admin 的角色

```
[root@cotroller ~]# openstack role add --project service --user
glance admin
```

4. 创建 image 服务

```
[root@cotroller ~]# openstack service create --name glance
--description "OpenStack Image service" image
```

创建 image 服务如图 5-75 所示。

```
+-------------+----------------------------------+
| Field       | Value                            |
+-------------+----------------------------------+
| description | OpenStack Image service          |
| enabled     | True                             |
| id          | 07576e208a3e4f9494b9837440ff0aac |
| name        | glance                           |
| type        | image                            |
+-------------+----------------------------------+
```

图5-75　创建image服务

5. 创建 glance 的 endpoint

```
[root@cotroller ~]# openstack endpoint create --region RegionOne
image public http://controller:9292
```

创建 glance 的 public endpoint 如图 5-76 所示。

```
+--------------+----------------------------------+
| Field        | Value                            |
+--------------+----------------------------------+
| enabled      | True                             |
| id           | 31630ec3512a4737879bf0f7824722b1 |
| interface    | public                           |
| region       | RegionOne                        |
| region_id    | RegionOne                        |
| service_id   | 07576e208a3e4f9494b9837440ff0aac |
| service_name | glance                           |
| service_type | image                            |
| url          | http://controller:9292           |
+--------------+----------------------------------+
```

图5-76　创建glance的public endpoint

查看 cotroller ～文件如下。

```
[root@cotroller ~]# openstack endpoint create --region RegionOne
image internal http://controller:9292
```

创建 glance 的 internal endpoint 如图 5-77 所示。

```
+--------------+----------------------------------+
| Field        | Value                            |
+--------------+----------------------------------+
| enabled      | True                             |
| id           | 2fc6fc9f6de944e0aec8730f98c75c55 |
| interface    | internal                         |
| region       | RegionOne                        |
| region_id    | RegionOne                        |
| service_id   | 07576e208a3e4f9494b9837440ff0aac |
| service_name | glance                           |
| service_type | image                            |
| url          | http://controller:9292           |
+--------------+----------------------------------+
```

图5-77　创建glance的internal endpoint

查看 cotroller ~ 文件如下。

```
[root@cotroller ~]# openstack endpoint create --region RegionOne
image admin http://controller:9292
```

创建 glance 的 admin endpoint 如图 5-78 所示。

```
+---------------+------------------------------------+
| Field         | Value                              |
+---------------+------------------------------------+
| enabled       | True                               |
| id            | 205567a670a14d0bbdd85dafe52a8384   |
| interface     | admin                              |
| region        | RegionOne                          |
| region_id     | RegionOne                          |
| service_id    | 07576e208a3e4f9494b9837440ff0aac   |
| service_name  | glance                             |
| service_type  | image                              |
| url           | http://controller:9292             |
+---------------+------------------------------------+
```

图5-78 创建glance的admin endpoint

6. 安装 glance 模块组件，并修改配置文件

（1）下载安装 keystone 模块组件

```
[root@cotroller ~]# yum install openstack-glance -y
```

（2）修改配置文件，配置服务

① 编辑 /etc/glance/glance-api.conf 文件，并修改下面部分。

```
[root@controller~]# cd /etc/glance
[root@controller glance]# mv glance-api.conf glance-api.conf.bak
[root@controller glance]# vi glance-api.conf
```

配置文件 glance-api.conf 代码如下：

【配置文件 glance-api.conf】

```
[keystone_authtoken]
# 普通用户认证
auth_uri = http://controller:5000
# 管理员认证
auth_url = http://controller:35357
#memcached 服务器地址
memcached_servers = controller:11211
# 认证类型
auth_type = password
# 项目域名为 default（默认）
project_domain_name = default
# 用户域名为 default（默认）
user_domain_name = default
# 用户为 glance
username = glance
# 用户密码为 glance
password = glance
# 项目名为 service
project_name = service
[paste_deploy]
#paste_deploy 模块支持 keystone
flavor = keystone
[glance_store]
# 存储使用 file 和 http
stores = file,http
```

```
# 默认存储为 file
default_store = file
#file 系统存储的位置为 /var/lib/glance/images/
filesystem_store_datadir = /var/lib/glance/images/
[database]
# 指定连接的数据库使用的密码和地址
connection = mysql+pymysql://glance:glance@controller/glance
[root@controller ~]#cd /etc/glance/
[root@controller glance]# chmod 640 glance-api.conf
[root@controller glance]#chgrp glance glance-api.conf
```

② 编辑 /etc/glance/glance-egistry.conf 文件，并修改下面部分。

```
[root@controller ~]# cd /etc/glance/
[root@controller glance]# mv glance-registry.conf glance-registry.conf.bak
[root@controller ~]# vi glance-registry.conf
```

配置文件 glance-registry.conf 代码如下:

【配置文件 glance-registry.conf】

```
[database]
# 指定连接的数据库使用的密码和地址
connection = mysql+pymysql://glance:glance@controller/glance
[keystone_authtoken]
# 普通用户认证
auth_uri = http://controller:5000
# 管理员认证
auth_url = http://controller:35357
#memcached 服务器地址
memcached_servers = controller:11211
# 认证类型
auth_type = password
# 项目域名为 default（默认）
project_domain_name = default
# 用户域名为 default（默认）
user_domain_name = default
# 用户为 glance
username = glance
# 用户密码为 glance
password = glance
# 项目名为 service
project_name = service
[paste_deploy]
#paste_deploy 模块支持 keystone
flavor = keystone
[root@controller ~]#cd /etc/glance/
[root@controller glance]# chmod 640 glance-registry.conf
[root@controller glance]#chgrp glance glance-registry.conf
```

7. 填充数据库

```
[root@cotroller ~]#  su -s /bin/sh -c "glance-manage db_sync" glance
```

如图 5-79 所示为充填数据库。

```
Option "verbose" from group "DEFAULT" is deprecated for removal.  Its value m
ay be silently ignored in the future.
/usr/lib/python2.7/site-packages/oslo_db/sqlalchemy/enginefacade.py:1171: Osl
oDBDeprecationWarning: EngineFacade is deprecated; please use oslo_db.sqlalch
emy.enginefacade
  expire_on_commit=expire_on_commit, _conf=conf)
/usr/lib/python2.7/site-packages/pymysql/cursors.py:166: Warning: (1831, u'Du
plicate index `ix_image_properties_image_id_name`. This is deprecated and wil
l be disallowed in a future release.')
  result = self._query(query)
```

图5-79　充填数据库

注意：忽略输出提示。

如图 5-80 所示为查看 glance 数据库表。

```
MariaDB [(none)]> show tables from glance;
+-----------------------------------+
| Tables_in_glance                  |
+-----------------------------------+
| artifact_blob_locations           |
| artifact_blobs                    |
| artifact_dependencies             |
| artifact_properties               |
| artifact_tags                     |
| artifacts                         |
| image_locations                   |
| image_members                     |
| image_properties                  |
| image_tags                        |
| images                            |
| metadef_namespace_resource_types  |
| metadef_namespaces                |
| metadef_objects                   |
| metadef_properties                |
| metadef_resource_types            |
| metadef_tags                      |
| migrate_version                   |
| task_info                         |
| tasks                             |
+-----------------------------------+
20 rows in set (0.00 sec)
```

图5-80　查看glance数据库表

8. 开启 glance 服务，并设置开机自启动

```
[root@cotroller glance]# systemctl enable openstack-glance-api.service \
openstack-glance-registry.service
[root@cotroller glance]# systemctl restart openstack-glance-api.service \
openstack-glance-registry.service
[root@cotroller glance]# systemctl status openstack-glance-api.service \
openstack-glance-registry.service
```

查看 glance-api 状态如图 5-81 所示。

```
● openstack-glance-api.service - OpenStack Image Service (code-named Glance) API s
   Loaded: loaded (/usr/lib/systemd/system/openstack-glance-api.service; enabled;
   Active: active (running) since 二 2017-12-12 01:47:39 CST; 10s ago
 Main PID: 51678 (glance-api)
   CGroup: /system.slice/openstack-glance-api.service
           ├─51678 /usr/bin/python2 /usr/bin/glance-api
           ├─51700 /usr/bin/python2 /usr/bin/glance-api
           ├─51701 /usr/bin/python2 /usr/bin/glance-api
           ├─51702 /usr/bin/python2 /usr/bin/glance-api
           └─51703 /usr/bin/python2 /usr/bin/glance-api

12月 12 01:47:40 cotroller glance-api[51678]: /usr/lib/python2.7/site-packages/pas
12月 12 01:47:40 cotroller glance-api[51678]: return pkg_resources.EntryPoint.pars
12月 12 01:47:41 cotroller glance-api[51678]: /usr/lib/python2.7/site-packages/pas
12月 12 01:47:41 cotroller glance-api[51678]: return pkg_resources.EntryPoint.pars
12月 12 01:47:41 cotroller glance-api[51678]: /usr/lib/python2.7/site-packages/pas
12月 12 01:47:41 cotroller glance-api[51678]: return pkg_resources.EntryPoint.pars
12月 12 01:47:41 cotroller glance-api[51678]: /usr/lib/python2.7/site-packages/pas
12月 12 01:47:41 cotroller glance-api[51678]: return pkg_resources.EntryPoint.pars
12月 12 01:47:41 cotroller glance-api[51678]: /usr/lib/python2.7/site-packages/pas
12月 12 01:47:41 cotroller glance-api[51678]: return pkg_resources.EntryPoint.pars
```

图5-81　查看glance-api 状态

查看 gance-registry 状态如图 5-82 所示。

```
● openstack-glance-registry.service - OpenStack Image Service (code-named Glance
[  Loaded: loaded (/usr/lib/systemd/system/openstack-glance-registry.service; en
   Active: active (running) since 二 2017-12-12 01:47:39 CST; 10s ago
 Main PID: 51679 (glance-registry)
   CGroup: /system.slice/openstack-glance-registry.service
           ├─51679 /usr/bin/python2 /usr/bin/glance-registry
           ├─51696 /usr/bin/python2 /usr/bin/glance-registry
           ├─51697 /usr/bin/python2 /usr/bin/glance-registry
           ├─51698 /usr/bin/python2 /usr/bin/glance-registry
           └─51699 /usr/bin/python2 /usr/bin/glance-registry

12月 12 01:47:41 cotroller glance-registry[51679]: /usr/lib/python2.7/site-packa
12月 12 01:47:41 cotroller glance-registry[51679]: return pkg_resources.EntryPoi
12月 12 01:47:41 cotroller glance-registry[51679]: /usr/lib/python2.7/site-packa
12月 12 01:47:41 cotroller glance-registry[51679]: return pkg_resources.EntryPoi
12月 12 01:47:41 cotroller glance-registry[51679]: /usr/lib/python2.7/site-packa
12月 12 01:47:41 cotroller glance-registry[51679]: return pkg_resources.EntryPoi
12月 12 01:47:41 cotroller glance-registry[51679]: /usr/lib/python2.7/site-packa
12月 12 01:47:41 cotroller glance-registry[51679]: return pkg_resources.EntryPoi
Hint: Some lines were ellipsized, use -l to show in full.
```

图5-82　查看gance-registry状态

9. 验证 glance 服务

下载测试镜像：

```
[root@cotroller glance]#wget
http://download.cirros-cloud.net/0.3.4/cirros-0.3.4-x86_64-disk.img
```

测试镜像如图 5-83 所示。

```
--2017-12-12 02:03:11--  http://download.cirros-cloud.net/0.3.4/cirros-0.3.4-x86_64-disk.
正在解析主机 download.cirros-cloud.net (download.cirros-cloud.net)... 64.90.42.85, 2607:f
正在连接 download.cirros-cloud.net (download.cirros-cloud.net)|64.90.42.85|:80... 已连接。
已发出 HTTP 请求，正在等待响应... 200 OK
长度: 13287936 (13M) [text/plain]
正在保存至: "cirros-0.3.4-x86_64-disk.img"

3% [==>
```

图5-83　测试镜像

查看下载测试镜像 cotroller ～文件如下。

```
[root@cotroller ~]# glance image-create --name "cirros-0.3.4-x86_64"
--file  cirros-0.3.4-x86_64-disk.img  --disk-format  qcow2
--container-format bare --visibility public -progress
```

上传测试镜像如图 5-84 所示。

```
[============================>] 100%
+------------------+--------------------------------------+
| Property         | Value                                |
+------------------+--------------------------------------+
| checksum         | eeleca47dc88f4879d8a229cc70a07c6     |
| container_format | bare                                 |
| created_at       | 2017-12-11T18:15:42Z                 |
| disk_format      | qcow2                                |
| id               | c32ab84d-0b31-4e0d-b530-1b59a23846c0 |
| min_disk         | 0                                    |
| min_ram          | 0                                    |
| name             | cirros-0.3.4-x86_64                  |
| owner            | 90b4cb4e15d645609260ecee67ae6f95     |
| protected        | False                                |
| size             | 13287936                             |
| status           | active                               |
| tags             | []                                   |
| updated_at       | 2017-12-11T18:16:22Z                 |
| virtual_size     | None                                 |
| visibility       | public                               |
+------------------+--------------------------------------+
```

图5-84　上传测试镜像

查看上传测试镜像 cotroller ～文件如下。

```
[root@cotroller ~]# openstack image list
```

查看 glance 镜像如图 5-85 所示。

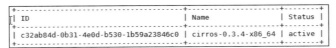

图5-85 查看glance镜像

5.2.4 Nova

1. 创建 nova 数据库

（1）使用数据库客户端用 root 的身份进入数据库

```
[root@controller ~]# mysql -u root -pgg
```

（2）创建 nova 数据库

```
MariaDB [(none)]> CREATE DATABASE nova;
MariaDB [(none)]> CREATE DATABASE nova_api;
```

（3）设置 nova 数据库的访问权限，并将密码设置为"nova"

```
MariaDB [(none)]>GRANT ALL PRIVILEGES ON nova.* TO
'nova'@'localhost' IDENTIFIED BY 'nova';
MariaDB [(none)]>GRANT ALL PRIVILEGES ON nova.* TO 'nova'@'%'
IDENTIFIED BY 'nova';
MariaDB [(none)]>GRANT ALL PRIVILEGES ON nova_api.* TO
'nova'@'localhost' IDENTIFIED BY 'nova';
MariaDB [(none)]>GRANT ALL PRIVILEGES ON nova_api.* TO 'nova'@'%'
IDENTIFIED BY 'nova';
```

2. 创建 nova 用户

```
[root@cotroller ~]# openstack user create --domain default nova
--password nova
```

创建 nova 用户如图 5-86 所示。

图5-86 创建nova用户

3. 将 nova 用户赋予 admin 的角色

```
[root@cotroller ~]# openstack role add --project service --user
nova admin
```

4. 创建 compute 服务

```
[root@cotroller ~]# openstack service create --name nova
--description "OpenStack Image service" compute
```

创建 compute 服务如图 5-87 所示。

```
+-------------+-------------------------------------+
| Field       | Value                               |
+-------------+-------------------------------------+
| description | OpenStack Compute                   |
| enabled     | True                                |
| id          | 8186c5da5559427fa99482fd56d5cbf2    |
| name        | nova                                |
| type        | compute                             |
+-------------+-------------------------------------+
```

图5-87　创建compute服务

5. 创建 nova 的 endpoint

```
[root@cotroller ~]# openstack endpoint create --region RegionOne
compute
    public http://controller:8774/v2.1/%\(tenant_id\)s
```

如图 5-88 所示为创建 nova 的 public endpoint。

```
+-------------+-------------------------------------+
| Field       | Value                               |
+-------------+-------------------------------------+
| enabled     | True                                |
| id          | e76dabb2d4fe4f9288dcf48152f985ed    |
| interface   | public                              |
| region      | RegionOne                           |
| region_id   | RegionOne                           |
| service_id  | 8186c5da5559427fa99482fd56d5cbf2    |
| service_name| nova                                |
| service_type| compute                             |
| url         | http://controller:8774/v2.1/%(tenant_id)s |
+-------------+-------------------------------------+
```

图5-88　创建nova的public endpoint

查看创建 nova 的 public endpoint 的 cotroller ～文件如下。

```
[root@cotroller ~]# openstack endpoint create --region RegionOne compute
internal http://controller:8774/v2.1/%\(tenant_id\)s
```

创建 nova 的 internal endpoint 如图 5-89 所示。

```
+-------------+-------------------------------------+
| Field       | Value                               |
+-------------+-------------------------------------+
| enabled     | True                                |
| id          | c47ecd6c8c0e4930b1cb43cba8a89de8    |
| interface   | internal                            |
| region      | RegionOne                           |
| region_id   | RegionOne                           |
| service_id  | 8186c5da5559427fa99482fd56d5cbf2    |
| service_name| nova                                |
| service_type| compute                             |
| url         | http://controller:8774/v2.1/%(tenant_id)s |
+-------------+-------------------------------------+
```

图5-89　创建nova的internal endpoint

查看创建 nova 的 internal endpoint 的 cotroller ～文件如下。

```
[root@cotroller ~]# openstack endpoint create --region RegionOne compute
admin http://controller:8774/v2.1/%\(tenant_id\)s
```

如图 5-90 所示，创建 nova 的 admin endpoint。

```
+-------------+---------------------------------------------+
| Field       | Value                                       |
+-------------+---------------------------------------------+
| enabled     | True                                        |
| id          | 35fde87f722f4f2fb330a535045ba04b            |
| interface   | admin                                       |
| region      | RegionOne                                   |
| region_id   | RegionOne                                   |
| service_id  | 8186c5da5559427fa99482fd56d5cbf2            |
| service_name| nova                                        |
| service_type| compute                                     |
| url         | http://controller:8774/v2.1/%(tenant_id)s  |
+-------------+---------------------------------------------+
```

图5-90　创建nova的admin endpoint

6. 安装 nova 模块组件，并修改配置文件

（1）下载安装 nova 模块组件

```
[root@cotroller ~]# yum install openstack-nova-api openstack-
nova-conductor \
openstack-nova-console openstack-nova-novncproxy openstack-nova-
scheduler -y
```

（2）修改配置文件，配置服务

编辑 /etc/nova/nova.conf 文件，并修改下面部分

```
[root@controller~]# cd /etc/nova
[root@controller glance]# mv nova.conf nova.conf.bak
[root@controller glance]# vi nova.conf
```

配置文件 nova.conf 代码如下：

【配置文件 nova.conf】

```
[DEFAULT]
# 开启 osapi_compute,metadata 两种 api
enabled_apis = osapi_compute,metadata
# 启用 keystone 作为中间件
auth_strategy = keystone
# 本机 IP 地址，这个地方写 management 网卡 IP
my_ip = 10.1.1.10
# 使用 neutron 网络
use_neutron = True
# 启动 firewalld 防火墙驱动
firewall_driver = nova.virt.firewall.NoopFirewallDriver
# 指定 rabbitmq 连接信息
transport_url = rabbit://openstack:openstack@controller
[database]
# 指定连接 nova 数据库使用的密码和地址
connection = mysql+pymysql://nova:nova@controller/nova
[api_database]
# 指定连接 nova_api 数据库使用的密码和地址
connection = mysql+pymysql://nova:nova@controller/nova_api
[keystone_authtoken]
# 普通用户认证
auth_uri = http://controller:5000
# 管理员认证
```

```
auth_url = http://controller:35357
#memcached 服务器地址
memcached_servers = controller:11211
# 认证类型为密码认证
auth_type = password
# 项目域名为 default（默认）
project_domain_name = default
# 用户域名为 default（默认）
user_domain_name = default
# 项目名为 service
project_name = service
#用户为 nova
username = nova
#用户密码为 nova
password = nova
[vnc]
#vnc 服务监听 IP
vncserver_listen = 10.1.1.10
#vnc 服务代理客户端 IP
vncserver_proxyclient_address = 192.168.14.251
[glance]
#glance 服务 api 地址
api_servers = http://controller:9292
[oslo_concurrency]
# 配置锁路径为 /var/lib/nova/tmp
lock_path = /var/lib/nova/tmp
[root@controller ~]#cd /etc/nova/
[root@controller nova]# chmod 640 nova.conf
[root@controller nova]#chgrp nova nova.conf
```

7. 填充数据库

```
[root@cotroller ~]# su -s /bin/sh -c "nova-manage api_db sync" nova
[root@cotroller ~]# su -s /bin/sh -c "nova-manage db sync" nova
```

注意：忽略输出提示。

查看 nova 数据库的表如图 5-91 所示。

```
MariaDB [(none)]> show tables from nova;
+------------------------+
| Tables_in_nova         |
+------------------------+
| agent_builds           |
| aggregate_hosts        |
| aggregate_metadata     |
| aggregates             |
| allocations            |
| block_device_mapping   |
| bw_usage_cache         |
| cells                  |
| certificates           |
| compute_nodes          |
| console_auth_tokens    |
| console_pools          |
| consoles               |
| dns_domains            |
```

图5-91　查看nova数据库的表

查看 nova_api 数据库的表如图 5-92 所示。

```
MariaDB [(none)]> show tables from nova_api;
+----------------------------+
| Tables_in_nova_api         |
+----------------------------+
| aggregate_hosts            |
| aggregate_metadata         |
| aggregates                 |
| allocations                |
| build_requests             |
| cell_mappings              |
| flavor_extra_specs         |
| flavor_projects            |
| flavors                    |
| host_mappings              |
| instance_group_member      |
| instance_group_policy      |
| instance_groups            |
```

图5-92 查看nova_api数据库的表

8. 开启 nova 服务，并设置开机自启动

```
[root@cotroller ~]# systemctl enable openstack-nova-api.service \
openstack-nova-consoleauth.service \
openstack-nova-scheduler.service \
openstack-nova-conductor.service \
openstack-nova-novncproxy.service
[root@cotroller ~]# systemctl start openstack-nova-api.service \
openstack-nova-consoleauth.service \
openstack-nova-scheduler.service \
openstack-nova-conductor.service \
openstack-nova-novncproxy.service
[root@cotroller ~]# systemctl status openstack-nova-api.service \
openstack-nova-consoleauth.service \
openstack-nova-scheduler.service \
openstack-nova-conductor.service \
openstack-nova-novncproxy.service
```

nova-api 状态如图 5-93 所示。

```
●openstack-nova-api.service - OpenStack Nova API Server
   Loaded: loaded (/usr/lib/systemd/system/openstack-nova-api.service; enabled;
   Active: active (running) since 二 2017-12-12 16:25:09 CST; 1min 42s ago
 Main PID: 72457 (nova-api)
   CGroup: /system.slice/openstack-nova-api.service
           ─72457 /usr/bin/python2 /usr/bin/nova-api
           ─72508 /usr/bin/python2 /usr/bin/nova-api
           ─72509 /usr/bin/python2 /usr/bin/nova-api
           ─72510 /usr/bin/python2 /usr/bin/nova-api
           ─72511 /usr/bin/python2 /usr/bin/nova-api
           ─72513 /usr/bin/python2 /usr/bin/nova-api
           ─72514 /usr/bin/python2 /usr/bin/nova-api
           ─72518 /usr/bin/python2 /usr/bin/nova-api
           ─72519 /usr/bin/python2 /usr/bin/nova-api

12月 12 16:25:04 cotroller systemd[1]: Starting OpenStack Nova API Server...
12月 12 16:25:09 cotroller systemd[1]: Started OpenStack Nova API Server.
```

图5-93 nova-api状态

nova 服务状态如图 5-94 所示。

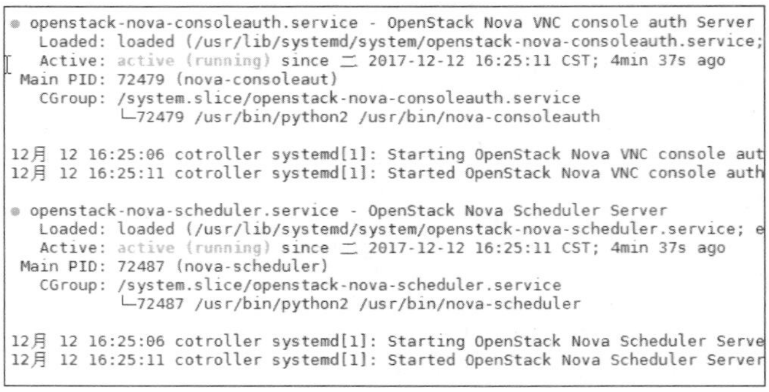

```
● openstack-nova-consoleauth.service - OpenStack Nova VNC console auth Server
    Loaded: loaded (/usr/lib/systemd/system/openstack-nova-consoleauth.service;
    Active: active (running) since 二 2017-12-12 16:25:11 CST; 4min 37s ago
 Main PID: 72479 (nova-consoleaut)
    CGroup: /system.slice/openstack-nova-consoleauth.service
            └─72479 /usr/bin/python2 /usr/bin/nova-consoleauth

12月 12 16:25:06 cotroller systemd[1]: Starting OpenStack Nova VNC console aut
12月 12 16:25:11 cotroller systemd[1]: Started OpenStack Nova VNC console auth

● openstack-nova-scheduler.service - OpenStack Nova Scheduler Server
    Loaded: loaded (/usr/lib/systemd/system/openstack-nova-scheduler.service; e
    Active: active (running) since 二 2017-12-12 16:25:11 CST; 4min 37s ago
 Main PID: 72487 (nova-scheduler)
    CGroup: /system.slice/openstack-nova-scheduler.service
            └─72487 /usr/bin/python2 /usr/bin/nova-scheduler

12月 12 16:25:06 cotroller systemd[1]: Starting OpenStack Nova Scheduler Serve
12月 12 16:25:11 cotroller systemd[1]: Started OpenStack Nova Scheduler Server
```

图5-94　nova服务状态

nova 服务状态如图 5-95 所示。

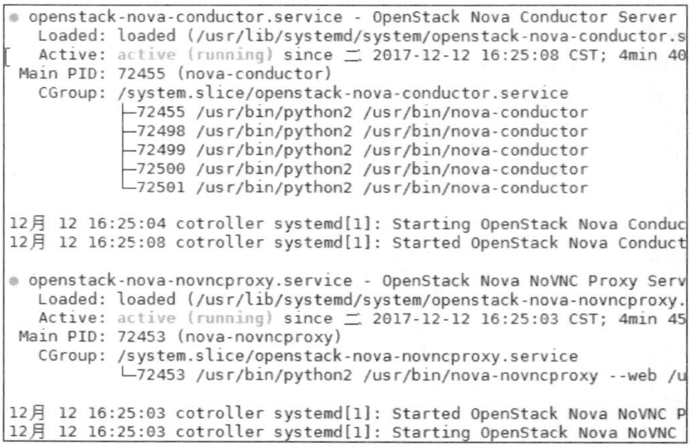

```
● openstack-nova-conductor.service - OpenStack Nova Conductor Server
    Loaded: loaded (/usr/lib/systemd/system/openstack-nova-conductor.s
    Active: active (running) since 二 2017-12-12 16:25:08 CST; 4min 40
 Main PID: 72455 (nova-conductor)
    CGroup: /system.slice/openstack-nova-conductor.service
            ├─72455 /usr/bin/python2 /usr/bin/nova-conductor
            ├─72498 /usr/bin/python2 /usr/bin/nova-conductor
            ├─72499 /usr/bin/python2 /usr/bin/nova-conductor
            ├─72500 /usr/bin/python2 /usr/bin/nova-conductor
            └─72501 /usr/bin/python2 /usr/bin/nova-conductor

12月 12 16:25:04 cotroller systemd[1]: Starting OpenStack Nova Conduc
12月 12 16:25:08 cotroller systemd[1]: Started OpenStack Nova Conduct

● openstack-nova-novncproxy.service - OpenStack Nova NoVNC Proxy Serv
    Loaded: loaded (/usr/lib/systemd/system/openstack-nova-novncproxy.
    Active: active (running) since 二 2017-12-12 16:25:03 CST; 4min 45
 Main PID: 72453 (nova-novncproxy)
    CGroup: /system.slice/openstack-nova-novncproxy.service
            └─72453 /usr/bin/python2 /usr/bin/nova-novncproxy --web /u

12月 12 16:25:03 cotroller systemd[1]: Started OpenStack Nova NoVNC P
12月 12 16:25:03 cotroller systemd[1]: Starting OpenStack Nova NoVNC
```

图5-95　nova服务状态

9. Compute node 安装 nova-compute 模块，并配置

（1）下载安装 nova 模块组件

```
[root@compute ~]# yum install openstack-nova-compute -y
```

（2）修改配置文件，配置服务

编辑 /etc/nova/nova.conf 文件，并修改下面部分

```
[root@compute ~]# cd /etc/nova
[root@compute nova]# mv nova.conf nova.conf.bak
[root@compute nova]# vi nova.conf
```

配置文件 nova.conf 代码如下：

【配置文件 nova.conf】

```
[DEFAULT]
# 启用 keystone 认证
auth_strategy = keystone
```

```
# 本机 IP 地址，这个地方写 management 网卡 IP
my_ip = 10.1.1.11
# 使用 neutron 网络
use_neutron = True
# 启动 firewalld 防火墙驱动
firewall_driver = nova.virt.firewall.NoopFirewallDriver
# 指定 rabbitmq 连接信息
transport_ = url rabbit://openstack:openstack@controller
## 开启 osapi_compute,metadata 两种 api
enabled_apis osapi_compute,metadata
[keystone_authtoken]
# 普通用户认证
auth_uri = http://controller:5000
# 管理员认证
auth_url = http://controller:35357
#memcached 服务器地址
memcached_servers = controller:11211
# 认证类型为密码认证
auth_type = password
# 项目域名为 default（默认）
project_domain_name = default
# 用户域名为 default（默认）
user_domain_name = default
# 项目名为 service
project_name = service
# 用户为 nova
username = nova
# 用户密码为 nova
password = nova
[vnc]
# 开启 VNC 服务
enabled = True
# 加入键盘的语言布局
keymap = en-us
#vnc 服务监听所有 IP
vncserver_listen = 0.0.0.0
#vnc 服务代理客户端 IP
vncserver_proxyclient_address = 10.1.1.10
#vnc 代理 url
novncproxy_base_url = http://10.1.1.10:6080/vnc_auto.html
[glance]
#glance 服务 api 地址
api_servers = http://controller:9292
[oslo_concurrency]
# 配置锁路径为 /var/lib/nova/tmp
lock_path = /var/lib/nova/tmp
[libvirt]
# 虚拟机管理类型是 qemu
virt_type = qemu
```

```
[root@compute ~]#cd /etc/nova/
[root@compute nova]# chmod 640 nova.conf
[root@compute nova]#chgrp nova nova.conf
```

10. 开启 nova-compute 服务，并设置开机自启动

```
[root@compute ~]# systemctl enable libvirtd.service openstack-nova-compute.service
[root@compute ~]# systemctl start libvirtd.service openstack-nova-compute.service
[root@compute ~]# systemctl status libvirtd.service openstack-nova-compute.service
```

nova-compute 服务状态如图 5-96 所示。

```
● libvirtd.service - Virtualization daemon
   Loaded: loaded (/usr/lib/systemd/system/libvirtd.service; enabled; vendo
   Active: active (running) since 二 2017-12-12 06:17:02 CST; 3min 10s ago
     Docs: man:libvirtd(8)
           http://libvirt.org
 Main PID: 40205 (libvirtd)
   CGroup: /system.slice/libvirtd.service
           └─40205 /usr/sbin/libvirtd

12月 12 06:17:01 compute systemd[1]: Starting Virtualization daemon...
12月 12 06:17:02 compute systemd[1]: Started Virtualization daemon.

● openstack-nova-compute.service - OpenStack Nova Compute Server
   Loaded: loaded (/usr/lib/systemd/system/openstack-nova-compute.service;
ed)
   Active: active (running) since 二 2017-12-12 06:17:16 CST; 2min 56s ago
 Main PID: 40222 (nova-compute)
   CGroup: /system.slice/openstack-nova-compute.service
           └─40222 /usr/bin/python2 /usr/bin/nova-compute

12月 12 06:17:02 compute systemd[1]: Starting OpenStack Nova Compute Server
12月 12 06:17:15 compute nova-compute[40222]: Option "verbose" from group "
12月 12 06:17:16 compute systemd[1]: Started OpenStack Nova Compute Server.
Hint: Some lines were ellipsized, use -l to show in full.
```

图5-96 nova-compute服务状态

11. 验证 nova 服务，在 controller Node 执行

```
[root@cotroller ~]# openstack compute service list
```

nova 服务的总体状态如图 5-97 所示。

```
+----+------------------+-----------+----------+---------+-------+---
| ID | Binary           | Host      | Zone     | Status  | State | Up
+----+------------------+-----------+----------+---------+-------+---
|  1 | nova-conductor   | cotroller | internal | enabled | up    | 20
|  2 | nova-scheduler   | cotroller | internal | enabled | up    | 20
|  3 | nova-consoleauth | cotroller | internal | enabled | up    | 20
|  6 | nova-compute     | compute   | nova     | enabled | up    | 20
+----+------------------+-----------+----------+---------+-------+---
```

图5-97 nova服务的总体状态

5.2.5 Neutron

1. 创建 neutron 数据库

（1）使用数据库客户端用 root 的身份进入数据库

```
[root@controller ~]# mysql -u root -pgg
```

（2）创建 nova 数据库

MariaDB [(none)]> CREATE DATABASE neutron;

（3）设置 neutron 数据库的访问权限，并将密码设置为"neutron"

```
MariaDB [(none)]>GRANT ALL PRIVILEGES ON neutron.* TO
'neutron'@'localhost' IDENTIFIED BY 'neutron';
 MariaDB [(none)]>GRANT ALL PRIVILEGES ON neutron.* TO
'neutron'@'%' IDENTIFIED BY 'neutron';
```

2. 创建 neutron 用户

```
[root@cotroller ~]# openstack user create --domain default
neutron --password neutron
```

创建 neutron 用户如图 5-98 所示。

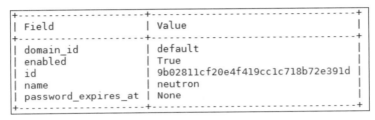

图5-98　创建neutron用户

3. 将 neutron 用户赋予 admin 的角色

```
[root@cotroller ~]# openstack role add --project service --user
neutron admin
```

4. 创建 Network 服务

```
[root@cotroller ~]# openstack service create --name neutron
--description "OpenStack Inetworking service" network
```

创建 network 服务如图 5-99 所示。

图5-99　创建network服务

5. 创建 neutron 的 endpoint

```
[root@cotroller ~]# openstack endpoint create --region RegionOne
network
 Public http://controller:9696
```

创建 neutron 的 public endpoint 如图 5-100 所示。

```
+----------------+----------------------------------+
| Field          | Value                            |
+----------------+----------------------------------+
| enabled        | True                             |
| id             | 97723cf9f1e9468f885684d2ac2c6ed2 |
| interface      | public                           |
| region         | RegionOne                        |
| region_id      | RegionOne                        |
| service_id     | f30051bcc5e748b08c6bb71345c9cfac |
| service_name   | neutron                          |
| service_type   | network                          |
| url            | http://controller:9696           |
+----------------+----------------------------------+
```

图5-100　创建neutron的public endpoint

查看创建 neutron 的 endpoint cotroller ～文件如下。

```
[root@cotroller ~]# openstack endpoint create --region RegionOne network
    Internal http://controller:9696
```

创建 neutron 的 internal endpoint 如图 5-101 所示。

```
+----------------+----------------------------------+
| Field          | Value                            |
+----------------+----------------------------------+
| enabled        | True                             |
| id             | c826fd2d97ce4368bacb93ad717170fc |
| interface      | internal                         |
| region         | RegionOne                        |
| region_id      | RegionOne                        |
| service_id     | f30051bcc5e748b08c6bb71345c9cfac |
| service_name   | neutron                          |
| service_type   | network                          |
| url            | http://controller:9696           |
+----------------+----------------------------------+
```

图5-101　创建neutron的internal endpoint

查看创建 neutron 的 internal endpoint cotroller ～文件如下。

```
[root@cotroller ~]#  openstack endpoint create --region RegionOne network
    admin http://controller:9696
```

创建 neutron 的 admin endpoint 如图 5-102 所示。

```
+----------------+----------------------------------+
| Field          | Value                            |
+----------------+----------------------------------+
| enabled        | True                             |
| id             | 07e72dcfd7694627ab80b2278429fc36 |
| interface      | admin                            |
| region         | RegionOne                        |
| region_id      | RegionOne                        |
| service_id     | f30051bcc5e748b08c6bb71345c9cfac |
| service_name   | neutron                          |
| service_type   | network                          |
| url            | http://controller:9696           |
+----------------+----------------------------------+
```

图5-102　创建neutron的admin endpoint

6. 安装 neutron 模块组件，并修改配置文件

（1）下载安装 neutron 模块组件

```
[root@cotroller ~]# yum install openstack-neutron \
openstack-neutron-ml2 openstack-neutron-linuxbridge ebtables -y
```

（2）修改配置文件，配置服务

① 编辑 /etc/neutron/neutron.conf 文件，并修改下面部分。

```
[root@controller~]# cd /etc/neutron
[root@controller glance]# mv neutron.conf  neutron.conf.bak
[root@controller glance]# vi neutron.conf
```

配置文件 neutron.conf 代码如下：

【配置文件 neutron.conf】

```
[DEFAULT]
# 使用核心插件 ml2
core_plugin = ml2
# 启用路由服务
service_plugins = router
# 启用 IP 重叠功能
allow_overlapping_ips = True
# 启用 keystone 认证
auth_strategy = keystone
# 指定连接 rabbitmq 信息
transport_ = url rabbit://openstack:openstack@controller
# 开启当端口发生变化来通知 nova 的功能
notify_nova_on_port_status_changes = True
notify_nova_on_port_data_changes = True
[keystone_authtoken]
# 普通用户认证 uri
auth_uri = http://controller:5000
# 管理员认证 url
auth_url = http://controller:35357
#memcached 服务器地址
memcached_servers = controller:11211
# 认证类型为密码认证
auth_type = password
# 项目域名为 default（默认）
project_domain_name = default
# 用户域名为 default（默认）
user_domain_name = default
# 项目名为 service
project_name = service
# 用户为 neutron
username = neutron
# 用户密码为 neutron
password = neutron
[database]
# 指定连接数据库使用的密码和地址
connection = mysql+pymysql://neutron:neutron@controller/neutron
[nova]
# 管理员认证 url
auth_url = http://controller:35357
# 认证类型为密码认证
auth_type = password
# 项目域名为 default（默认）
project_domain_name = default
```

```
# 用户域名为 default（默认）
user_domain_name = default
# 启用的区域为 RegionOne
region_name = RegionOne
# 项目名为 service
project_name = service
# 用户为 nova
username = nova
# 用户密码为 nova
password = nova
[oslo_concurrency]
# 配置锁路径为 /var/lib/neutron/tmp
lock_path = /var/lib/neutron/tmp
[root@controller ~]#cd /etc/neutron/
[root@controller neutron]# chmod 640 neutron.conf
[root@controller neutron]#chgrp neutron neutron.conf
```

② 编辑 /etc/neutron/plugins/ml2/ml2_conf.ini 文件，并修改下面部分。

```
[root@controller~]# cd /etc/neutron/plugins/ml2
[root@controller ml2]# mv ml2_conf.ini ml2_conf.ini.bak
[root@controller ml2]#vi ml2_conf.ini
```

配置文件 ml2_conf.ini 代码如下：

【配置文件 ml2_conf.ini】

```
[ml2]
# 启用 Flat，VLAN 和 VXLAN 网络
type_drivers = flat,vlan,vxlan
# 启用 Linux bridge（桥接）和 layer-2 population mechanisms
mechanism_drivers = linuxbridge,l2population
# 启用端口安全扩展驱动
extension_drivers = port_security
# 启用 VXLAN 项目 (Private 私有) 网络：
tenant_network_types = vxlan
[ml2_type_flat]
# 配置 Public Flat 提供网络
flat_networks = provider
[ml2_type_vxlan]
# 配置 VXLAN 网络隧道标识范围 1:1000
vni_ranges = 1:1000
[securitygroup]
# 启用 ipset 增加安全组的方便性
enable_ipset = True
[root@controller ~]#cd /etc/neutron/plugins/ml2
[root@controller ml2]# chmod 640 ml2_conf.ini
[root@controller ml2#chgrp neutron ml2_conf.ini
```

③ 编辑 /etc/neutron/plugins/ml2/linuxbridge_agent.ini 文件，并修改下面部分。

```
[root@controller~]# cd /etc/neutron/plugins/ml2
[root@controller ml2]# mv linuxbridge_agent.ini linuxbridge_
agent.ini.bak
```

```
[root@controller ml2]#vi linuxbridge_agent.ini
```
配置文件 linuxbridge_agent.ini 代码如下：

【配置文件 linuxbridge_agent.ini】

```
[DEFAULT]
# 不启用 debug 调试
debug = false
[linux_bridge]
# 映射 Public 公共虚拟网络到公共物理网络接口
physical_interface_mappings = provider:ens33
[vxlan]
# 启用 VXLAN 覆盖网络功能
enable_vxlan = True
# 配置处理覆盖网络的物理网络接口的 IP 地址
local_ip = 10.1.2.10
# 启用 layer-2
l2_population = True
[agent]
# 启用 ARP 欺骗防护
prevent_arp_spoofing = True
[securitygroup]
# 启用安全组
enable_security_group = True
# 配置防火墙驱动
firewall_driver = neutron.agent.linux.iptables_firewall.
IptablesFirewallDriver
 [root@controller ~]#cd /etc/neutron/plugins/ml2
 [root@controller ml2]# chmod 640 linuxbridge_agent.ini
 [root@controller ml2]#chgrp neutron linuxbridge_agent.ini
```
④ 编辑 /etc/neutron/l3_agent.ini 文件，并修改下面部分。

```
[root@controller ~]#cd /etc/neutron/
[root@controller ml2]# mv l3_agent.ini l3_agent.ini.bak
[root@controller ml2]#vi l3_agent.ini
```
配置文件 l3_agent.ini 代码如下：

【配置文件 l3_agent.ini】

```
[DEFAULT]
# 配置 Linux 桥接网络驱动
interface_driver = neutron.agent.linux.interface.BridgeInterfaceDriver
[root@controller ~]#cd /etc/neutron/
[root@controller nova]# chmod 640 l3_agent.ini
[root@controller nova]#chgrp neutron l3_agent.ini
```
⑤ 编辑 /etc/neutron/dhcp_agent.ini 文件，并修改下面部分。

```
[root@controller ~]#cd /etc/neutron/
[root@controller ml2]# mv dhcp_agent.ini dhcp_agent.ini.bak
[root@controller ml2]#vi dhcp_agent.ini
```
配置文件 dhcp_agent.ini 代码如下：

【配置文件 dhcp_agent.ini】

```
[DEFAULT]
# 配置 Linux 桥接网卡 (interface) 驱动
interface_driver = neutron.agent.linux.interface.BridgeInterfaceDriver
# 配置 Dnsmasq DHCP 驱动
dhcp_driver = neutron.agent.linux.dhcp.Dnsmasq
# 启用隔离元数据功能，这样在公共网络上的虚拟机实例就可以通过网络访问元数据
enable_isolated_metadata = True
root@controller ~]#cd /etc/neutron/
[root@controller neutron]# chmod 640 dhcp_agent.ini
[root@controller neutron]#chgrp neutron dhcp_agent.ini
```

⑥ 创建 /etc/neutron/dnsmasq-neutron.conf 文件，并修改下面部分。

配置文件 dnsmasq-neutron.conf 代码如下：

【配置文件 dnsmasq-neutron.conf】

```
# 启用 DHCP MTU 选项 (26) 并配置为 1450 bytes
dhcp-option-force=26,1450
```

⑦ 配置 /etc/nova/nova.conf 文件 [neutron]，让 compute 节点能使用 neutron 网络。

配置文件 nova.conf 代码如下：

【配置文件 nova.conf】

```
[neutron]
# 访问网络的 url
url = http://controller:9696
# 管理员认证
auth_url = http://controller:35357
# 认证类型为密码认证
auth_plugin = password
# 项目域名为 default（默认）
project_domain_id = default
# 用户域名为 default（默认）
user_domain_id = default
# 启用区域为 RegionOne
region_name = RegionOne
# 项目名为 service
project_name = service
# 用户为 neutron
username = neutron
# 用户密码为 neutron
password = neutron
# 启用元数据代理
service_metadata_proxy = True
# 配置元数据代理共享密码为 metadata，注意：此处的 metadata_proxy_shared_secret
= #metadata 等于 /etc/neutron/metadata_agent.ini 处的 metadata_proxy_
shared_secret
metadata_proxy_shared_secret = 2017.com
```

⑧ 编辑 /etc/neutron/metadata_agent.ini 文件，并修改下面部分。

```
[root@controller ~]#cd /etc/neutron/
```

```
[root@controller ml2]# mv metadata_agent.ini metadata_agent.ini.bak
[root@controller ml2]#vi metadata_agent.ini
```

配置文件 metadata_agent.ini 代码如下：

【配置文件 metadata_agent.ini】

```
[DEFAULT]
# 配置元数据主机 IP 为 controller
nova_metadata_ip = controller
# 配置元数据代理共享密码为 metadata，注意：此处的 metadata_proxy_shared_secret
= #metadata 等于 /etc/nova/nova.conf 处的 metadata_proxy_shared_secret
metadata_proxy_shared_secret = 2017.com
[root@controller ~]#cd /etc/neutron/
[root@controller neutron]# chmod 640 metadata_agent.ini
[root@controller neutron]#chgrp neutron metadata_agent.ini
```

7. 创建硬链接

```
[root@cotroller ~]# ln -s /etc/neutron/plugins/ml2/ml2_conf.ini /
etc/neutron/plugin.ini
```

8. 填充数据库

```
[root@cotroller ~]# su -s /bin/sh -c "neutron-db-manage
--config-file /etc/neutron/neutron.conf
--config-file /etc/neutron/plugins/ml2/ml2_conf.ini upgrade head"
neutron
```

填充 neutron 数据库如图 5-103 所示。

```
INFO  [alembic.runtime.migration] Context impl MySQLImpl.
INFO  [alembic.runtime.migration] Will assume non-transactional DD
  正在对 neutron 运行 upgrade...
INFO  [alembic.runtime.migration] Context impl MySQLImpl.
INFO  [alembic.runtime.migration] Will assume non-transactional DD
INFO  [alembic.runtime.migration] Running upgrade  -> kilo, kilo_i
INFO  [alembic.runtime.migration] Running upgrade kilo -> 354db87e
INFO  [alembic.runtime.migration] Running upgrade 354db87e3225 ->
INFO  [alembic.runtime.migration] Running upgrade 599c6a226151 ->
INFO  [alembic.runtime.migration] Running upgrade 52c5312f6baf ->
INFO  [alembic.runtime.migration] Running upgrade 313373c0ffee ->
INFO  [alembic.runtime.migration] Running upgrade 8675309a5c4f ->
INFO  [alembic.runtime.migration] Running upgrade 45f955889773 ->
```

图5-103 填充neutron数据库

neutron 数据表内容如图 5-104 所示。

```
MariaDB [(none)]> show tables from neutron;
+----------------------------------------+
| Tables_in_neutron                      |
+----------------------------------------+
| address_scopes                         |
| agents                                 |
| alembic_version                        |
| allowedaddresspairs                    |
| arista_provisioned_nets                |
| arista_provisioned_tenants             |
| arista_provisioned_vms                 |
| auto_allocated_topologies              |
| bgp_peers                              |
| bgp_speaker_dragent_bindings           |
| bgp_speaker_network_bindings           |
| bgp_speaker_peer_bindings              |
| bgp_speakers                           |
| brocadenetworks                        |
| brocadeports                           |
| cisco_csr_identifier_map               |
```

图5-104 查看neutron数据库的表

9. 开启 neutron 服务，并设置开机自启动

```
[root@cotroller ~]# systemctl enable neutron-server.service
neutron-linuxbridge-agent.service neutron-dhcp-agent.service
neutron-metadata-agent.serviceneutron-l3-agent.service
[root@cotroller ~]# systemctl start neutron-server.service
neutron-linuxbridge-agent.service neutron-dhcp-agent.service
neutron-metadata-agent.serviceneutron-l3-agent.service
[root@cotroller ~]# systemctl status neutron-server.service
neutron-linuxbridge-agent.service neutron-dhcp-agent.service
neutron-metadata-agent.serviceneutron-l3-agent.service
```

查看 neutron 服务状态如图 5-105 所示。

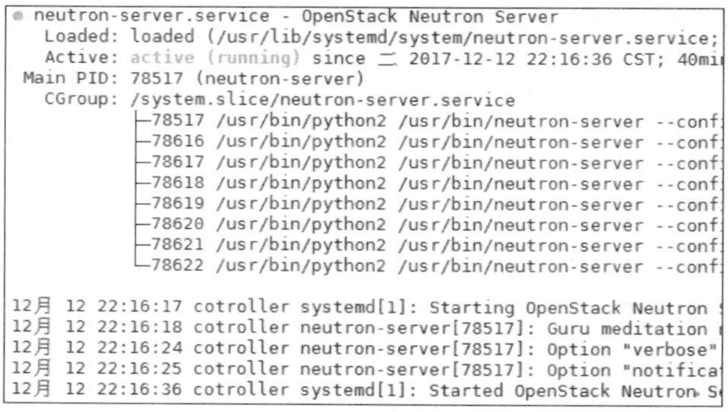

图5-105　查看neutron服务状态

注意：由于服务太多，因此没有把所有的服务状态都截图，保证启动的每个服务都是 running 状态。

10. Compute node 安装 neutron 模块，并配置

（1）下载安装 neutron 模块组件

```
[root@compute ~]# yum install openstack-neutron-linuxbridge
ebtables ipset -y
```

（2）修改配置文件，配置服务

① 编辑 /etc/neutron/neutron.conf 文件，并修改下面部分。

```
[root@compute ~]# cd /etc/neutron/
[root@compute nova]# mv neutron.confneutron.conf.bak
[root@compute nova]# vi neutron.conf

[DEFAULT]
# 启用 keystone 认证
auth_strategy = keystone
# 指定 rabbitmq 连接信息
transport = url rabbit://openstack:openstack@controller
[keystone_authtoken]
# 普通用户认证 uri
auth_uri = http://controller:5000
# 管理员认证 url
```

```
auth_url = http://controller:35357
#memcached 服务器地址
memcached_servers = controller:11211
# 认证类型为密码认证
auth_type = password
# 项目域名为 default（默认）
project_domain_name = default
# 用户域名为 default（默认）
user_domain_name = default
# 项目名为 service
project_name = service
# 用户为 neutron
username = neutron
# 用户密码为 neutron
password = neutron
[oslo_concurrency]
# 配置锁路径为 /var/lib/neutron/tmp
lock_path = /var/lib/neutron/tmp
[root@compute ~]#cd /etc/neutron/
[root@compute neutron]# chmod 640 neutron.conf
[root@compute neutron]#chgrp neutron neutron.conf
```

② 编辑 /etc/neutron/plugins/ml2/linuxbridge_agent.ini 文件，并修改下面部分。

```
[root@compute ~]# cd /etc/neutron/plugins/ml2
[root@compute nova]# mv linuxbridge_agent.inilinuxbridge_agent.
ini.bak
[root@compute nova]# vi linuxbridge_agent.ini
[linux_bridge]
# 映射 Public 虚拟网络到公共物理网络接口
physical_interface_mappings = provider:ens33
[vxlan]
# 启用 VXLAN 覆盖网络功能
enable_vxlan = True
# 配置处理覆盖网络的物理网络接口的 IP 地址
local_ip = 10.1.2.11
# 启用 layer-2
l2_population = True
[securitygroup]
# 启用安全组
enable_security_group = True
# 配置防火墙驱动
firewall_driver = neutron.agent.linux.iptables_firewall.
IptablesFirewallDriver
[root@compute ~]# cd /etc/neutron/plugins/ml2
[root@compute neutron]# chmod 640 linuxbridge_agent.ini
[root@compute neutron]# chgrp neutron linuxbridge_agent.ini
```

③ 配置 /etc/nova/nova.conf 文件 [neutron]，让 compute 节点能使用 neutron 网络。

```
[neutron]
# 访问网络的 url
```

```
url = http://controller:9696
# 管理员认证
auth_url = http://controller:35357
# 认证类型为密码认证
auth_plugin = password
# 项目域名为 default（默认）
project_domain_id = default
# 用户域名为 default（默认）
user_domain_id = default
# 启用区域为 RegionOne
region_name = RegionOne
# 项目名为 service
project_name = service
# 用户为 neutron
username = neutron
# 用户密码为 neutron
password = neutron
```

11. 开启 Compute node neutron 服务，并设置开机自启动

```
[root@compute ~]# systemctl restart libvirtd.service openstack-
nova-compute.service
[root@compute ~]# systemctl enable neutron-linuxbridge-agent.
service
[root@compute ~]# systemctl start neutron-linuxbridge-agent.
service
[root@compute~]#systemctl status libvirtd.service
openstack-nova-compute.service neutron-linuxbridge-agent.service
```

查看 compute node neutron 服务状态如图 5-106 所示。

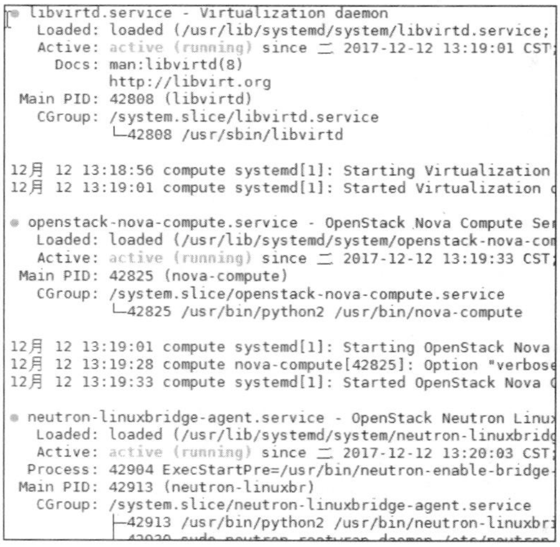

图5-106　查看服务状态

12. 验证 neutron 服务，在 controller Node 执行

```
[root@cotroller ~]# neutron ext-list
```

验证 neutron-Server 过程的成功启动如图 5-107 所示。

alias	name
default-subnetpools	Default Subnetpools
network-ip-availability	Network IP Availability
network_availability_zone	Network Availability Zone
auto-allocated-topology	Auto Allocated Topology Services
ext-gw-mode	Neutron L3 Configurable external gateway mode
binding	Port Binding
agent	agent
subnet_allocation	Subnet Allocation
l3_agent_scheduler	L3 Agent Scheduler
tag	Tag support
external-net	Neutron external network
flavors	Neutron Service Flavors
net-mtu	Network MTU
availability_zone	Availability Zone
quotas	Quota management support
l3-ha	HA Router extension
provider	Provider Network
multi-provider	Multi Provider Network
address-scope	Address scope
extraroute	Neutron Extra Route
subnet-service-types	Subnet service types
standard-attr-timestamp	Resource timestamps
service-type	Neutron 服务类型管理
l3-flavors	Router Flavor Extension
port-security	Port Security

图5-107 验证neutron-server过程的成功启动

查看 cotroller~ 文件如下。

```
[root@cotroller ~]# openstack network agent list
```

查看 neutron 服务状态如图 5-108 所示。

ID	Agent Type	Host	Avail
0db85126-c017-4d5d-8307-50fdafb23e55	L3 agent	cotroller	nova
9e26caba-c1f2-4d2b-ac57-7cecf3cd7a15	Linux bridge agent	cotroller	None
9ee7c983-72fb-4f58-8ce7-e4cf2cb6c184	DHCP agent	cotroller	nova
a559dca9-6904-4563-8a25-888b1ade23ff	Metadata agent	cotroller	None
f8df21d7-7d69-4dbf-97b9-264698ea72e4	Linux bridge agent	compute	None

图5-108 查看neutron服务状态

注意：5 个服务的状态都要是 UP 状态。

5.2.6 Cinder

1. 创建 cinder 数据库

（1）使用数据库客户端用 root 的身份进入数据库

```
[root@controller ~]# mysql -u root -pgg
```

（2）创建 cinder 数据库

```
MariaDB [(none)]> CREATE DATABASE cinder;
```

创建 cinder 数据库，成功后返回结果如图 5-109 所示。

```
Query OK, 0 rows affected (0.00 sec)
```

图5-109 创建cinder数据库成功

（3）设置 cinder 数据库的访问权限，并将密码设置为“cinder”

```
MariaDB [(none)]>GRANT ALL PRIVILEGES ON cinder.* TO
'cinder'@'localhost' IDENTIFIED BY 'cinder';
```

设置 cinder 数据库本地权限，设置成功后返回结果如图 5-110 所示。

```
Query OK, 0 rows affected (0.00 sec)
```

图5-110　设置cinder数据库本地权限

```
MariaDB [(none)]>GRANT ALL PRIVILEGES ON cinder.* TO 'cinder'@'%'
IDENTIFIED BY 'cinder';
```

设置 cinder 数据库远程权限，设置成功后返回结果如图 5-111 所示。

```
Query OK, 0 rows affected (0.00 sec)
```

图5-111　设置cinder数据库远程权限

设置 cinder 数据库远程权限如下。

2. 创建 cinder 用户

```
[root@cotroller ~]# openstack user create --domain default cinder
--password cinder
```

创建 cinder 用户如图 5-112 所示。

```
+---------------------+----------------------------------+
| Field               | Value                            |
+---------------------+----------------------------------+
| domain_id           | default                          |
| enabled             | True                             |
| id                  | c6353ce878a04847a383cbacf9be33d2 |
| name                | cinder                           |
| password_expires_at | None                             |
+---------------------+----------------------------------+
```

图5-112　创建cinder用户

3. 将 cinder 用户赋予 admin 的角色

```
[root@cotroller ~]# openstack role add --project service --user
cinder admin
```

4. 创建 volume 服务

```
[root@cotroller ~]# openstack service create --name cinder
--description "OpenStack Block Storage" volume
```

创建 volume 服务如图 5-113 所示。

```
+-------------+----------------------------------+
| Field       | Value                            |
+-------------+----------------------------------+
| description | OpenStack Block Storage          |
| enabled     | True                             |
| id          | 18225cb5fea34f56b89df1b7151447e4 |
| name        | cinder                           |
| type        | volume                           |
+-------------+----------------------------------+
```

图5-113　创建volume服务

创建 volume 服务的 cotroller ～文件如下。

```
[root@cotroller ~]# openstack service create --name cinderv2
--description "OpenStack Block Storage" volumev2
```
创建 Volumev2 服务如图 5-114 所示。

```
+-------------+--------------------------------+
| Field       | Value                          |
+-------------+--------------------------------+
| description | OpenStack Block Storage        |
| enabled     | True                           |
| id          | 317e3311d3b94c6c88261e47c64e14fe |
| name        | cinderv2                       |
| type        | volumev2                       |
+-------------+--------------------------------+
```

图5-114　创建volumev2服务

5. 创建 cinder 的 endpoint

```
[root@cotroller ~]# openstack endpoint create --region RegionOne volume
Public http://controller:8776/v1/%\(tenant_id\)s
```
创建 cinder 的 public endpoint 如图 5-115 所示。

```
+--------------+----------------------------------+
| Field        | Value                            |
+--------------+----------------------------------+
| enabled      | True                             |
| id           | 128deb9776574afdba1e5babd09057d7 |
| interface    | public                           |
| region       | RegionOne                        |
| region_id    | RegionOne                        |
| service_id   | 18225cb5fea34f56b89df1b7151447e4 |
| service_name | cinder                           |
| service_type | volume                           |
| url          | http://controller:8776/v1/%(tenant_id)s |
+--------------+----------------------------------+
```

图5-115　创建cinder的public endpoint

```
[root@cotroller ~]# openstack endpoint create --region RegionOne volume
Internal http://controller:8776/v1/%\(tenant_id\)s
```
创建 cinder 的 internal endpoint 如图 5-116 所示。

```
+--------------+----------------------------------+
| Field        | Value                            |
+--------------+----------------------------------+
| enabled      | True                             |
| id           | eb5da939a5db480eb796acbbf351ec1e |
| interface    | internal                         |
| region       | RegionOne                        |
| region_id    | RegionOne                        |
| service_id   | 18225cb5fea34f56b89df1b7151447e4 |
| service_name | cinder                           |
| service_type | volume                           |
| url          | http://controller:8776/v1/%(tenant_id)s |
+--------------+----------------------------------+
```

图5-116　创建cinder的internal endpoint

创建 cinder 的 internal endpoint cotroller ～文件如下。

```
[root@cotroller ~]# openstack endpoint create --region RegionOne volume
admin http://controller:8776/v1/%\(tenant_id\)s
```
创建 cinder 的 admin endpoint 如图 5-117 所示。

```
+-------------+---------------------------------------+
| Field       | Value                                 |
+-------------+---------------------------------------+
| enabled     | True                                  |
| id          | b62b8184c4f5402ca9a4a525754ba090      |
| interface   | admin                                 |
| region      | RegionOne                             |
| region_id   | RegionOne                             |
| service_id  | 18225cb5fea34f56b89df1b7151447e4      |
| service_name| cinder                                |
| service_type| volume                                |
| url         | http://controller:8776/v1/%(tenant_id)s |
+-------------+---------------------------------------+
```

图5-117 创建cinder的admin endpoint

创建 cinderv2 的 public endpoint 如图 5-118 所示。

```
+-------------+---------------------------------------+
| Field       | Value                                 |
+-------------+---------------------------------------+
| enabled     | True                                  |
| id          | 1f14e2a5d6f646bdb3e3278e1c90a61a      |
| interface   | public                                |
| region      | RegionOne                             |
| region_id   | RegionOne                             |
| service_id  | 317e3311d3b94c6c88261e47c64e14fe      |
| service_name| cinderv2                              |
| service_type| volumev2                              |
| url         | http://controller:8776/v2/%(tenant_id)s |
+-------------+---------------------------------------+
```

图5-118 创建cinderv2的public endpoint

创建 cinderv2 的 public endpoint cotroller ～文件如下。

```
[root@cotroller ~]# openstack endpoint create --region RegionOne
volumev2
  internal http://controller:8776/v2/%\(tenant_id\)s
```

创建 cinderv2 的 internal endpoint 如图 5-119 所示。

```
+-------------+---------------------------------------+
| Field       | Value                                 |
+-------------+---------------------------------------+
| enabled     | True                                  |
| id          | cb1eb680e4e74b24ab40b19791435832      |
| interface   | internal                              |
| region      | RegionOne                             |
| region_id   | RegionOne                             |
| service_id  | 317e3311d3b94c6c88261e47c64e14fe      |
| service_name| cinderv2                              |
| service_type| volumev2                              |
| url         | http://controller:8776/v2/%(tenant_id)s |
+-------------+---------------------------------------+
```

图5-119 创建cinderv2的internal endpoint

创建 cinderv2 的 internal endpoint cotroller ～文件如下。

```
[root@cotroller ~]# openstack endpoint create --region RegionOne
volumev2
  admin http://controller:8776/v2/%\(tenant_id\)s
```

创建 cinderv2 的 admin endpoint 如图 5-120 所示。

```
+-------------------+-----------------------------------------+
| Field             | Value                                   |
+-------------------+-----------------------------------------+
| enabled           | True                                    |
| id                | 9b8caeb30b0342ffa0aec775455305d2        |
| interface         | admin                                   |
| region            | RegionOne                               |
| region_id         | RegionOne                               |
| service_id        | 317e3311d3b94c6c88261e47c64e14fe        |
| service_name      | cinderv2                                |
| service_type      | volumev2                                |
| url               | http://controller:8776/v2/%(tenant_id)s |
+-------------------+-----------------------------------------+
```

图5-120　创建cinderv2的admin endpoint

6. 安装 cinder 模块组件，并修改配置文件

（1）下载安装 cinder 模块组件

```
[root@cotroller ~]# yum install openstack-cinder -y
```

（2）修改配置文件，配置服务

编辑 /etc/cinder/cinder.conf 文件，并修改下面部分。

```
[root@controller~]# cd /etc/cinder
[root@controller glance]# mv cinder.confcinder.conf.bak
[root@controller glance]# vi cinder.conf
```

配置文件 cinder.conf 代码如下：

【配置文件 cinder.conf】

```
[DEFAULT]
# 本机 IP 地址
my_ip = 10.1.1.10
# 启用 keystone 认证
auth_strategy = keystone
# 指定 rabbitmq 连接信息
transport_url = rabbit://openstack:openstack@controller
[database]
# 指定连接数据库使用的密码和地址
connection = mysql+pymysql://cinder:cinder@controller/cinder
[keystone_authtoken]
# 普通用户认证 uri
auth_uri = http://controller:5000
# 管理员认证 url
auth_url = http://controller:35357
#memcached 服务器地址
memcached_servers = controller:11211
# 认证类型为密码认证
auth_type = password
# 项目域名为 default（默认）
project_domain_name = default
# 用户域名为 default（默认）
user_domain_name = default
project_name = service
# 用户为 ciner
username = cinder
# 用户密码为 cinder
```

```
password = cinder
[oslo_concurrency]
# 配置锁路径为 /var/lib/cinder/tmp
lock_path = /var/lib/cinder/tmp
[root@controller ~]#cd /etc/cinder
[root@controller nova]# chmod 640 cinder.conf
[root@controller nova]#chgrp cinder cinder.conf
```

7. 填充数据库

```
[root@cotroller ~]# su -s /bin/sh -c "cinder-manage db sync:" cinder
```

注意：忽略输出提示。

8. 开启 cinder 服务，并设置开机自启动

```
[root@cotroller ~]# systemctl restart openstack-nova-api.service
[root@cotroller ~]# systemctl enable openstack-cinder-api.service
openstack-cinder-scheduler.service
[root@cotroller ~]# systemctl start openstack-cinder-api.service
openstack-cinder-scheduler.service
[root@cotroller ~]# systemctl status openstack-cinder-api.service
openstack-cinder-scheduler.service
```

controller 端的 cinder 服务状态如图 5-121 所示。

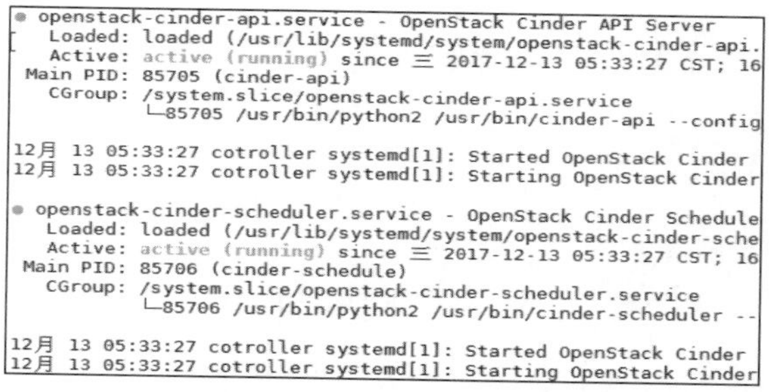

```
● openstack-cinder-api.service - OpenStack Cinder API Server
   Loaded: loaded (/usr/lib/systemd/system/openstack-cinder-api.
   Active: active (running) since 三 2017-12-13 05:33:27 CST; 16
 Main PID: 85705 (cinder-api)
   CGroup: /system.slice/openstack-cinder-api.service
           └─85705 /usr/bin/python2 /usr/bin/cinder-api --config

12月 13 05:33:27 cotroller systemd[1]: Started OpenStack Cinder
12月 13 05:33:27 cotroller systemd[1]: Starting OpenStack Cinder

● openstack-cinder-scheduler.service - OpenStack Cinder Schedule
   Loaded: loaded (/usr/lib/systemd/system/openstack-cinder-sche
   Active: active (running) since 三 2017-12-13 05:33:27 CST; 16
 Main PID: 85706 (cinder-schedule)
   CGroup: /system.slice/openstack-cinder-scheduler.service
           └─85706 /usr/bin/python2 /usr/bin/cinder-scheduler --

12月 13 05:33:27 cotroller systemd[1]: Started OpenStack Cinder
12月 13 05:33:27 cotroller systemd[1]: Starting OpenStack Cinder
```

图5-121　controller端的cinder服务状态

9. Compute node 安装 cinder 模块，并配置

① 下载安装 LVM 支撑包，开启服务，并设置为开机自启动。

```
[root@compute ~]# yum install lvm2 -y
[root@compute ~]#  systemctl enable lvm2-lvmetad.service
[root@compute ~]# systemctl start lvm2-lvmetad.service
[root@compute ~]# systemctl status lvm2-lvmetad.service
```

lvm2 服务状态如图 5-122 所示。

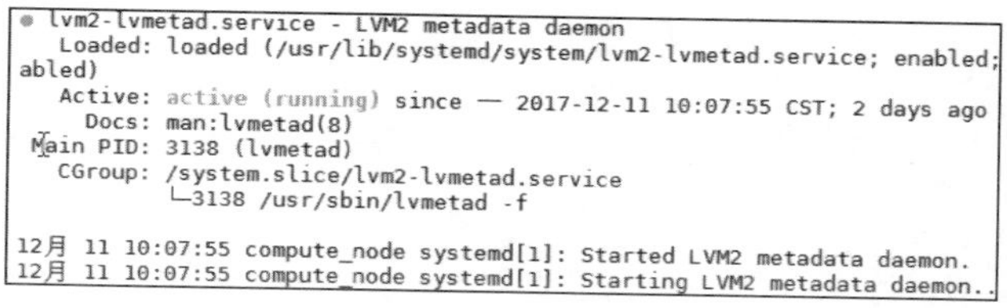

```
● lvm2-lvmetad.service - LVM2 metadata daemon
   Loaded: loaded (/usr/lib/systemd/system/lvm2-lvmetad.service; enabled;
abled)
   Active: active (running) since 一 2017-12-11 10:07:55 CST; 2 days ago
     Docs: man:lvmetad(8)
 Main PID: 3138 (lvmetad)
   CGroup: /system.slice/lvm2-lvmetad.service
           └─3138 /usr/sbin/lvmetad -f

12月 11 10:07:55 compute_node systemd[1]: Started LVM2 metadata daemon.
12月 11 10:07:55 compute_node systemd[1]: Starting LVM2 metadata daemon..
```

图5-122　lvm2服务状态

② 添加新磁盘 sdb，并创建 LVM 提供 cinder 块存储。

用 VMware 为虚拟机添加一块 20GB 的虚拟磁盘，如图 5-123 和图 5-124 所示，重启 compute Node 创建 LVM 逻辑卷，为 cinder 提块存储。

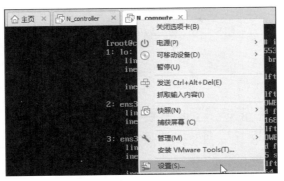

图5-123　打开虚拟机设置

图5-124　添加一块硬盘sdb

查看添加新磁盘 compute ～文件如下。

```
[root@compute ~]# lsblk
```

查看新加硬盘是否添加成功如图 5-125 所示。

```
NAME        MAJ:MIN RM  SIZE RO TYPE MOUNTPO
sda           8:0    0  100G  0 disk
├─sda1        8:1    0    1G  0 part /boot
└─sda2        8:2    0   99G  0 part
  ├─cl-root 253:0    0   50G  0 lvm  /
  ├─cl-swap 253:1    0    2G  0 lvm  [SWAP]
  └─cl-home 253:2    0   47G  0 lvm  /home
sdb           8:16   0   20G  0 disk
sr0          11:0    1  680M  0 rom
```

图5-125　查看新加硬盘是否添加成功

查看新加硬盘是否成功 compute ～文件如下。

```
[root@compute ~]# pvcreate /dev/sdb
```

交 /dev/sdb 硬盘创建成 pv 如图 5-126 所示。

```
Physical volume "/dev/sdb" successfully created.
```

图5-126　将/dev/sdb硬盘创建成PV

```
[root@compute ~]# vgcreate cinder-volumes /dev/sdb
```

将 /dev/sdb 硬盘在 pv 的基础上做成 VG 如图 5-127 所示。

```
Volume group "cinder-volumes" successfully created
```

图5-127　将/dev/sdb硬盘在PV的基础上做成VG

③ 编辑 /etc/lvm/lvm.conf 文件，在 devices 下面添加 filter＝［"a/sda/"，"a/sdb/"，"r/.*/"］。

```
vi /etc/lvm/lvm.conf
```

通过配置文件过滤出能用的 LVM 空间，如图 5-128 所示。

```
130            filter = [ "a/sda/", "a/sdb/","r/.*/"]
```

图5-128　通过配置文件过滤出能用的LVM空间

④ 重启 lvm2 服务。

```
[root@compute ~]# systemctl restart lvm2-lvmetad.service
[root@compute ~]# systemctl status lvm2-lvmetad.service
```

查看 lvm 服务状态如图 5-129 所示。

```
● lvm2-lvmetad.service - LVM2 metadata daemon
   Loaded: loaded (/usr/lib/systemd/system/lvm2-lvmetad.service;
abled)
   Active: active (running) since 三 2017-12-13 17:51:43 CST; 6s
     Docs: man:lvmetad(8)
 Main PID: 12910 (lvmetad)
   CGroup: /system.slice/lvm2-lvmetad.service
           └─12910 /usr/sbin/lvmetad -f

12月 13 17:51:43 compute systemd[1]: Started LVM2 metadata daemo
12月 13 17:51:43 compute systemd[1]: Starting LVM2 metadata daem
```

图5-129　查看lvm服务状态

⑤ 安装 openstack-cinder、targetcli、python-keystone 模块组件。

```
[root@compute ~]# yum install openstack-cinder targetcli python-
keystone -y
```

⑥ 编辑 vi /etc/cinder/cinder.conf 配置文件，并修改下面部分。

```
[root@compute ~]# cd /etc/cinder/
[root@compute ~]# mv cinder.conf cinder.conf.bak
[root@compute cinder]# vi cinder.conf
```

配置文件 cinder.conf 代码如下：

【配置文件 cinder.conf】

```
[DEFAULT]
```

```
# 启用 keystone 认证
auth_strategy = keystone
# 本机 IP 地址
my_ip = 10.1.2.11
# 后端存储 LVM
enabled_backends = lvm
# 指定 glance 镜像的 API
glance_api_servers = http://controller:9292
# 指定 rabbitmq 连接信息
transport_url = rabbit://openstack:openstack@controller
[database]
# 指定连接数据库使用的密码和地址
connection = mysql+pymysql://cinder:cinder@controller/cinder
[keystone_authtoken]
# 普通用户认证 uri
auth_uri = http://controller:5000
# 管理员认证 url
auth_url = http://controller:35357
#memcached 服务器地址
memcached_servers = controller:11211
# 认证类型为密码认证
auth_type = password
# 项目域名为 default（默认）
project_domain_name = default
# 用户域名为 default（默认）
user_domain_name = default
project_name = service
# 用户为 ciner
username = cinder
# 用户密码为 cinder
password = cinder
[lvm]
# 启用 volume 卷的驱动
volume_driver = cinder.volume.drivers.lvm.LVMVolumeDriver
# 指定使用 volume_group 的名字
volume_group = cinder-volumes
# 启用 iscsi 协议
iscsi_protocol = iscsi
# 启用 iscsi 管理工具为 lioadm
iscsi_helper = lioadm
[oslo_concurrency]
# 配置锁路径为 /var/lib/cinder/tmp
[root@compute ~]# cd /etc/cinder/
[root@compute cinder]# chmod 640 cinder.conf
[root@compute cinder]# chgrp cinder cinder.conf
```

10. 开启 nova-compute 服务，并设置开机自启动

```
[root@compute cinder]# systemctl enable openstack-cinder-volume.service
target.service
[root@compute cinder]# systemctl start openstack-cinder-volume.service
```

```
target.service
[root@compute cinder]# systemctl status openstack-cinder-volume.service
target.service
```

查看 compute 端 cinder 服务状态如图 5-130 所示。

```
● openstack-cinder-volume.service - OpenStack Cinder Volume Server
   Loaded: loaded (/usr/lib/systemd/system/openstack-cinder-volume
   Active: active (running) since 三 2017-12-13 19:35:04 CST; 9min
 Main PID: 14994 (cinder-volume)
   CGroup: /system.slice/openstack-cinder-volume.service
           ─14994 /usr/bin/python2 /usr/bin/cinder-volume --confi
           ─15011 /usr/bin/python2 /usr/bin/cinder-volume --confi

12月 13 19:39:37 compute sudo[15145]:    cinder : TTY=unknown ; PWD:
12月 13 19:39:37 compute sudo[15160]:    cinder : TTY=unknown ; PWD:
12月 13 19:40:37 compute sudo[15167]:    cinder : TTY=unknown ; PWD:
12月 13 19:40:37 compute sudo[15179]:    cinder : TTY=unknown ; PWD:
12月 13 19:41:37 compute sudo[15187]:    cinder : TTY=unknown ; PWD:
12月 13 19:41:37 compute sudo[15199]:    cinder : TTY=unknown ; PWD:
12月 13 19:42:37 compute sudo[15238]:    cinder : TTY=unknown ; PWD:
12月 13 19:42:37 compute sudo[15250]:    cinder : TTY=unknown ; PWD:
12月 13 19:43:37 compute sudo[15282]:    cinder : TTY=unknown ; PWD:
12月 13 19:43:37 compute sudo[15294]:    cinder : TTY=unknown ; PWD:

● target.service - Restore LIO kernel target configuration
   Loaded: loaded (/usr/lib/systemd/system/target.service; enabled
   Active: active (exited) since 三 2017-12-13 19:34:30 CST; 9min
 Main PID: 14974 (code=exited, status=0/SUCCESS)
   CGroup: /system.slice/target.service

12月 13 19:34:30 compute systemd[1]: Starting Restore LIO kernel ta
12月 13 19:34:30 compute target[14974]: No saved config file at /et
12月 13 19:34:30 compute systemd[1]: Started Restore LIO kernel ta
Hint: Some lines were ellipsized, use -l to show in full.
```

图5-130　查看compute端cinder服务状态

11. 验证 cinder 服务，在 controller Node 执行

```
[root@cotroller ~]# openstack volume service list
```

查看卷服务的启动状态如图 5-131 所示。

```
+------------------+-------------+------+---------+-------+
| Binary           | Host        | Zone | Status  | State |
+------------------+-------------+------+---------+-------+
| cinder-scheduler | cotroller   | nova | enabled | up    |
| cinder-volume    | compute@lvm | nova | enabled | up    |
+------------------+-------------+------+---------+-------+
```

图5-131　查看卷服务的启动状态

5.2.7　Dashboard

1. 安装 Dashboard 相关软件包

```
[root@cotroller ~]# yum install openstack-dashboard -y
```

2. 修改 /etc/openstack-dashboard/local_settings 配置文件，并修改下面部分。

```
[root@cotroller ~]# cd /etc/openstack-dashboard/
[root@cotroller openstack-dashboard]# cp local_settings local_
settings.bak
```

```
[root@cotroller openstack-dashboard]# vi local_settings
```

配置文件 local_settings 代码如下：

【配置文件 local_settings】

```
# 配置仪表板以在 controller 节点上使用 OpenStack 服务
OPENSTACK_HOST = "controller"
# 启用 Identity API 版本 3
OPENSTACK_KEYSTONE_URL = "http://%s:5000/v3" % OPENSTACK_HOST
# 配置当您通过仪表板创建的用户的默认角色为 user
OPENSTACK_KEYSTONE_DEFAULT_ROLE = "user"
# 允许所有主机访问仪表板
ALLOWED_HOSTS = ['*', ]
# 配置 memcached 会话存储服务：
SESSION_ENGINE = 'django.contrib.sessions.backends.cache'
CACHES = {
    'default': {
        'BACKEND': 'django.core.cache.backends.memcached.
MemcachedCache',
        'LOCATION': '10.1.1.10:11211',
    },
}
# 启用对域的支持
OPENSTACK_KEYSTONE_MULTIDOMAIN_SUPPORT = True
# 配置 API 版本
OPENSTACK_API_VERSIONS = {
#    "data-processing": 1.1,
    "identity": 3,
    "image": 2,
    "volume": 2,
#    "compute": 2,
}
# 配置当您通过仪表板创建的用户的默认域为 default:
OPENSTACK_KEYSTONE_DEFAULT_DOMAIN = 'default'
# 配置 user 为您通过仪表板创建的用户的默认角色
OPENSTACK_KEYSTONE_DEFAULT_ROLE = "user"
# 启用对三层网络服务的支持
OPENSTACK_NEUTRON_NETWORK = {
    'enable_router': True,
    'enable_quotas': True,
    'enable_ipv6': True,
    'enable_distributed_router': True,
    'enable_ha_router': True,
    'enable_lb': True,
    'enable_firewall': True,
    'enable_vpn': True,
    'enable_fip_topology_check': True,
# 配置时区
TIME_ZONE = "Asia/Shanghai"
```

注意：没有涉及的部分内容，不要随意更改。

3. 开启 Dashboard 服务

```
[root@cotroller openstack-dashboard]# systemctl restart httpd.
service memcached.service
```

4. 验证 Dashboard

在浏览器中输入 /etc/hosts 文件中 controller 对应的 IP/dashboard 进行访问,如图 5-132 所示,默认域名为 default,用户名为 admin,密码为 admin, 如图 5-133 所示。

图5-132 Dashboard登录方法

图5-133 Dashboard登录界面

5.2.8 任务回顾

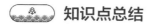 知识点总结

1. OpenStack 部署的环境:数据库、NTP 时间同步、缓存服务、IP 地址解析、IP 地址的规划、HTTP、消息队列服务以及相应软件的镜像的准备。

2. OpenStack-Keystone 认证服务的部署。

3. OpenStack-Glance 镜像服务的部署。

4. OpenStack-Nova 计算服务的部署。

5. OpenStack-Neutron 网络服务的部署。

6. OpenStack-Cinder 块存储服务的部署。

7. OpenStack-Dashboard 仪表盘服务的部署。

学习足迹

任务二学习足迹如图 5-134 所示。

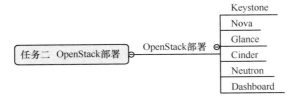

图5-134 任务二学习足迹

思考与练习

1. 请自己搭建属于自己的 OpenStack 平台，并且启动虚拟机实例。

2. 请根据 OpenStack 官网的官方文档尝试 Neutron 其他网络模式。

3. 请根据 OpenStack 官网的官方文档尝试 Cinder 后端其他形式。

5.3 项目总结

通过本项目的学习，我们掌握了 OpenStack 的起源与背景、OpenStack 的整体架构、OpenStack 各个服务的工作机制、逻辑架构。学习 OpenStack 的部署，我们更好地理解了 OpenStack 各个服务之间是如何配合工作的同时也对 Linux 命令更为熟悉。

项目 5 技能图谱如图 5-135 所示。

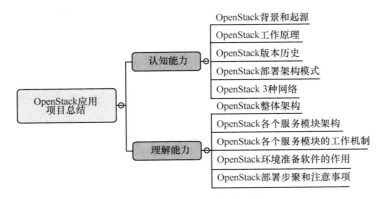

图5-135 项目5技能图谱

5.4 拓展训练

自主实践：搭建 OpenStack 私有云平台。

◆ **拓展训练要求**：

• 搭建 OpenStack 云平台（Keystone、Glance、Nova、Neutron、Cinder、Dashboard）Nova-compute 服务底层使用 qemu 或者 KVM；

• 以 Word 文档的形式，将创建过程记录下来，并保存服务的配置文件与重要部分的截图。

◆ **格式要求**：需提交 Word 版。

◆ **考核方式**：

• 课上演示搭建成功的 OpenStack 云平台功能。

• 提交 Word 形式的创建文档。

◆ **评估标准**：见表 5-5。

表5-5 拓展训练评估表

项目名称： 搭建OpenStack私有云平台	项目承接人： 姓名：	日期：
项目要求	**评分标准**	**得分情况**
搭建OpenStack云平台（Keystone、Glance、Nova、Neutron、Cinder、Dashboard），Nova-compute服务底层使用qemu或者KVM（60分）	每个组件部署成功，并通过验证（60分）	
以Word文档的形式，将创建过程记录下来，并保存服务的配置文件与重要部分的截图（40分）	①思路清晰，表达清楚（10分）。 ②逻辑正确，无重大错误（20分）。 ③字面干净、整洁、大方（10分）	
评价人	**评价说明**	**备注**
个人		
老师		

云数据中心运维

项目引入

云数据中心建成后，系统一直稳定运行，但是在"双十一"的时候，系统并不稳定，我们公司合作签约的某大型电商在"双十一"活动期间由于用户访问量过大，导致后台崩溃，遭受巨大损失，为此公司领导非常重视，特意召集项目组成员开了一次紧急会议。

> 梁工：××公司的事故你们也知道了，说说你们的看法。
>
> 邓工：需求计算量太大，服务器不能负荷，最终导致后台崩溃。据了解，他们公司的运维工程师人员较少，不能更好地维护和优化服务器，这是导致此次事故发生的根本原因。
>
> 梁工：嗯，没错。随着公司规模的发展，咱们的数据中心也面临着种种挑战，所以，数据中心的维护建设必须做好。小李，你这大半年进步很大，但不能骄傲懈怠，接下来关于云数据中心运维的东西，不懂就问，不怕有问题，就怕不重视，就怕不解决。××公司的这次事情，是前车之鉴，你们要引以为戒。

前辈们的耳提面命，让我又提起一百分精神，有了××公司的教训，我铆足精神开始学习运维的相关技术。

知识图谱

项目 6 知识图谱如图 6-1 所示。

6.1 任务一：认识自动化运维

【任务描述】

随着各种业务对 IT 的依赖渐重，企业的 IT 基础架构规模不断扩张。企业如何将日常 IT 运维中大量的重复性工作由过去的手工执行转化为自动化操作呢？接下来，让我们一起学习自动化运维。

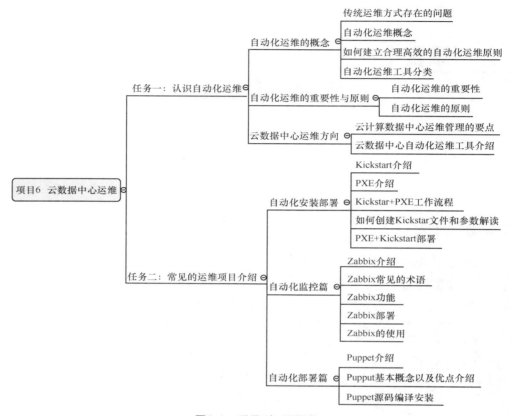

图6-1　项目6知识图谱

6.1.1　自动化运维的概念

1. 传统运维方式存在的问题

目前，许多企业的 IT 运维管理处于半自动化的运维状态，而传统的 IT 运维模式是出现 IT 故障后再补救，这种被动、孤立、半自动式的 IT 运维管理模式经常让 IT 部门疲惫不堪，主要表现在以下 3 个方面。

（1）运维人员被动、效率低

目前，在企业 IT 运维管理过程中，企业只有在事件已经发生并且对业务造成影响时才会发现和着手去处理此次事件，这种被动"救火"的方式不但使 IT 运维人员终日忙碌，也使 IT 运维本身的质量难以提高，导致 IT 部门和业务部门对 IT 运维的服务满意度都很低。

（2）缺乏一套高效的 IT 运维机制

许多企业在 IT 运维管理过程中缺少自动化的运维管理模式，也没有明确的角色定义和责任划分，使得系统在出现问题后，IT 运维人员很难快速、准确地找到根本原因，也无法及时地找到相关人员修复和处理事故，或者是在问题找到后缺乏流程化的故障处理机制，而且运维人员在处理问题时不但欠缺规范化的解决方案，也缺乏全面的跟踪记录。

（3）缺乏高效的 IT 运维技术工具

随着信息化建设的深入，企业 IT 系统日趋复杂，林林总总的网络设备、服务器、中间件、业务系统等让 IT 运维人员难以从容应对，即使加班加点地维护、部署、管理也经常会因为设备出现一些让人意想不到的故障而导致业务中断，从而严重影响企业的正常运转。然而出现这些问题的部分原因是因为企业缺乏事件监控和诊断等 IT 运维技术工具，没有高效的技术工具的支持，故障事件很难得到主动、快速的处理。

2. 自动化运维概念

随着信息时代的持续发展，IT 运维已经成为 IT 服务中最重要的组成部分。企业面对越来越复杂的业务、越来越多样化的用户需求和不断扩展的 IT 应用，我们需要合理的模式来保障 IT 服务能够灵活便捷、安全稳定地持续运行。

随着企业服务器数量的增多，服务器的日常管理也逐渐繁杂，如果每天需要人工频繁地更新、部署及管理这些服务器，势必会浪费大量的时间，而且人为的操作也可能造成某些问题因为人员的疏忽而被遗漏，而自动化运维就是用最少的人工干预，结合运用脚本与自动化运维工具，保证业务系统 7×24 小时高效稳定的运行。

3. 如何建立合理高效的自动化运维原则

（1）建立自动化运维管理平台

IT 运维自动化管理建设的第一步是建立 IT 运维的自动化监控和管理平台。企业可以通过监控工具约束用户操作规范、实时监控 IT 资源，IT 资源包括服务器、数据库、中间件、存储备份、网络、安全、机房、业务应用和客户端等内容，企业通过自动监控管理平台综合处理并集中管理故障或问题。例如，在自定义周期内自动触发完成对 IT 运维的例行巡检，并形成检查报告。其包括自动运行维护，以完成对系统补丁的同步分发与升级、数据备份、病毒查杀等工作。

（2）建立故障事件自动触发流程，提高故障处理效率

所有 IT 设备在遇到问题时能自动报警，自动和人为的报警内容都应以红色标识并被显示在运维屏幕上。IT 运维人员只需要按照相关知识库的操作步骤就可以修复故障了。企业需要事先建立流程管理，当设备或软件发生异常或超出预警指标时就会触发相关的事件，同时触发相关工单处理流程给相关 IT 运维人员。IT 运维人员必须在指定时间内完成流程所规定的工作，以提高效率。

（3）建立规范的事件跟踪流程，强化运维执行力度

企业在 IT 运维自动化管理建设时，首先需要建立故障和事件处理跟踪流程，我们可以利用表格工具记录故障及其处理情况，以建立运维日志，并定期从中辨识和发现问题的线索和根源。许多实践证明，建立每种事件的规范化处理和跟踪指南可以减少 IT 运维操作的随意性和强化运维的执行力度，在很大程度上降低故障发生的概率。同时，用户还可以通过自助服务台、电话服务台等随时追踪该故障请求的处理状态。

（4）设立 IT 运维关键流程，引入优先处理原则

设立 IT 运维关键流程，引入优先处理原则是指要求 CIO 定义出 IT 运维的每个关键

流程，不仅仅定义流程，还包括每个关键流程对企业有什么影响和意义。同时，设置自动化流程时还需要引入优先处理原则，例行的事件按常规处理，特别事件要按优先级次序处理，把事件细分为例行事件和例外关键事件。

4. 自动化运维工具分类

企业要特别关注两类自动化运维工具：一是 IT 运维监控和诊断优化工具，二是运维流程自动化工具。这两类工具主要在以下方面应用。

① 监控自动化，是指对重要的 IT 设备实施主动式监控，如路由器、交换机、防火墙等。

② 配置变更检测自动化。IT 设备配置参数一旦发生变化将触发变更流程并转给相关技术人员确认，通过自动检测协助 IT 运维人员发现和维护配置。

③ 维护事件提醒自动化，及时监控 IT 设备和应用活动，当发生异常事件时，系统自动启动报警和响应机制，第一时间通知相关责任人。

④ 系统健康检测自动化。定期自动地对 IT 设备的硬件和应用系统进行健康巡检，配合 IT 运维服务团队实施对系统的健康检查和监控。

⑤ 维护报告生成自动化。定期、自动地收集系统的分析日志，记录系统运行状况，并通过阶段性的监控、分析和总结，定时提供 IT 运维服务的可用性、性能或系统资源利用状况分析报告。

6.1.2 自动化运维的重要性与原则

1. 自动化运维的重要性

效率、稳定、安全、体验和成本是 IT 运维最主要的工作范畴，其中，效率和稳定是一个运维人员最本职和最基本的技能，安全、体验和成本是在运维人员做好最基础的工作后进一步发展的基础，如图 6-2 所示。

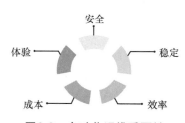

图6-2　自动化运维重要性

（1）效率

自动化运维的目标是提高运维工作的生产力，提升运维效率，避免人为失误，将运维的能力沉淀到运维的技术平台上，将其知识和技能应用于更有价值的工作和任务上。此外，自动化运维通过减少周转时间，提高每天可处理的工作量。

（2）稳定

运维人员可以通过监控、全链路、强弱依赖、限流降级、容量评估、预案平台等措施，稳定业务的运行。为了做好这一点，企业需要有相对独立、专业的监控和稳定性平台。自动化运维的目标是最大限度地保障系统的稳定性和运行质量，也使运维人员能够快速发现、响应、（自动）恢复问题。

（3）安全

在企业中，安全与运维紧密相关，安全原因导致的问题往往也会给运维工作带来沉重的防护和修复成本。运维过程中，经常出现人为造成的系统安全问题。因此我们建议采用自动化运维，减少手动工作。

（4）体验

访问速度是用户最直观的体验。开发团队会将更多的注意力放在自己所负责的代码以及该部分的性能问题，不会关注到端到端全流程的性能和体验。自动化运维可以站在全局的角度上审视和治理整个端到端的全链路性能情况，并且可以快速、准确地利用运维平台的工具，给出对应的性能优化建议，以保证用户的直观体验。

（5）成本

所有公司都想降低成本，而自动化运维可以提高效率、减少人为错误和人力需求，从而达到降低企业的 IT 成本。

2. 自动化运维的原则

企业实现自动化不是单纯让运维人员学习几个工具自动化，这样不仅没有节省人力，反而带来了更多的问题。运维人员在考虑自动化流程的过程中也应该考虑以下几点原则：

① 根据应用选择工具；

② 根据关键应用，选择成熟度高的工具；

③ 不能过分依赖一种工具，需要对比和分析；

④ 精通工具的特性；

⑤ 运维人员驾驭工具，也要监督工具；

⑥ 善于利用脚本实现定制化场景。

6.1.3　云数据中心运维方向

在云数据中心的全生命周期中，运维管理是最后、也是历时最长的一个阶段。云数据中心运维管理是为了提供符合要求的信息系统服务，是对与该信息系统服务有关的数据中心各项管理对象系统地计划、组织、协调与控制，是信息系统服务有关各项管理工作的总称。云数据中心运维管理主要肩负合规性、可用性、经济性、服务性四大目标。

云数据中心的运维人员就像幼儿园的老师。在孩子送到幼儿园后，负主要责任的是幼儿园老师，也是主体。机器好比是幼儿园的孩子，孩子是否健康成长，除去本身的健康状况外，还需要幼儿园负起责任，那么机器是否正常运行，除去可靠性质量问题，剩下的是运维人员的责任。由于云计算的要求弹性、灵活快速扩展、降低运维成本、自动化资源监控、多租户环境等特性，除基于 ITIL（IT 基础设施库）的常规数据中心运维管理理念之外，我们还需要重点关注以下运维管理方面的内容。

1. 云数据中心运维管理的要点

（1）理清云数据中心的运维对象

数据中心的运维管理是指与数据中心信息服务相关的管理工作的总称。云数据中心运维对象一般可分成以下 5 类。

1）机房环境基础设施

机房环境基础设施主要是指为保障数据中心所管理的设备正常运行所必需的网络通信、供配电系统、环境系统、消防系统和安保系统等。这部分设备对于企业用户来说几乎是透明的，比如，大多数企业用户都不会忽略数据中心的供电和制冷。如果这类设备发生意外，对依托于该基础设施的应用来说是致命的。

2）数据中心所应用的各种设备

数据中心所应用的各种设备包括存储、服务器、网络设备和安全设备等硬件资源。这类设备在向企业用户提供 IT 服务过程中同时也提供了计算、存储、传输和通信等功能，是 IT 服务最核心的部分。

3）系统与数据

系统与数据包括操作系统、数据库、中间环节和应用程序等软件资源，还包括业务数据、配置文件、日志等各类数据。这类管理对象虽然不像前两类管理对象那样"看得见，摸得着"，但却是 IT 服务非常重要的逻辑载体。

4）管理工具

管理工具包括基础设施监控软件、IT 监控软件、工作流管理平台、报表平台和短信平台等。

这类管理对象是帮助管理主体更高效地管理数据中心内各种管理对象的工作情况，并在管理活动中承担部分管理功能的软硬件设施。通过这些工具，我们可以更直观地感受并考证数据中心是如何管理好与其直接相关的资源，从而间接地提升了可用性与可靠性。

5）人员管理

人员管理包括数据中心在内的技术人员、运维人员、管理人员以及提供服务的厂商人员的管理。

人员一方面作为管理的主体负责管理数据中心的运维对象；另一方面也作为管理的对象，支持 IT 的运行。这类对象与其他运维对象不同，具有很强的主观能动性，其管理的好坏将直接影响整个运维管理体系，而不仅仅是运维对象本身。

（2）定义各运维对象的运维内容

云数据中心资源管理所涵盖的范围很广泛，包括环境管理、网络管理、设备管理、软件管理、存储介质管理、防病毒管理、应用管理、日常操作管理、用户密码管理和员工管理等。我们需要对每一个管理对象的日常维护工作内容有一个明确的定义，定义操作内容、维护频度、对应的责任人，要做到有章可循，可追踪责任人，实现对整个系统全生命周期的追踪管理与维护。

（3）建立信息化的运维管理平台系统和 IT 服务管理系统

云数据中心的运维管理应从数据中心的日常监控入手，在事件管理、变更管理、应急预案管理和日常维护管理等方面全方位地进行数据中心的日常监控。企业实现提前发现问题、消除隐患，首先要有完整的、全方位实时、有效的监控系统，并着重监控数据的记录和技术分析。

数据中心的业务可以概括为通过运行系统来向客户提供服务。没有信息系统的支撑，

IT 系统就如超市里仍然采用手工结账一样不能让顾客满意。信息化的数据中心运维管理平台系统包括以下 3 个方面：

① 机房环境基础设施监控管理系统；

② IT 监控管理系统；

③ IT 服务管理系统。

（4）定制化管理

灵活性、个性化是云服务的显著特征，因为各行各业的用户对应用系统有千差万别的个性化需求，所以云服务提供商在保证共性需求的基础上，还要为用户提供灵活和个性化配置的云服务系统。云服务提供商要提供按需变化的服务，就要有反应敏捷的人员、可控的流程和配置的工具，以适应业务变化的需要。云服务下的运维工作需要更多的灵活性和可伸缩性，运维人员可以根据客户的需求，快速调整资源、服务和基础设施。

（5）自动化管理

IT 服务根据负载变化的情况可以自动调整所需要的资源，以求在及时响应和节约成本上取得平衡。同时，我们考虑计算能力和规模会越来越大，人工管理资源也会越来越复杂，这些新特性对 IT 管理自动化能力提出了更高的要求。企业往往希望云服务在不失灵活性的前提下，可以获取更高的自动化。为此，云数据中心需要部署自动化管理平台，集中管理虚拟化和云计算平台，并提供自定义规则，以定制自动化解决方案，用户通过使用事件触发、数据监控触发等方式自动化管理系统，这样，不但节约了人力，同时也提高了响应速度。

（6）用户关系管理

云数据中心是为多租户提供 IT 服务的平台。企业为了保留和吸引用户，在运维过程中对用户关系的管理显得尤为重要。

① 服务评审：工作人员需针对服务对客户情况进行定期或不定期的沟通。每次沟通完均形成沟通记录，以备数据中心对服务定期评价和改进。

② 用户满意度调查：用户满意度调查主要包括用户满意度调查的设计、执行和用户满意度调查结果的分析和改进 4 个阶段。数据中心可根据用户的特点制定不同的用户满意度调查方案。

③ 用户抱怨管理：用户抱怨管理规定了数据中心接收用户提出抱怨的途径以及抱怨的相应方式，并留下与事件管理等流程联系的接口。数据中心应针对用户抱怨完成分析报告，总结用户抱怨的原因，制订相关的改进措施。为及时应对用户的抱怨，数据中心需要有用户抱怨的升级机制，对于严重的用户抱怨，数据中心应按升级的用户投诉流程进行相应处理。

（7）安全性管理

因为提供服务的系统和数据有可能转移到用户可掌控的范围之外，所以云服务的数据安全、隐私保护是用户对云服务最为担忧的方面。云服务所引发的安全问题除了传统网络与信息安全（如系统防护、数据加密、用户访问控制、DoS 攻击等）的问题外，还包括由集中服务模式所引发的安全问题以及云计算技术引入的安全问题。例如，防虚机隔离、多租户数据隔离、残余数据擦除以及多 SaaS（Software-as-a-Service）应用统一身份认证等问题。要解决云服务引发的安全问题，云服务提供商需要先提升用户安全认知、强化服务运营管理和加强安全技术保障等，需要加强用户对不同重要性数据迁移的认知，并在服务合同中强化用户自身的服务账号保密意识，这可以提升用户对安全的认知。在服务管理方面，云服务提供商要严格设定关键系统的分级、分权管理权限并辅之以相应的规章制度，同时加强对合作供应商进行资格审查与保密教育。云服务提供商加强安全技术保障，以充分利用网络安全、数据加密、身份认证等技术，消除用户对云服务使用的安全担忧，增强用户使用云服务的信心。

（8）流程管理

流程是数据中心运维管理质量的保证。作为客户服务的物理载体，数据中心存在的目的是保证服务可以按质、按量地提供符合用户要求的服务。为确保最终提供给用户的服务是符合服务合同的要求，数据中心需要把现在的管理工作抽象成不同的管理流程，并把流程之间的关系、角色、触发点和输入与输出等进行详细定义。建立这种流程可以使数据中心的人员能够对工作有一个统一的认识，更重要的是这些服务工作的流程化使得整个服务提供过程可以被监控和管理，以形成真正意义上的"IT"。服务数据中心建立的管理流程，除了能够满足数据中心自身特点外，还应该能够兼顾用户、管理者和服务商与审计机构的需求。由于每个数据中心的实际运维情况与管理目标存在不同的差异，数据中心需要建立的流程也会有所不同。

（9）应急预案管理

应急预案是为确保数据中心出现故障事件后，能尽快消除因为紧急事件带来的不良影响，恢复业务的持续运营而制订的应急处理措施。应急预案需注意以下事项。

① 根据业务影响分析的结果及故障场景的特点编写应急预案，以确保当紧急事件发生后可维持业务继续运作，在重要业务流程中断或发生故障后，相关人员在规定时间内，能够及时恢复业务运作。

② 应急预案除包括特定场景后，各部门和第三方的责任与职责外，还应评估复原可接受的总时间。

③ 应急预案必须经过演练，使相关责任人熟悉应急预案的内容。应急预案应是一个闭环管理系统。应急预案的创建、演练、评估到修订应是一个全过程的管理，绝不能为了应付某个演练工作，在预案制订后就束之高阁，而是应该在实际演练和问题发生时不断地总结和完善。

在全局中，运维人员的地位不可忽视。只有运维人员管理好数据中心，才能充分发挥数据中心的作用，使之能够更好地为云计算提供强大的支持能力。应急预案管理通过有效实施云数据中心运维管理，减少运维人员工作量的同时，还要提高运维人员的工作素质和效率，保障业务人员的工作效率，提高业务系统运行状况，进而提高企业整体的管理效益，同时也提高了用户的满意度，这样才能实现云数据中心价值的最大化。

2. 云数据中心自动化运维工具介绍

（1）预备类工具

1）Kickstart

安装 Kickstart 是开创 Red Hat 并按照设计的方法全自动安装系统的方式。安装方式可以分为光盘、硬盘和网络，通常是以 .cfg 结尾的文件。

2）Cobbler

Cobbler 是一个快速网络安装 Linux 的服务，而且在经过调整也可以支持网络安装 windows。该工具使用 Python 开发，小巧轻便（仅 15 行代码），使用简单的命令即可完成 PXE 网络安装环境的配置，同时还可以管理 DHCP、DNS 以及 yum 包镜像。

3）OpenQRM

OpenQRM 提供开放的插件管理架构，用户可以很轻松地将现有的数据中心应用程序集成到此，比如 Nagios 和 VMware。OpenQRM 的自动化数据中心操作不仅可以帮助用户提高可用性，同时还可以降低用户企业级数据中心的管理费用。针对数据中心管理的开源平台，针对设备的部署、监控等多个方面，OpenQRM 通过可插拔式架构实现自动化的目的。

4）Spacewalk

Spacewalk 可管理 Fedora、Red Hat、CentOS、SUSE 与 Debian Linux 服务器。当数据中心拥有多台 Linux 服务器时，我们建议使用 Spacewalk 管理补丁、登录和更新。

在自动化运维和大数据云计算时代实现预设自动化安装服务器环境、应用环境等，不仅可以提高运维效率，而且还能大大减少运维人员的工作任务及出错概率。尤其是对服务器数量成百上千台增加的公司而言，如果安装系统这项工作不通过自动化来完成，其工作量和工作时间都是不可想象的。

（2）配置管理类工具

1）Chef

Chef 是一个系统集成框架，我们可以用 Ruby 等代码完成服务器的管理配置并编写自己的库。

2）ControlTier

ControlTier 是一个完全开放源码的自动化服务系统，用于在多个服务节点中管理应用程序的相关操作。它既有命令行工具，又有 Web 管理界面。用户可以自定义命令组，并重用它们。

3）Func

Func 是由 Red Hat 公司以平台构建的统一网络控制器，目的是为了解决这一系列统一管理监控问题而设计开发的系统管理基础框架，它是一个能有效地简化我们众多服务器系统管理工作的工具，其具备容易学习，方便使用，更便于扩展等功能而且配置简单等优点。

4）Puppet

Puppet 是一个开源的软件自动化配置和部署工具，它的使用简单且功能强大，得到了人们越来越多地关注，现在很多大型 IT 公司均在使用 Puppet 管理和部署集群中的软件。

5）SaltStack

Salt 是一种全新的基础设施管理方式，其部署轻松，在几分钟内便可运行，其扩展性好，轻松管理上万台服务器，其速度够快，服务器之间实现秒级通信。

6）Ansible

Ansible 是新出现的运维工具，基于 Python 研发，糅合了众多知名品牌运维工具的优点，实现了批量操作系统配置、批量程序的部署、批量运行命令等功能。

在部署大规模程序时，手工配置服务器环境是不现实的，这时必须借助自动化部署工具。

（3）监控类工具

1）Nagios

Nagios 是一款免费的开源 IT 基础设施监控系统，其功能性强、灵活性高，能有效监控 Windows、Linux、VMware 和 UNIX 主机状态，监控交换机、路由器等网络设置等。一旦主机或服务器出现异常，Nagios 会发出邮件或报警短信，在第一时间通知 IT 运维人员，在状态恢复后发出正常的邮件或通知短信。

2）OpenNMS

OpenNMS 是一个网络管理应用平台，可以自动识别网络服务、事件管理与警报、性能测量等任务。

3）Cacti

Cacti 是一套基于 PHP、MySQL、SNMP 及 RRDTool 开发的网络流量监测图形分析工具。Cacti 通过 snmpget 获取数据，使用 RRDtool 绘画图形，它的界面非常美观，使不需明白 RRDtool 参数的人能轻松绘出漂亮的图形。它提供了非常强大的数据和用户管理功能，可以指定每一个用户查看树状结构、host 以及任何一张图形，还可以与 LDAP 结合用户验证，同时也能增加模板，让我们添加自己的 snmp_query 和 script，其功能非常强大完善，界面友好。

4）Zenoss Core

Zenoss Core 是一个基于 Zope 应用服务器的应用、服务器、网络管理平台，其可提供 Web 管理界面，可监控可用性、配置、性能和各种事件。

5）Zabbix

Zabbix 是一个基于 Web 界面的、提供分布式系统监视以及网络监视功能的企业级开源解决方案。Zabbix 用于监控网络上的服务器 / 服务以及其他网络设备状态的网络管理系统，后台基于 C 语言，前台由 PHP 编写，可与多种数据库搭配使用，提供各种实时报警机制。

6）Ganglia

Ganglia 是一个针对高性能分布式系统（例如，集群、网格、云计算等）所设计的可扩展监控系统。该系统基于一个分层的体系结构，并能够支持 2000 个节点的集群。它允许用户能够远程监控系统的实时或历史统计数据，包括 CPU 负载均衡、网络利用率等。Ganglia 依赖于一个基于组播的监听 / 发布协议来监控集群的状态。Ganglia 系统的实现综合了多种技术，包括 XML（数据描述）、XDR（紧凑便携式数据传输）、RRDtool（数据存储和可视化）等。

数据监控和业务监控非常关键，我们需要及时发现问题，及时解决问题，监控系统主要包括服务应用监控、主机监控、网络设备监控、网络连通性监控、网络访问质量监控、分布式系统监控、报警预设、监控图形化与历史数据等。

6.1.4　任务回顾

知识点总结

1. 自动化运维的概念。

2. 建立合理高效的自动化运维原则。

3. 自动化运维的重要性。

4. 云数据中心运维方向。

5. 自动化运维预备类工具有 Kickstart、Cobbler、OpenQRM 和 Spacewalk。

6. 自动化运维配置管理类工具有 ControlTier、Func、Puppet、SaltStack、Ansible、Ganglia 和 Chef。

7. 自动化运维监控工具有 Nagios、Zenoss Core、OpenNMS、Zabbix 和 Ganglia。

学习足迹

任务一学习足迹如图 6-3 所示。

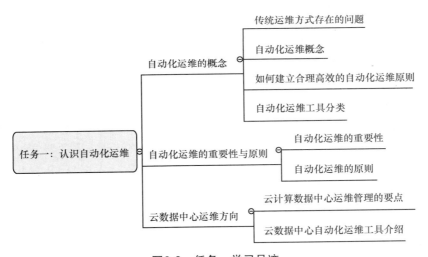

图6-3　任务一学习足迹

思考与练习

1. 简述什么是自动化运维。

2. 简述自动化运维的重要性以及原则。

3. 简述云数据中心运维方向。

4. 概述自动化运维工具。

6.2 任务二：常见的运维项目介绍

【任务描述】

部署服务器系统是一件单一且重复率较高的事，那么该怎样避免重复？本节主要介绍常见运维项目和部署实践，通过配置 Kickstart 的无人值守安装方式、服务器 PXE 启动方式，从而通过网络就可以在服务器上自动部署系统，根据配置 Zabbix 监控平台，实现监控云数据中心服务器的各项参数；通过 Puppet 自动部署，实现整个云数据中心的配置管理。

6.2.1 自动化安装部署

1. Kickstart 介绍

KickStart 是一种无需人员职守的安装方式。KickStart 的工作原理是通过记录典型的安装过程中需要人工填写的各种参数，并生成一个名为 ks.cfg 的文件。在其后的安装过程中（不只局限于生成 KickStart 安装文件的机器）当程序出现要求填写参数的情况时，安装程序首先会去查找 KickStart 生成的文件。找到合适的参数时，采用找到的参数，当没有找到合适的参数时，才需要安装人员手工填写。这样，如果 KickStart 文件涵盖了安装过程中出现的所有需要填写的参数时，安装人员可以只告诉安装程序从何处取 ks.cfg 文件，然后再处理其他的工作。安装完毕后，安装程序会根据 ks.cfg 中设置的重启选项重启系统，并结束安装。

2. PXE 介绍

PXE（preboot execute environment，预启动执行环境）是由 Intel 公司开发的技术，工作在 Client/Server 的网络模式下，支持工作站通过网络从远端服务器下载映像，并由此支持来自网络的操作系统的启动过程，其启动过程中，终端要求服务器分配 IP 地址，再用 TFTP（Trivial File Transfer Protocol，简单文件传输协议）或 MTFTP（Multicast Trivial File Transfer Protocol，多播平凡文件传输协议）下载一个启动软件包到本机内存中并执行，由这个启动软件包完成终端基本软件设置，从而引导预先安装在服务器中的终端操作系统。

3. Kickstar + PXE 工作流程

（1）PXE Client 向 DHCP 发送请求

PXE Client 被自己的 PXE 网卡启动，通过 PXE BootROM（自启动芯片）会以 UDP（User Datagram Protocol，用户数据报协议）发送一个广播请求，向本网络中的 DHCP 服务器索取 IP。

（2）DHCP 服务器提供信息

DHCP 服务器收到客户端的请求后，会验证该请求是否来自合法的 PXE Client 的请求，验证通过后，它将给客户端一个"提供"响应，这个"提供"响应中包含了为客户端分配的 IP 地址、pxelinux 启动程序（TFTP）位置，以及配置文件所在位置。

Kickstar + PXE 工作流程如图 6-4 所示。

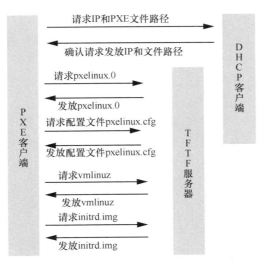

图6-4　Kickstar + PXE工作流程

（3）PXE 客户端请求下载启动文件

当客户端收到服务器的"回应"后，会回应一个帧，以请求传送启动所需文件。这些启动文件包括 pxelinux.0、pxelinux.cfg/default、vmlinuz、initrd.img 等文件。

（4）Boot Server 响应客户端请求并传送文件

当服务器收到客户端的请求后，它们之间在后续将有更多的信息在客户端与服务器之间作应答，用以决定启动参数。BootROM 由 TFTP 从 Boot Server 下载启动安装所必须的文件（pxelinux.0、pxelinux.cfg/default）。default 文件下载完成后，会根据该文件中定义的引导顺序，启动 Linux 安装程序的引导内核。

（5）请求下载自动应答文件

客户端通过 pxelinux.cfg/default 文件成功地引导 Linux 安装内核后，安装程序必须首先确定工作人员通过什么安装介质来安装 Linux，如果是通过网络安装（NFS、FTP、HTTP），这时可以初始化网络，并定位安装源位置。接着它会读取 default 文件中指定的自动应答文件 ks.cfg 所在位置，根据该位置请求下载该文件。

（6）客户端安装操作系统

下载 ks.cfg 文件后，客户端通过该文件找到 OS Server，并按照该文件的配置请求下载安装过程需要的软件包。OS Server 和客户端建立连接后，会开始传输软件包，客户端将开始安装操作系统。当安装完成后，它将提示重新引导计算机。

4. 如何创建 Kickstar 文件和参数解读

（1）创建 Kickstar 介绍

Kickstart 文件是一个简单的文本文件，它包含了一个项目列表，每个项目由一个关键字来识别，它可以用 Kickstart 图形应用程序创建或是自己从头编写。Red Hat 企业 Linux 安装程序也根据在安装过程中的选择创建一个简单的 Kickstart 文件，这个文件被写入到 /root/anaconda-ks.cfg. 中，它可以用任何能够把文件保存为 ASCII 文本的文本编辑器或文字处理器编辑。首先，在创建 kickstart 文件时需要留意以下 3 个问题。

1）文件由以下 3 个部分组成。

① 选项指令段——用于自动应答图形界面安装时除选择外的所有手动操作。

② %packages 部分——使用 %packages 引导该功能。

③ 脚本部分——该段可有可无，分为以下两种。

%pre 预安装脚本段——在安装系统之前就执行的脚本。

%post 后安装脚本段——在系统安装完成后执行的脚本。

2）不必需的项目可以被省略。

3）如果忽略任何必需的项目，安装程序会提示用户输入相关的项目选择，就像用户在典型的安装过程中所遇到的一样。一旦用户进行了选择，安装会以非交互的方式（unattended）继续（除非找到另外一个没有指定的项目）。

4）以井号（"#"）开头的行被当作注释行并被忽略。

5）文件以 %end 结尾。

（2）Kickstar 选项介绍

1）选项指令段

选项指令段见表 6-1。

表6-1　选项指令段

auth或者authconfig：验证选项	--useshadow或者--enableshadow启用shadow文件来验证 --passalgo=sha512使用sha512算法
bootloader：指定如何安装引导程序，要求必须已选择分区、已选择引导程序、已选择软件包，如果没选择将会停止	--location=mbr 指定引导程序的位置，默认为mbr，还可以指定none或者包含bootloader的引导块所在分区 --driveorder=sda 指定grub安装在哪个分区以及指定寻找顺序 --append="crashkernel=auto rhgb quiet" 指定内核参数
keyboard：指定键盘类型，一般使用美式键盘"keyboard us"，新版的Kickstart的格式有所变化，但也支持"keyboard us"	设置系统键盘类型。这里是i386、Itanium和Alpha机器上可用键盘的列表：be-latin1，bg，br-abnt2，cf，cz-lat2，cz-us-qwertz，de，de-latin1，de-latin1-nodeadkeys，dk，dk-latin1，dvorak，es，et，fi，fi-latin1，fr，fr-latin0，fr-latin1，fr-pc，fr_CH，fr_CH-latin1，gr，hu，hu101，is-latin1，it，it-ibm，it2，jp106，la-latin1，mk-utf，no，no-latin1，pl，pt-latin1，ro_win，ru，ru-cp1251，ru-ms，ru1，ru2，ru_win，se-latin1，sg，sg-latin1，sk-qwerty，slovene，speakup，speakup-lt，sv-latin1，sg，sg-latin1，sk-querty，slovene，trq，ua，uk，us，us-acentos
lang：指定语言	--iscrypted:使用加密密码，可以使用MD5、SHA-256、sha-512等。如：Rootpw--iscrypted 6kxEBpy0HqHiY2Tsx$FTAqbjHs6x0VruChfYKxVeKLlxPuY0LXK7RxAVdu3uUivGclMUEz.i4ARlsMpqe1bf379uEgWOSFqGtZxqrwg. 其中SHA-512位的加密密码在CentOS 6上可以使用"grub-crypt --sha-512"生成，CentOS7上可以使用python等工具来生成，如下：python -c 'import crypt,getpass;pw=getpass.getpass();print(crypt.crypt(pw) if (pw==getpass.getpass("Confirm: ")) else exit())'

注释：选项指令段中的选项太多，在此只介绍必要的参数。

2）Packagekickstart 软件包或包组选项

使用 "%packages" 表示该段内容，@ 表示选择的包组，最前面使用横杠表示取反，即不选择的包或包组。

@base 和 @core 两个包组总是被默认选择，所以不必在 %packages 中指定它们的 %packages。

多数情况下，只需要列出想安装的组而不是单个的软件包。注意 Core 和 Base 组总是缺省被选择，所以并不需要在 %packages 部分指定它们。这里是一个 %packages 选择的代码：

```
%packages
@ X Window System
@ GNOME Desktop Environment
@ Graphical Internet
@ Sound and Video dhcp
```

如上可知，组被指定了，每个占用一行，用 @ 符号开头，后面是 comps.xml 文件里给出的组全名。组也可以用组的 id 指定，如 gnome-desktop，不需要额外字符就可以指定单独的软件包（上例里的 dhcp 行就是一个单独的软件包），见表 6-2。

表6-2 %packages指令支持的选项

%packages	--nobase，不要安装@Base组。若想创建一个很小的系统，可以使用这个选项。
	--resolvedeps，选项已经被取消了。目前依赖关系可以自动地被解析。
	--ignoredeps，选项已经被取消了。目前依赖关系可以自动地被解析。
	--ignoremissing，忽略缺少的软件包或软件包组，而不是暂停安装来向用户询问是中止还是继续安装

3）Kickstart 预安装脚本与安装后脚本

预安装脚本：可以在 ks.cfg 文件被解析后马上加入要运行的命令。这个部分必须处于 Kickstart 文件的最后（在命令部分之后），而且必须用 %pre 命令开头。我们可以在 %pre 部分访问网络；然而，此时命名服务还未被配置，所以只能使用 IP 地址。

注意：预安装脚本不在改换了的根环境 (chroot) 中运行。

--interpreter /usr/bin/python，允许指定不同的脚本语言，如 Python，把 /usr/bin/python 替换成想使用的脚本语言。

安装后脚本：也可以加入在系统安装完毕后运行的命令。这部分内容必须在 Kickstart 的最后且用 %post 命令开头。它被用于实现某些功能，如安装其他的软件和配置其他的命名服务器。

注意：如果用静态 IP 信息和命名服务器配置网络，可以在 %post 部分访问和解析 IP 地址。如果使用 DHCP 配置网络，当安装程序执行到 %post 部分时，/etc/resolv.conf 文件还没有准备好。此时，我们可以访问网络，但是不能解析 IP 地址。因此，如果使用 DHCP，必须在 %post 部分指定 IP 地址。

注意：post-install 脚本是在 chroot 环境里运行的。因此，某些任务如从安装介质复制脚本或 RPM 将无法执行。

--nochroot，允许指定在 chroot 环境之外运行的命令。

下例把 /etc/resolv.conf 文件复制到刚安装的文件系统里。

%post --nochroot cp /etc/resolv.conf /mnt/sysimage/etc/resolv.conf

5. PXE+Kickstart 部署

（1）PXE+Kickstart 部署环境

1）环境总体介绍

环境总体介绍见表 6-3。

表6-3　环境总体介绍

主机类型	主机名	IP地址	操作系统
Server	Server	ens33：192.168.2.234（桥接模式可上外网） ens37：10.1.1.11（仅主机模式VMnet1）	CentOS release 7.4
Client	Client	ens33：由DHCP分配（仅主机模式VMnet1）	CentOS release 7.4

我们仅将主机模式的子网段更改为 10.1.1.0 netmask 255.255.255.0，并且禁用本地的 DHCP 功能，如图 6-5 所示。

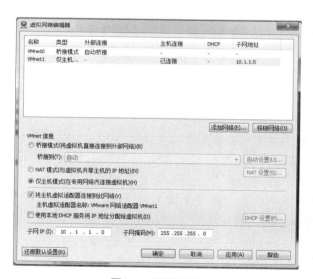

图6-5　网络编辑

注意：

① 客户端的网卡必须支持 PXE 用户端功能，并且开机时选择从网卡启动，这样系统才会以网卡进入 PXE 客户端的程序，内存必须大于 2GB。

② PXE 服务器必须提供至少含有 DHCP 以及 TFTP 的服务。且其中，DHCP 服务必须要能够提供客户端的网络参数，还要告知客户端 TFTP 所在的位置；TFTP 则提供客户端的 boot loader 及 kernel file 下载路径。

图 6-6 所示为 Kickstart+PXE 实验拓扑。

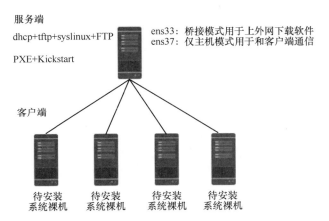

图6-6 Kickstart+PXE实验拓扑

2）Server 服务端配置

Server 服务端配置如图 6-7 所示。

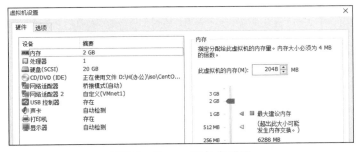

图6-7 Server服务全配置

3）Client 客户端配置

Client 客户端配置如图 6-8 所示。

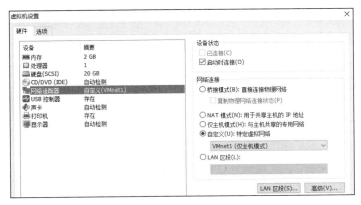

图6-8 Clinet客户端配置

（2）PXE+Kickstart 配置部署

通过上面介绍的原理，我们知道此次配置都在 Server 端执行。

1）修改主机名

```
[root@server ~]# hostnamectl set-hostname Server
```

2）关闭 selinux 和 firewalld 防火墙

```
[root@server ~]# vi /etc/selinux/config
```

selinux 防火墙配置如图 6-9 所示。

```
# This file controls the state of SELinux on the system.
# SELINUX= can take one of these three values:
#       enforcing - SELinux security policy is enforced.
#       permissive - SELinux prints warnings instead of enforcing.
#       disabled - No SELinux policy is loaded.
SELINUX=disabled
# SELINUXTYPE= can take one of three two values:
#       targeted - Targeted processes are protected,
#       minimum - Modification of targeted policy. Only selected processes are protected.
#       mls - Multi Level Security protection.
SELINUXTYPE=targeted
```

图6-9   selinux防火墙配置

关闭 Firewalld，设置开机不自启，并启动服务器。

```
[root@server ~]# systemctl stop firewalld
[root@server ~]# systemctl disable firewalld
[root@server ~]# reboot
```

3）安装并配置 DHCP 服务

步骤 1：安装 DHCP 服务

```
[root@server ~]# yum install dhcp -y
```

步骤 2：编辑 DHCP 服务配置文件，指定监听网卡，开启服务

```
[root@server ~]# vi /etc/dhcp/dhcpd.conf
```

配置文件 dhcpd.conf 代码如下：

【配置文件 dhcpd.conf】

```
default-lease-time 600;          # 指定默认租赁时间为 600s
max-lease-time 7200;             # 指定最大租赁时间为 7200s
subnet 10.1.1.0 netmask 255.255.255.0 {     # 指定 dhcp 监听 IP 所在网卡的子
网和掩码
range 10.1.1.100 10.1.1.200;                      #dhcp 分配 IP 地址池范围；
option routers 10.1.1.1;                          # 路由器 IP，可以写网关 IP;
option broadcast-address 10.1.1.255;      # 指定广播地址
next-server 10.1.1.11;                            #TFTP Server 的 IP 地址；
filename"pxelinux.0";                             #pxelinux 启动文件位置；
}
[root@server ~]# cp /usr/lib/systemd/system/dhcpd.service /etc/
systemd/system/
[root@server ~]# vi /etc/systemd/system/dhcpd.service
```

配置文件 dhcpd.service 代码如下：

【配置文件 dhcpd.service】

```
[Unit]
```

```
Description=DHCPv4 Server Daemon
Documentation=man:dhcpd(8) man:dhcpd.conf(5)
Wants=network-online.target
After=network-online.target
After=time-sync.target
[Service]
Type=notify
# 指定监听网卡 ens37
ExecStart=/usr/sbin/dhcpd -f -cf /etc/dhcp/dhcpd.conf -user dhcpd
-group dhcpd --no-pid ens37
[Install]
WantedBy=multi-user.target
[root@server ~]# systemctl daemon-reload
[root@server ~]# systemctl restart dhcpd
```

4）部署 FTP

步骤 1：安装 ftp 服务

```
[root@server ~]# yum install vsftpd -y
```

步骤 2：挂载光盘，将光盘里的内容复制到 ftp 的 pub 空间，并开启 ftp 服务。

```
[root@server ~]# mount /dev/sr0 /mnt
[root@server ~]# cp -rf /mnt/* /var/ftp/pub/
[root@server ~]# ll /var/ftp/pub/
```

查看 /var/ftp/pub/ 目录下的文件如图 6-10 所示。

```
-rw-r--r-- 1 root root    14 12月 25 11:52 CentOS_BuildTag
drwxr-xr-x 3 root root    35 12月 25 11:52 EFI
-rw-r--r-- 1 root root   227 12月 25 11:52 EULA
-rw-r--r-- 1 root root 18009 12月 25 11:52 GPL
drwxr-xr-x 3 root root    57 12月 25 11:52 images
drwxr-xr-x 2 root root   198 12月 25 11:52 isolinux
drwxr-xr-x 2 root root    43 12月 25 11:52 LiveOS
drwxr-xr-x 2 root root 24576 12月 25 11:53 Packages
drwxr-xr-x 2 root root  4096 12月 25 11:53 repodata
-rw-r--r-- 1 root root  1690 12月 25 11:53 RPM-GPG-KEY-CentOS-7
-rw-r--r-- 1 root root  1690 12月 25 11:53 RPM-GPG-KEY-CentOS-Testing-7
-r--r--r-- 1 root root  2883 12月 25 11:53 TRANS.TBL
```

图6-10　查看/var/ftp/pub/目录下的文件

开启 vsftp 服务，设置 vsftp 服务开机自启动，并查看 vsftp 服务状态。

```
[root@server ~]# systemctl start vsftpd
[root@server ~]# systemctl enable vsftpd
[root@server ~]# systemctl status vsftpd
```

vsftpd 服务器状态如图 6-11 所示。

```
● vsftpd.service - Vsftpd ftp daemon
   Loaded: loaded (/usr/lib/systemd/system/vsftpd.service; enabled; vendor preset: disabled)
   Active: active (running) since — 2017-12-25 11:59:40 CST; 2min 22s ago
 Main PID: 2379 (vsftpd)
   CGroup: /system.slice/vsftpd.service
           └─2379 /usr/sbin/vsftpd /etc/vsftpd/vsftpd.conf

12月 25 11:59:40 server systemd[1]: Starting Vsftpd ftp daemon...
12月 25 11:59:40 server systemd[1]: Started Vsftpd ftp daemon.
```

图6-11　vsftpd服务器状态

5）部署 TFTP

步骤 1：安装 TFTP 服务

```
[root@server ~]# yum install -y tftp-server tftp
```

步骤 2：编辑配置文件，指定 TFTP 的根目录

```
[root@server ~]# vi /etc/xinetd.d/tftp
```

配置文件 TFTP 代码如下：

【配置文件 TFTP】

```
# default: off
# description: The tftp server serves files using the trivial file transfer \
#       protocol.  The tftp protocol is often used to boot diskless \
#       workstations, download configuration files to network-aware printers, \
#       and to start the installation process for some operating systems.
service tftp
{
    socket_type          = dgram
    protocol             = udp
    wait                 = yes
    user                 = root
    server               = /usr/sbin/in.tftpd
    server_args          = -s /var/lib/tftpboot  # 指定 tftp 的 chroot 根目录
    disable              = no                     # 关闭开机不启动
    per_source           = 11
    cps                  = 100 2
    flags                = IPv4
}
[root@server /]# systemctl start tftp
[root@server /]# systemctl enable tftp
[root@server /]# systemctl status tftp
```

TFTP 服务器状态如图 6-12 所示。

```
● tftp.service - Tftp Server
   Loaded: loaded (/usr/lib/systemd/system/tftp.service; indirect; vendor preset: disabled)
   Active: active (running) since 一 2017-12-25 15:46:36 CST; 16min ago
     Docs: man:in.tftpd
 Main PID: 1937 (in.tftpd)
   CGroup: /system.slice/tftp.service
           └─1937 /usr/sbin/in.tftpd -s /var/lib/tftpboot

12月 25 15:46:36 server systemd[1]: Started Tftp Server.
12月 25 15:46:36 server systemd[1]: Starting Tftp Server...
```

图6-12　TFTP服务器状态

步骤 3：配置 tftp-server 提供 pxe 的 bootloader 需要的相关配置文件

```
[root@server /]# cp -rf /usr/share/syslinux/* /var/lib/tftpboot
```

boot loader 相关文件说明见表 6-4。

表6-4　boot loader相关文件说明

menu.c32	提供图形化菜单功能
vesamenu.c32	也是提供图形化菜单功能，但界面和menu.c32不同
pxelinux.0	boot loader文件

如果没有 menu.c32 或 vesamenu.c32 时，菜单会以纯文字模式一行一行显示。如果使用 menu.c32 或 vesamenu.c32，就会有类似反白效果出现，此时可以使用上下键选择选项，而不需要看着屏幕去输入数字键来选择开机选项。

```
[root@server /]# mkdir /var/lib/tftpboot/pxelinux.cfg
```

注意：pxelinux.cfg 是个目录，可以放置默认的开机选项，也可以针对不同的客户端主机提供不同的开机选项。一般来说，我们可以在 pxelinux.cfg 目录内建立一个名为 default 的文件来提供默认选项。

步骤 4：创建目录，并将获取 Linux 内核文件存放在该目录中

```
[root@server /]# mkdir /var/lib/tftpboot/centos7
```

注意：要安装 Linux 系统，必须提供 Linux 内核文件和 initrd 文件。centos7 是存放内核文件和文件的。

```
[root@server /]# cp /mnt/images/pxeboot/vmlinuz /var/lib/tftpboot/centos7
[root@server /]# cp /mnt/images/pxeboot/initrd.img /var/lib/tftpboot/centos7
```

注释：从已挂载的镜像中获取 vmlinuz 内核文件和 initrd.img 文件，并将其放到 /var/lib/tftpboot/centos7 目录下。

```
[root@server Centos7]# ll /var/lib/tftpboot/Centos7/
```

查看复制好的内核文件如图 6-13 所示。

```
-rw-r--r-- 1 root root 48434768 12月 25 15:33 initrd.img
-rwxr-xr-x 1 root root  5877760 12月 25 15:33 vmlinuz
```

图6-13　查看复制好的内核文件

步骤 5：设置开机菜单并提供 Kickstart 安装文件

```
[root@server Centos7]# vi /var/lib/tftpboot/pxelinux.cfg/default
```

配置文件 default 代码如下：

【配置文件 default】

```
default menu.c32    # 这是必选项，或者使用 menu.c32
timeout 10          # 超时等待时间，10 秒内不操作将自动选择默认的菜单来加载
label 1
menu label ^1) Install CentOS 7 x64 with Local Repo
menudefault
kernel Centos7/vmlinuz         # 内核文件路径这里是相对路径
append initrd=Centos7/initrd.img text ks=ftp://10.1.1.11/pub/ks.cfg
# 内核启动选项，其中包括 initrd 的路径
# 安装文件的搜索路径，找不到该文件则找 LiveOS/squashfs，一般 pxe 环境下此路径直接指向系统安装文件的路径。
[root@server Centos7]# chmod 755 /var/lib/tftpboot/pxelinux.cfg/default
[root@server Centos7]# vi /var/ftp/pub/ks.cfg
```

配置文件 ks.cfg 代码如下：

【配置文件 ks.cfg】

```
#version=DEVEL
#System authorization information
auth --enableshadow --passalgo=sha512
# Install OS instead of upgrade
install
# Use network installation
url --url="ftp://10.1.1.11/pub"
# Use graphical install
graphical
# Run the Setup Agent on first boot
firstboot --enable
ignoredisk --only-use=sda
# Keyboard layouts
keyboard --vckeymap=us --xlayouts='us'
# System language
lang en_US.UTF-8
# Network information
network --bootproto=dhcp --device=ens33 --onboot=yes --ipv6=auto
network --hostname=localhost.localdomain
# Root password
rootpw --iscrypted
$6$R.sNXePHVTgkuHE7$.74bMyoV3.OWJL9Hq9u7cTuwwG9O.UfQRTjVVmg//
h.4tZYGg2cc3Z.bYE5dkx5VCTgwDvYJ5q983zpivcCGw/
# System timezone
timezone Asia/Shanghai --isUtc
# System bootloader configuration
bootloader --append="crashkernel=auto" --location=mbr --boot-
drive=sda
autopart --type=lvm
# Partition clearing information
clearpart --none --initlabel
# SELinux configuration
selinux --disabled
%packages
@^minimal
@core
kexec-tools
%end
%addon com_redhat_kdump --enable --reserve-mb='auto'
%end
```

注意：ks.cfg 文件必须放在 /var/ftp/pub/，客户端会去此目录下读取该 Kickstart 文件。

```
[root@server Centos7]# chmod 755 /var/ftp/pub/ks.cfg
```

（3）PXE+Kickstart 管理使用

客户端将首先搜索 DHCP 服务器，找到 DHCP 后搜索 boot loader 文件，启动菜单设置文件等，然后进入启动菜单等待选择要启动的项，如图 6-14 所示。

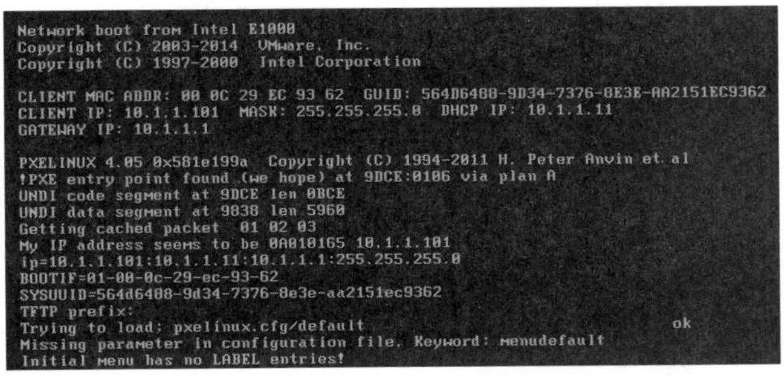

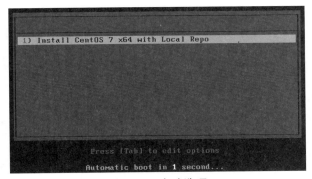

图6-14 Clinet客户端使用PXE启动

因为只设置了一个启动项，所以菜单中只有一项。启动它，将加载一系列文件，直到出现安装操作界面，如图 6-15 所示。

图6-15 启动选项

参数选项都自动选择，不用人工干预，如图 6-16 所示。

图6-16 自动选择安装选项

参数完成后，会自动安装系统，如图 6-17 所示。

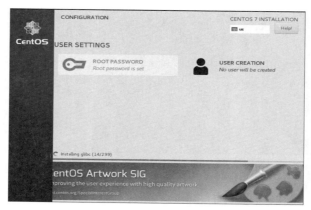

图6-17　自动开始安装

至此虚拟机安装完成，如果我们需要安装百台服务器，甚至更多台服务器时，我们可以编写相应的 cfg 文件，使用 PXE 实现服务器系统的批量安装。

6.2.2　自动化监控篇

1. Zabbix 介绍

Zabbix 是一个企业级的开源分布式监控解决方案，同时也是一款软件，它可以监控网络中的众多参数以及服务器的健康和完整性。Zabbix 使用灵活的通知机制，允许用户配置的基于电子邮件的警报，这可以对服务器问题做出快速反应。Zabbix 根据存储的数据提供出色的报告和数据可视化功能，这使得 Zabbix 成为容量规划的理想选择。

Zabbix 支持轮询和陷印，所有 Zabbix 报告和统计数据以及配置参数都可以通过基于Web 的前端访问。基于 Web 的前端可确保您的网络状态和服务器的运行状况可以从任何位置进行评估和监控。对于拥有少量服务器的小型企业以及拥有多台服务器的大型企业，Zabbix 可以在监控 IT 基础架构中发挥重要作用。Zabbix 是免费的。Zabbix 是在 GPL 通用公共许可证第二版下编写和发布的。

（1）架构

Zabbix 架构如图 6-18 所示。

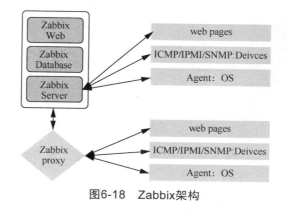

图6-18　Zabbix架构

（2）主要组件

Zabbix 主要组件如下。

Zabbix server：负责接收 agent 发送的报告信息的核心组件，所有配置、统计数据及操作数据都由它组织。

Zabbix database：专用于存储所有配置信息，以及由 Zabbix 收集的数据。

Zabbix web GUI：zabbix 的 GUI 接口，提供 Web 页面来监控和管理各被监控端。

Zabbix proxy：可选组件，常被用于监控节点很多的分布式环境中，代理 server 收集部分数据转发到 server，可以减轻 server 的压力。

Agent：部署在被监控的主机上，负责收集主机本地数据如 CPU、内存、数据库等数据发往 server 端或 proxy 端。

（3）简单工作流程

Zabbix 流程如图 6-19 所示。

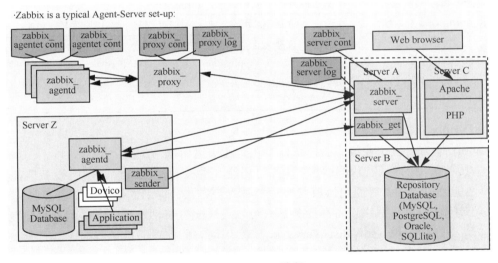

图6-19　Zabbix流程

zabbix_get 进程去客户端收集数据，zabbix_agentd 进程通过监听在一个套接字上接收 zabbix_get 的请求，通过 zabbix_sender 将数据收集发送给服务器端，数据保存在 zabbix 数据库中，zabbix_get 这种方法主要用于测试，通过写脚本或远程执行命令的方式。

Zabbix Server 会自动周期性地去被监控端收集数据，收集哪些数据在服务器端需事先定义。

Zabbix Server、Zabbix Database、Zabbix Web gui 可以部署在一台服务器上，为了提升性能我们建议放在不同主机上。

（4）Zabbix 监控模式

主动模式：agent 请求 server 获取主动的监控项列表，并主动将监控项内需要检测的数据提交给 server/proxy。

被动模式：server 向 agent 请求获取监控项的数据，agent 返回数据。

2. Zabbix 常见的术语

Zabbix 常见的术语见表 6-5。

表6-5　Zabbix常见的术语

host（主机）	要监控的网络设备，如服务器、交换机
host group（主机组）	主机的逻辑容器，包含主机和模板，但同一个组内主机和模板不能互相链接；主机组通常在给用户或用户组指派监控权限时使用
item（监控项）	要监控的选项，如：cpu、mem
trigger（触发器）	超过预设的值，就会被处罚，一般是告警
event（事件）	触发器产生后的事件
action（动作）	处理事件的措施
escalation（报警升级）	如果在定义的5分钟内没反应，并从warning级别升到high级别，提醒工作人员要尽快处理
media（媒介）	发送报警的手段和通道，如Email
remote command（远程命令）	预定义的命令，可在被监控主机处于某个特定条件下自动执行
template（模板）	快速定义被监控主机的预设条目集合，通常包含item、trigger、graph、screen、application以及low-level discovery rule；模板可以直接链接至单个主机
application（应用）	item的集合

3. Zabbix 功能

Zabbix 作为一款企业级的监控软件，在企业中运用非常广泛。它具备以下功能。

① 具备常见的商业监控软件所具备的功能（主机的性能监控、网络设备性能监控、数据库性能监控、FTP 等通用协议监控、多种告警方式、详细的报表、图表绘制）。

② 支持自动发现网络设备和服务器（可以通过配置自动发现服务器规则来实现）。

③ 支持自动发现（low discovery）key，实现动态监控项的批量监控（需写脚本）。

④ 支持分布式结构，能集中展示、管理分布式的监控点。

⑤ 扩展性强，server 提供通用接口（api 功能），可以自己开发、完善各类监控（根据相关接口编写程序实现），插件编写容易，可以自定义监控项，设置报警级别。

⑥ 数据收集，支持 snmp(包括 trapping and polling)、IPMI、JMX、SSH、TELNET、自定义的检测、自定义收集数据的频率、定义非常灵活的问题阈值、高可定制的报警、可定制的报警升级、收件人、媒体类型、通知可以使用宏变量、自动操作包括远程命令、实时的绘图功能，监控项实时地将数据绘制在图形上面、Web 监控能力，Zabbix 可以模拟鼠标点击一个网站，并检查返回值和响应时间。

4. Zabbix 部署

（1）Zabbix 部署环境

Zabbix server 需运行在 LAMP（Linux+Apache+Mysql+PHP）环境下（或者 LNMP），对硬件要求低。

agent：目前已有的 agent 基本支持市面上常见的 OS，包含 Linux、HPUX、Solaris、

Sun、Windows。

Zabbix 实验规则见表 6-6。

表6-6 Zabbix实验规则

主机类型	主机名	IP地址	操作系统
server	Zabbix_server	192.168.2.234	CentOS 7.4
agent	Zabbix_agent	192.168.3.239	CentOS 7.4

注意：我们会使用网络源下载源码包和环境准备包，所以系统必须可以上网。

（2）部署拓扑

Zabbix 部署拓扑如图 6-20 所示。

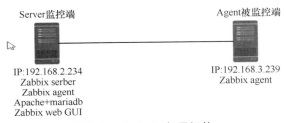

图6-20 Zabbix 部署拓扑

（3）Zabbix server 端配置与安装

1）Zabbix server 的软件环境要求

本次部署，我们安装的是 Zabbix3.4.4 最新版本。Zabbix3.4.4 对硬件和软件环境的要求有以下几点。

● Zabbix 支持硬件条件

Zabbix 支持的硬件条件见表 6-7。

表6-7 Zabbix支持的硬件条件

物理内存	≥128MB
物理硬盘	256MB

● Zabbix 支持的数据库和版本要求

Zabbix 支持的数据库和版本要求见表 6-8。

表6-8 Zabbix支持的数据库和版本要求

数据库	版本
Mysql 5.0.3版本或者更高版本	5.0.3版本或者更高版本
Oracle 10g或者更高的版本	10g或者更高的版本
PostgreSQL	8.1版本或者更高版本
IBM DB2	9.7版本或者更高
SQLite	3.3.5版本或者更高版本

● Zabbix 支持的环境和版本要求

Zabbix 支持的环境和版本要求见表 6-9。

表6-9　Zabbix支持的环境和版本要求

软件	版本
Apache	1.3.12或者更高版本
PHP	5.4.0或者更高版本

● Zabbix 支持 PHP 扩展软件和版本要求

Zabbix 支持 PHP 扩展软件和版本要求见表 6-10。

表6-10　Zabbix支持PHP扩展软件和版本要求

软件	版本
php-gd	2.0或者更高版本
php–LibXML	2.6.15或者更高版本
IBM DB2作为Zabbix的后端数据库	php–ibm_db2
MySQL作为Zabbix的后端数据库	php-mysqli
oracle作为Zabbix的后端数据库	php–oci8
用PostgreSQL 作为Zabbix的后端数据库	php–pgsql

2）关闭防火墙并修改主机名

```
[root@server ~]# systemctl disable firewalld
[root@server ~]# systemctl stop firewalld
[root@server ~]# vi /etc/selinux/config
```

关闭 Selinux 防火墙如图 6-21 所示。

```
# This file controls the state of SELinux on the system.
# SELINUX= can take one of these three values:
#     enforcing - SELinux security policy is enforced.
#     permissive - SELinux prints warnings instead of enforcing.
#     disabled - No SELinux policy is loaded.
SELINUX=disabled
# SELINUXTYPE= can take one of three two values:
#     targeted - Targeted processes are protected,
#     minimum - Modification of targeted policy. Only selected processes are protected.
#     mls - Multi Level Security protection.
SELINUXTYPE=targeted
```

图6-21　关闭Selinux防火墙

设置主机名为 Zabbix_server，并重启服务器。

```
[root@server ~]# hostnamectl set-hostname zabbix_server
[root@server ~]# reboot
```

3）安装 Zabbix 运行环境、编译工具、软件依赖

```
[root@server ~]# yum install httpd php mariadb-server mysql-devel
php-gd gcc php-mysql php-xml libcurl-devel curl-* net-snmp*
libxml2-* php-mbstring php-bcmath -y
```

Zabbix 依赖相关软件列表见表 6-11。

表6-11 Zabbix依赖相关软件列表

httpd	支持Web前端
php	支撑Zabbix Web前端
Mariadb-server	Zabbix的后端数据存储
mysql-devel	MySQL的支持工具
Libcurl-devel	Web监控、VMware监控和SMTP认证
curl-*	
gcc	编译工具
net-snmp*	支持snmp
Libxml2-*	VMware监控所需
Php-gd	PHP扩展程序
php-mysql	
php-xml	
php-mbstring	
Php-bcmath	

4）下载最新版本 Zabbix3.4.4 的源码包，并编译安装

```
[root@zabbix_server ~]# yum install wget -y
[root@zabbix_server ~]# wget https://sourceforge.net/projects/
zabbix/files/ZABBIX%20Latest%20Stable/3.4.4/zabbix-3.4.4.tar.gz
libevent-devel
[root@zabbix_server opt]# tar zxvf zabbix-3.4.4.tar.gz
[root@zabbix_server opt]# cd zabbix-3.4.4
[root@zabbix_server zabbix-3.4.4]# ll
```

Zabbix 源码文件如图 6-22 所示。

图6-22 Zabbix源码文件

Zabbix 主配置文件说明见表 6-12。

表6-12　Zabbix主配置文件说明

drwxr–xr–x　frontends	Web前端代码目录
drwxr–xr–x　database	数据库结构所在目录
drwxr–xr–x　bin	Zabbix的Windows版本
drwxr–xr–x　misc	Zabbix的Service脚本
drwxr–xr–x　src	Zabbix核心程序文件
drwxr–xr–x　upgrades	升级版本SQL文件

编译源码包（注意：Zabbix 编译的过程中我们一定要关注输出的结果，如果没有成功，我们要及时下载），代码如下：

```
[root@zabbix_server zabbix-3.4.4]# ./configure --prefix=/usr/local/zabbix
--enable-server --enable-agent --with-mysql  --with-net-snmp
--with-libcurl --with-libxml2
```

编译出错如图 6-23 所示。

```
checking for libevent support... no
configure: error: Unable to use libevent (libevent check failed)
```

图6-23　编译出错

根据报错，缺少 libevent-devel 模块，下载 libevent-devel 模块：

```
[root@zabbix_server zabbix-3.4.4]# yum install libevent-devel -y
```

重新编译，代码如下：

```
[root@zabbix_server zabbix-3.4.4]# ./configure --prefix=/usr/local/zabbix
--enable-server --enable-agent --with-mysql  --with-net-snmp
--with-libcurl --with-libxml2
```

出现图 6-24 所示的内容，则表示编译完成。

```
*********************************************
*     I      Now run 'make install'         *
*                                           *
*           Thank you for using Zabbix!     *
*            <http://www.zabbix.com>        *
*********************************************
```

图6-24　编译完成

完成编译后的安装：

```
[root@zabbix_server zabbix-3.4.4]# make && make install
```

5）启动数据库，创建 Zabbix 库并赋予权限

```
[root@zabbix_server zabbix-3.4.4]# systemctl start mariadb
[root@zabbix_server zabbix-3.4.4]# mysql_secure_installation
Enter current password for root (enter for none):<- 初次运行直接回车
Set root password? [Y/n] <- 是否设置 root 用户密码，输入 y 并回车或直接回车
New password: <- 设置 root 用户的密码
Re-enter new password: <- 再输入一次设置的密码
注意：我们在这里设置的密码是：gg
Remove anonymous users? [Y/n] <- 是否删除匿名用户，回车
Disallow root login remotely? [Y/n] <- 是否禁止 root 远程登录，回车，
Remove test database and access to it? [Y/n] <- 是否删除 test 数据库，回车
```

```
Reload privilege tables now? [Y/n] <- 是否重新加载权限表，回车
```

编辑 /etc/my.cnf 文件，并在 mysqld 下添加 character-set-server=utf8，将数据库的编码设置为 utf8。

```
[root@zabbix_server zabbix-3.4.4]# vi /etc/my.cnf
```

配置文件代码如下：

【配置文件 my.cnf】

```
[mysqld]
datadir=/var/lib/mysql
socket=/var/lib/mysql/mysql.sock
# Disabling symbolic-links is recommended to prevent assorted
security risks
symbolic-links=0
# Settings user and group are ignored when systemd is used.
# If you need to run mysqld under a different user or group,
# customize your systemd unit file for mariadb according to the
# instructions in http://fedoraproject.org/wiki/Systemd
# 数据库编码为
character-set-server=utf8
[mysqld_safe]
log-error=/var/log/mariadb/mariadb.log
pid-file=/var/run/mariadb/mariadb.pid
#
# include all files from the config directory
#
!includedir /etc/my.cnf.d
[root@zabbix_server zabbix-3.4.4]# systemctl restart mariadb
[root@zabbix_server zabbix-3.4.4]# mysql -uroot -pgg
```

如图 6-25 所示，Mariadb 登录成功。

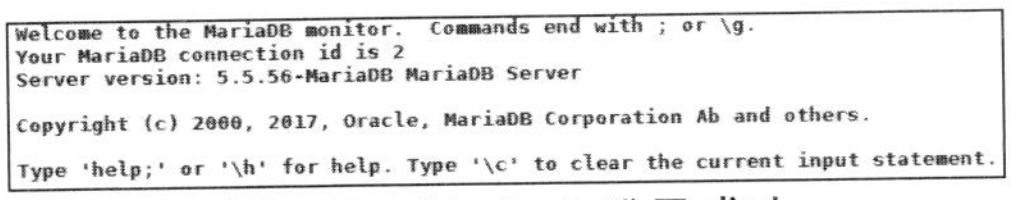

```
Welcome to the MariaDB monitor.  Commands end with ; or \g.
Your MariaDB connection id is 2
Server version: 5.5.56-MariaDB MariaDB Server

Copyright (c) 2000, 2017, Oracle, MariaDB Corporation Ab and others.

Type 'help;' or '\h' for help. Type '\c' to clear the current input statement.
```

图6-25　Mariadb登录成功

查看 Mariadb 数据库的属性。

```
MariaDB [(none)]> status
```

如图 6-26 所示，查看数据库编码。

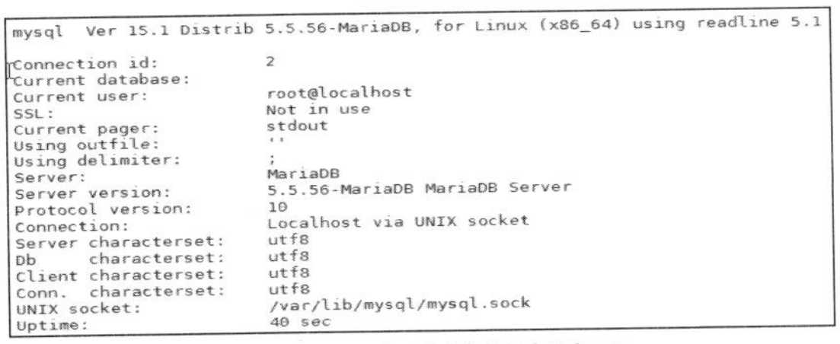

```
mysql  Ver 15.1 Distrib 5.5.56-MariaDB, for Linux (x86_64) using readline 5.1

Connection id:          2
Current database:
Current user:           root@localhost
SSL:                    Not in use
Current pager:          stdout
Using outfile:          ''
Using delimiter:        ;
Server:                 MariaDB
Server version:         5.5.56-MariaDB MariaDB Server
Protocol version:       10
Connection:             Localhost via UNIX socket
Server characterset:    utf8
Db     characterset:    utf8
Client characterset:    utf8
Conn.  characterset:    utf8
UNIX socket:            /var/lib/mysql/mysql.sock
Uptime:                 40 sec
```

图6-26　查看数据库编码

注意：Server characterset、Db characterset、client characterset、conn. characterset 这 4 项的编码都是 utf8。

创建 Zabbix 数据库，设置 Zabbi 数据库的本地权限，用户名为 zabbix，密码为 123456。

```
MariaDB [(none)]> create database zabbix;
MariaDB [(none)]> grant all on zabbix.* to zabbix@localhost
identified by '123456';
```

执行数据库脚本，导入 zabbix 数据库。

```
[root@zabbix_server mysql]# cd /opt/zabbix-3.4.4/database/mysql
[root@zabbix_server mysql]# mysql -u zabbix -p123456 zabbix < ./
schema.sql
[root@zabbix_server mysql]# mysql -u zabbix -p123456 zabbix < ./
images.sql
[root@zabbix_server mysql]# mysql -u zabbix -p123456 zabbix < ./
data.sql
```

注意：顺序不能变。

6）配置 Zabbix Web 端

步骤 1：我们将 Zabbix 源码包里的前端源码复制到 Http 服务的目录下，并赋予权限。

```
[root@zabbix_server frontends]# cp -R /opt/zabbix-3.4.4/
frontends/php/* /var/www/html/
[root@zabbix_server frontends]# chown -R apache:apache /var/www/html
[root@zabbix_server html]# systemctl start httpd
[root@zabbix_server html]# systemctl enable httpd
```

步骤 2：在浏览器中输入 IP 地址并测试（IP：192.168.2.234），测试完成后单击 "Next step"，Zabbix Web 如图 6-27 所示。

图6-27　Zabbix Web

步骤 3：提示 post_max_size、max_execution_time、max_input_time、date.timezone 4 处的 PHP 参数设定错误，并且给出了合理的参数值，如图 6-28 所示。

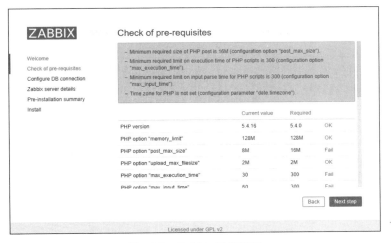

图6-28　Zabbix报错提示

步骤4：编辑 /etc/php.ini 配置文件，并且根据上述错误提示修改参数。

```
[root@zabbix_server html]# vi /etc/php.ini
```

配置文件代码如下：

【配置文件 php.ini】

```
post_max_size = 16M
max_execution_time = 300M
max_input_time = 300M
date.timezone = Asia/Shanghai
[root@zabbix_server html]# systemctl restart httpd
```

Zabbix 报错问题解决如图 6-29 所示。

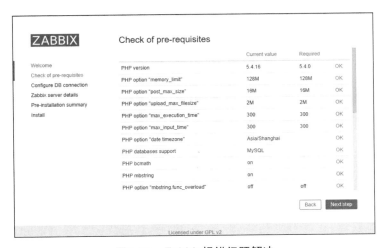

图6-29　Zabbix报错问题解决

错误修改完成后单击"Next step"按钮。

步骤5：表 6-13 是设置 Zabbix Web GUI 连接数据时需要的参数，设置完成后单击

"Next step" 按钮。

表6-13　Zabbix Web

Database type（数据库类型）	MySQL（不需要修改）
Database host（数据库所在主机）	Localhost（不需要修改）
Database port（数据库端口）	默认（不需要修改）
Database name（数据库名字）	Zabbix
User（数据库用户）	Zabbix
Password（数据库密码）	123456

Zabbix 连接 MySQL 参数如图 6-30 所示。

图6-30　Zabbix连接MySQL参数

步骤 6：Zabbix Server 的参数设定，这里全部默认即可，如图 6-31 所示。

图6-31　Zabbix Server参数设定

步骤7:预安装总结,检查参数设定,没有问题单击"Next step"按钮,如图 6-32 所示。

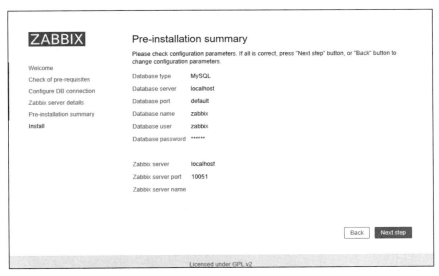

图6-32 再次确认Zabbix参数

步骤8:安装配置完成后单击"Finish"按钮。系统自动在 /var/www/html/conf 目录下创建 zabbix.conf.php 文件,如图 6-33 所示。

图6-33 Zabbix Web完成

Zabbix 默认的登录用户名为 admin,密码为 Zabbix。

7)编辑 /usr/local/zabbix/etc/zabbix_server.conf 文件,创建 Zabbix 程序的运行用户,并开启服务

```
[root@zabbix_server etc]# vi /usr/local/zabbix/etc/zabbix_server.conf
```

配置文件代码如下：

【配置文件 zabbix_server.conf】

```
# 设置 zabbix_server 的日志
LogFile=/var/log/zabbix/zabbix_server.log
# 取消注释，数据库连接主机
DBHost=localhost
# 连接数据库的名字
DBName=zabbix
# 连接数据库的用户
DBUser=zabbix
# 取消注释，连接数据库的密码
DBPassword=123456
[root@zabbix_server ~]# mkdir /var/log/zabbix
[root@zabbix_server log]# chown -R zabbix:zabbix zabbix
[root@zabbix_server etc]# useradd zabbix
[root@zabbix_server sbin]# ll /usr/local/zabbix/sbin/
```

Zabbix 启动脚本如图 6-34 所示。

```
-rwxr-xr-x 1 root root 1456816 12月 27 16:42 zabbix_agentd
-rwxr-xr-x 1 root root 5826712 12月 27 16:42 zabbix_server
```

图6-34　Zabbix启动脚本

脚本作品见表 6-14。

表6-14　脚本作品

zabbix_agentd	agent的启动脚本
zabbix_server	server的启动脚本

查看 zabbix_server 文件如下。

```
[root@zabbix_server sbin]# /usr/local/zabbix/sbin/zabbix_server
-c /usr/local/zabbix/etc/zabbix_server.conf
[root@zabbix_server log]# ps -ef | grep zabbix_server
```

Zabbix 进程如图 6-35 所示。

```
zabbix    17171     1  0 21:06 ?        00:00:00 /usr/local/zabbix/sbin/zabbix_server -c /usr/local/zabbix/etc/zabbix_server.conf
zabbix    17176 17171  0 21:06 ?        00:00:00 /usr/local/zabbix/sbin/zabbix_server: configuration syncer [waiting 60 sec for processes]
zabbix    17177 17171  0 21:06 ?        00:00:00 /usr/local/zabbix/sbin/zabbix_server: alerter #1 started
zabbix    17178 17171  0 21:06 ?        00:00:00 /usr/local/zabbix/sbin/zabbix_server: alerter #2 started
zabbix    17179 17171  0 21:06 ?        00:00:00 /usr/local/zabbix/sbin/zabbix_server: alerter #3 started
zabbix    17180 17171  0 21:06 ?        00:00:00 /usr/local/zabbix/sbin/zabbix_server: housekeeper [startup idle for 30 minutes]
zabbix    17181 17171  0 21:06 ?        00:00:00 /usr/local/zabbix/sbin/zabbix_server: timer #1 [processed 0 triggers, 0 events in 0.000069 se
00000 sec, idle 30 sec]
zabbix    17182 17171  0 21:06 ?        00:00:00 /usr/local/zabbix/sbin/zabbix_server: http poller #1 [got 0 values in 0.000553 sec, idle 5 se
zabbix    17183 17171  0 21:06 ?        00:00:00 /usr/local/zabbix/sbin/zabbix_server: discoverer #1 [processed 0 rules in 0.033079 sec, idle
zabbix    17184 17171  0 21:06 ?        00:00:00 /usr/local/zabbix/sbin/zabbix_server: history syncer #1 [synced 0 items in 0.000001 sec, idle
zabbix    17189 17171  0 21:06 ?        00:00:00 /usr/local/zabbix/sbin/zabbix_server: history syncer #2 [synced 0 items in 0.000001 sec, idle
zabbix    17190 17171  0 21:06 ?        00:00:00 /usr/local/zabbix/sbin/zabbix_server: history syncer #3 [synced 0 items in 0.000000 sec, idle
zabbix    17191 17171  0 21:06 ?        00:00:00 /usr/local/zabbix/sbin/zabbix_server: history syncer #4 [synced 0 items in 0.000000 sec, idle
zabbix    17192 17171  0 21:06 ?        00:00:00 /usr/local/zabbix/sbin/zabbix_server: escalator #1 [processed 0 escalations in 0.000585 sec,
zabbix    17193 17171  0 21:06 ?        00:00:00 /usr/local/zabbix/sbin/zabbix_server: proxy poller #1 [exchanged data with 0 proxies in 0.000
zabbix    17194 17171  0 21:06 ?        00:00:00 /usr/local/zabbix/sbin/zabbix_server: self-monitoring [processed data in 0.000003 sec, idle 1
zabbix    17195 17171  0 21:06 ?        00:00:00 /usr/local/zabbix/sbin/zabbix_server: task manager [processed 0 task(s) in 0.000247 sec, idle
zabbix    17196 17171  0 21:06 ?        00:00:00 /usr/local/zabbix/sbin/zabbix_server: poller #1 [got 0 values in 0.000004 sec, idle 5 sec]
zabbix    17197 17171  0 21:06 ?        00:00:00 /usr/local/zabbix/sbin/zabbix_server: poller #2 [got 0 values in 0.000004 sec, idle 5 sec]
zabbix    17198 17171  0 21:06 ?        00:00:00 /usr/local/zabbix/sbin/zabbix_server: poller #3 [got 0 values in 0.000007 sec, idle 5 sec]
zabbix    17205 17171  0 21:06 ?        00:00:00 /usr/local/zabbix/sbin/zabbix_server: poller #4 [got 0 values in 0.000003 sec, idle 5 sec]
zabbix    17206 17171  0 21:06 ?        00:00:00 /usr/local/zabbix/sbin/zabbix_server: poller #5 [got 0 values in 0.000003 sec, idle 5 sec]
zabbix    17207 17171  0 21:06 ?        00:00:00 /usr/local/zabbix/sbin/zabbix_server: unreachable poller #1 [got 0 values in 0.000005 sec, id
```

图6-35　查看Zabbix进程

查看 zabbix_server 进程文件如下。

```
[root@zabbix_server log]# vi /var/log/zabbix/zabbix_server.log
```

Zabbix_server 日志如图 6-36 所示。

```
17171:20171227:210609.760 Starting Zabbix Server. Zabbix 3.4.4 (revision 74338).
17171:20171227:210609.760 ****** Enabled features ******
17171:20171227:210609.760 SNMP monitoring:           YES
17171:20171227:210609.760 IPMI monitoring:            NO
17171:20171227:210609.760 Web monitoring:            YES
17171:20171227:210609.760 VMware monitoring:         YES
17171:20171227:210609.760 SMTP authentication:       YES
17171:20171227:210609.760 Jabber notifications:       NO
17171:20171227:210609.760 Ez Texting notifications:  YES
17171:20171227:210609.760 ODBC:                       NO
17171:20171227:210609.760 SSH2 support:               NO
17171:20171227:210609.760 IPv6 support:               NO
17171:20171227:210609.760 TLS support:                NO
17171:20171227:210609.760 ******************************
17171:20171227:210609.760 using configuration file: /usr/local/zabbix/etc/zabbix_server.conf
17171:20171227:210609.776 current database version (mandatory/optional): 03040000/03040005
17171:20171227:210609.776 required mandatory version: 03040000
17171:20171227:210610.247 server #0 started [main process]
17183:20171227:210610.283 server #8 started [discoverer #1]
17179:20171227:210610.295 server #4 started [alerter #3]
17177:20171227:210610.295 server #2 started [alerter #1]
17180:20171227:210610.296 server #5 started [housekeeper #1]
17181:20171227:210610.296 server #6 started [timer #1]
17182:20171227:210610.297 server #7 started [http poller #1]
17178:20171227:210610.300 server #3 started [alerter #2]
17184:20171227:210610.300 server #9 started [history syncer #1]
```

图6-36　Zabbix_server日志

8）编辑 /usr/local/zabbix/etc/zabbix_agentd.conf 文件，并开启 zabbix_agent 服务

```
[root@zabbix_server log]# vi /usr/local/zabbix/etc/zabbix_agentd.conf
```

配置文件代码如下：

【配置文件 zabbix_agentd.conf】

```
# 设置 zabbix_server 的日志
LogFile=/var/log/zabbix/zabbix_agent.log
# 指定 zabbix_server 的 IP 地址
Server=127.0.0.1
# 指定主动模式下 zabbix_server 的 IP 地址
ServerActive=127.0.0.1
# 指定主机名称，注意这里不是指主机名，而是 web 端里其他的主机名称
Hostname=Zabbix server
[root@zabbix_server ~]# ps -ef | grep zabbix_agent
```

zabbix_agent 进程如图 6-37 所示。

```
zabbix    17573      1  0 21:36 ?        00:00:00 /usr/local/zabbix/sbin/zabbix_agentd -c /usr/local/zabbix/etc/zabbix_agentd.conf
zabbix    17574  17573  0 21:36 ?        00:00:01 /usr/local/zabbix/sbin/zabbix_agentd: collector [idle 1 sec]
zabbix    17575  17573  0 21:36 ?        00:00:00 /usr/local/zabbix/sbin/zabbix_agentd: listener #1 [waiting for connection]
zabbix    17576  17573  0 21:36 ?        00:00:00 /usr/local/zabbix/sbin/zabbix_agentd: listener #2 [waiting for connection]
zabbix    17577  17573  0 21:36 ?        00:00:00 /usr/local/zabbix/sbin/zabbix_agentd: listener #3 [waiting for connection]
zabbix    17578  17573  0 21:36 ?        00:00:00 /usr/local/zabbix/sbin/zabbix_agentd: active checks #1 [idle 1 sec]
root      17583  17074  0 21:37 pts/0    00:00:00 vi /var/log/zabbix/zabbix_agentd.log
root      18067  18033  0 22:42 pts/1    00:00:00 grep --color=auto zabbix agent
```

图6-37　zabbix_agent 进程

查看 zabbix_agent.log 日志文件。

```
[root@zabbix_server ~]# vi /var/log/zabbix/zabbix_agentd.log
```

zabbix_agent 日志文件如图 6-38 所示。

```
17573:20171227:213654.675 Starting Zabbix Agent [Zabbix server]. Zabbix 3.4.4 (revision 74338).
17573:20171227:213654.675 **** Enabled features ****
17573:20171227:213654.675 IPv6 support:          NO
17573:20171227:213654.675 TLS support:           NO
17573:20171227:213654.675 **************************
17573:20171227:213654.675 using configuration file: /usr/local/zabbix/etc/zabbix_agentd.conf
17573:20171227:213654.675 agent #0 started [main process]
17575:20171227:213654.677 agent #2 started [listener #1]
17576:20171227:213654.677 agent #3 started [listener #2]
17577:20171227:213654.678 agent #4 started [listener #3]
17578:20171227:213654.678 agent #5 started [active checks #1]
17574:20171227:213654.679 agent #1 started [collector]
17578:20171227:213654.681 no active checks on server [127.0.0.1:10051]: host [Zabbix server] not monitored
```

图6-38　zabbix_agent日志文件

（4）Agent 端配置安装

① 关闭防火墙，并修改主机名，如图 6-39 所示。

```
[root@localhost ~]# systemctl disable firewalld
[root@localhost ~]# systemctl stop firewalld
[root@localhost ~]# vi /etc/selinux/config
```

```
# This file controls the state of SELinux on the system.
# SELINUX= can take one of these three values:
#     enforcing - SELinux security policy is enforced.
#     permissive - SELinux prints warnings instead of enforcing.
#     disabled - No SELinux policy is loaded.
SELINUX=disabled
# SELINUXTYPE= can take one of three two values:
#     targeted - Targeted processes are protected,
#     minimum - Modification of targeted policy. Only selected processes are protected.
#     mls - Multi Level Security protection.
SELINUXTYPE=targeted
```

图6-39　关闭防火墙

设置主机名为 zabbix-agent，并重启服务器。

```
[root@localhost ~]# hostnamectl set-hostname zabbix_agent
[root@localhost ~]# reboot
```

② 安装 zabbix_agent 编译工具，zabbix 源码文件如图 6-40 所示。

```
[root@zabbix_agent ~]# yum install gcc pcre-devel  -y
[root@zabbix_agent ~]# cd /opt/
[root@zabbix_agent opt]# scp @192.168.2.234:/opt/zabbix-
3.4.4.tar.gz ./
[root@zabbix_agent opt]# tar zxvf zabbix-3.4.4.tar.gz
[root@zabbix_agent opt]# cd zabbix-3.4.4
```

```
-rw-r--r--  1 1001 1001   53999 11月  9 18:37 aclocal.m4
-rw-r--r--  1 1001 1001      98 11月  9 18:37 AUTHORS
drwxr-xr-x  4 1001 1001      32 11月  9 18:37 bin
drwxr-xr-x  4 1001 1001      32 11月  9 18:37 build
-rw-r--r--  1 1001 1001  808176 11月  9 18:37 ChangeLog
-rwxr-xr-x  1 1001 1001    7333 1月  26 2017 compile
drwxr-xr-x  3 1001 1001     134 11月  9 18:37 conf
-rwxr-xr-x  1 1001 1001   43940 11月 13 2016 config.guess
-rwxr-xr-x  1 1001 1001   36339 11月 13 2016 config.sub
-rwxr-xr-x  1 1001 1001  385350 11月  9 18:37 configure
-rw-r--r--  1 1001 1001   48388 11月  9 18:37 configure.ac
-rw-r--r--  1 1001 1001   17990 11月  9 18:37 COPYING
drwxr-xr-x  7 1001 1001     119 11月  9 18:37 database
-rwxr-xr-x  1 1001 1001   23566 1月  26 2017 depcomp
drwxr-xr-x  3 1001 1001      17 11月  9 18:37 frontends
drwxr-xr-x  2 1001 1001    4096 11月  9 18:37 include
-rw-r--r--  1 1001 1001      82 11月  9 18:37 INSTALL
-rwxr-xr-x  1 1001 1001   15155 1月  26 2017 install-sh
drwxr-xr-x  2 1001 1001    4096 11月  9 18:37 m4
-rw-r--r--  1 1001 1001    3255 11月  9 18:37 Makefile.am
-rw-r--r--  1 1001 1001   31147 11月  9 18:37 Makefile.in
drwxr-xr-x  2 1001 1001     165 11月  9 18:37 man
drwxr-xr-x  5 1001 1001      88 11月  9 18:37 misc
-rwxr-xr-x  1 1001 1001    6872 1月  26 2017 missing
-rw-r--r--  1 1001 1001      52 11月  9 18:37 NEWS
-rw-r--r--  1 1001 1001     188 11月  9 18:37 README
drwxr-xr-x  4 1001 1001     302 11月  9 18:37 sass
drwxr-xr-x 10 1001 1001     190 11月  9 18:37 src
drwxr-xr-x  3 1001 1001      61 11月  9 18:37 upgrades
```

图6-40　Zabbix 源码文件

检测编译环境，并设置参数。

```
[root@zabbix_agent zabbix-3.4.4]# ./configure --prefix=/usr/local/
zabbix --enable-agent
```

出现图 6-41 所示的内容，表示编译完成。

```
**************************************************
*   I            Now run 'make install'          *
*                                                *
*             Thank you for using Zabbix!         *
*               <http://www.zabbix.com>           *
**************************************************
```

图6-41 编译完成

编译完成。

```
[root@zabbix_agent zabbix-3.4.4]# make && make install
```

③ 编辑 /usr/local/zabbix/etc/zabbix_agentd.conf 文件，并开启 zabbix_agent 服务。

```
[root@zabbix_agent zabbix-3.4.4]# vi /usr/local/zabbix/etc/
zabbix_agentd.conf
```

配置文件代码如下：

【配置文件 zabbix_agentd.conf】

```
# 设置 zabbix_server 的日志
LogFile=/var/log/zabbix/zabbix_agent.log
# 指定 zabbix_server 的 IP 地址
Server=192.168.2.234
# 指定主动模式下 zabbix_server 的 IP 地址
ServerActive=192.168.2.234
# 指定主机名称，注意这里不是指主机名，而是 web 端里其他的主机名称
Hostname=Zabbix agent
[root@zabbix_agent zabbix-3.4.4]# useradd zabbix
[root@zabbix_agent zabbix-3.4.4]# mkdir /var/log/zabbix
[root@zabbix_agent zabbix-3.4.4]# chown -R zabbix:zabbix /var/
log/zabbix/
[root@zabbix_agent log]# /usr/local/zabbix/sbin/zabbix_agentd -c
/usr/local/zabbix/etc/zabbix_agentd.conf
[root@zabbix_agent log]# ps -ef | grep zabbix_agent
```

zabbix_agent 日志如图 6-42 所示。

```
zabbix  27110     1 0 00:23 ?   00:00:00 /usr/local/zabbix/sbin/zabbix_agentd -c /usr/local/zabbix/etc/zabbix_agentd.conf
zabbix  27111 27110 0 00:23 ?   00:00:00 /usr/local/zabbix/sbin/zabbix_agentd: collector [idle 1 sec]
zabbix  27112 27110 0 00:23 ?   00:00:00 /usr/local/zabbix/sbin/zabbix_agentd: listener #1 [waiting for connection]
zabbix  27113 27110 0 00:23 ?   00:00:00 /usr/local/zabbix/sbin/zabbix_agentd: listener #2 [waiting for connection]
zabbix  27114 27110 0 00:23 ?   00:00:00 /usr/local/zabbix/sbin/zabbix_agentd: listener #3 [waiting for connection]
zabbix  27115 27110 0 00:23 ?   00:00:00 /usr/local/zabbix/sbin/zabbix_agentd: active checks #1 [idle 1 sec]
root    27119  9926 0 00:25 pts/0 00:00:00 grep --color=auto zabbix_agent
```

图6-42 zabbix_agent日志

查看 zabbix_agent.log 日志文件。

```
[root@zabbix_agent log]# vi /var/log/zabbix/zabbix_agentd.log
```

zabbix_agent 日志文件如图 6-43 所示。

```
27110:20171228:002346.254 Starting Zabbix Agent [Zabbix agent]. Zabbix 3.4.4 (revision 74338).
27110:20171228:002346.254 **** Enabled features ****
27110:20171228:002346.254 IPv6 support:        NO
27110:20171228:002346.254 TLS support:         NO
27110:20171228:002346.254 **************************
27110:20171228:002346.254 using configuration file: /usr/local/zabbix/etc/zabbix_agentd.conf
27110:20171228:002346.255 agent #0 started [main process]
27112:20171228:002346.257 agent #2 started [listener #2]
27113:20171228:002346.258 agent #3 started [listener #3]
27114:20171228:002346.259 agent #4 started [listener #3]
27115:20171228:002346.259 agent #5 started [active checks #1]
27111:20171228:002346.260 agent #1 started [collector]
```

图6-43 zabbix_agent 日志文件

5. Zaibbx 的使用

（1）登录 Zabbix Web GUI，将语言设置为中文

① 登录 Web 后，单击右上角的 " 🔒 " 图标，如图 6-44 所示。

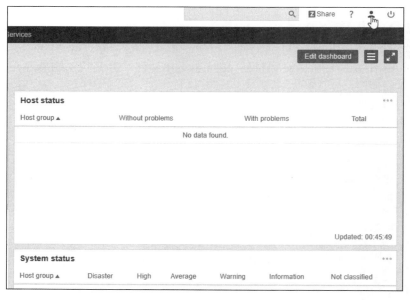

图6-44　单击 " 🔒 " 图标

② 将 Language 语言设置为：Chinese（zh_CN），单击 "Update" 按钮，如图 6-45 所示。

图6-45　改变语言

（2）添加 Host 主机和模板

通过（配置）Configuration →（主机）Hosts →（创建主机）Create Host 来创建监控设备。

这里我们创建两台监控设备（对应两台服务器上的 Agent）。

① Zabbix Server 端安装了 Agent，我们用它监控 Zabbix Server 主机的状态，如果 Zabbix Server 和 Zabbix Agent 安装在同一台主机上，系统会默认创建一台名为 Zabbix Server 的主机，但是状态为不启动，需要我们手动启动，如图 6-46 所示。

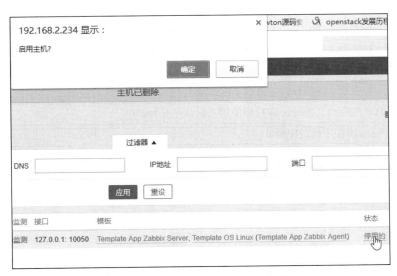

图6-46　开启Zabbix Server监控

② 在主机上添加 Agent 端。

步骤 1：我们单击右上角的"创建主机"按钮，如图 6-47 所示。

图6-47　创建主机

步骤 2：设置主机名称，所在群组以及 Agent 代理的 IP 地址见表 6-15。

表6-15　创建主机

主机名称	主机名称必须要和zabbix_agentd.conf文件中的Hostname的参数相同，否则，Agent代理会无法发现主机
可见的名称	可随意填写
群组	选择主机所属的群组。一个主机必须属于至少一个主机组
新的群组	新的群组被创建后会自动链接该主机。如果无新的群组该项将被忽略
接口协议	主机支持几种主机接口协议的类型，例如：Agent、SNMP、JMX and IPMI。我们使用哪种协议就创建哪种协议
DNS名称	监控主机DNS能解析的名称（可选项）
端口	TCP 的端口，Zabbix 客户端使用的默认值是10050
IP地址	Agent所在主机的IP地址

Zabbix_agent 参数设定如图 6-48 所示。

图6-48　Zabbix_agent参数设定

说明：本次实验我们使用的是 Agent 协议，因此，我们只填写 Agent 代理程序接口。

步骤 3：关联模板完成添加主机。

Zabbix 自带大量的设备监控模板，我们添加主机时通过 Link 到这些模板，就可以快速添加主机的监控项和告警触发条件。Zabbix 里面有内置的 Linux OS 模板，只需关联即可。

选择 Linux 模板如图 6-49 所示。

图6-49 选择Linux模板

步骤 4：查看主机状态。

单击"Configuration（配置）"按钮→"Hosts（主机）"按钮，便可查看主机状态，具体如图 6-50 所示。

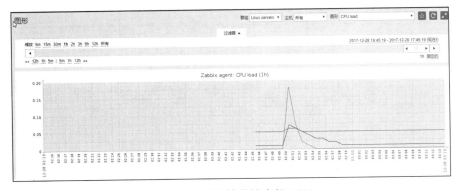

图6-50 查看主机状态

（3）查看图形化监控

具体查看步骤为：Monitoring（监控）→ Graphs（图形）→ Group：Linux servers（群组）→ host：all（主机）→ Graph：CPU Load（图形）。

查看被监控主机 CPU 如图 6-51 所示。

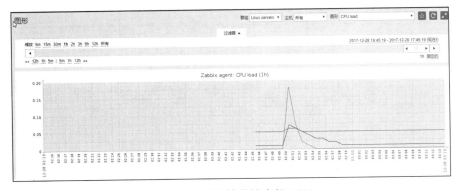

图6-51 查看被监控主机CPU

通过以上过程我们可以看出，CPU 的使用情况已经形成图形被展示出来，这证明有数据汇聚到服务器中，并被写进数据库。我们可以根据图形判断一段时间内服务器出现的问题。

（4）字体乱码

更换字体后，字体出现乱码，如图 6-52 所示。

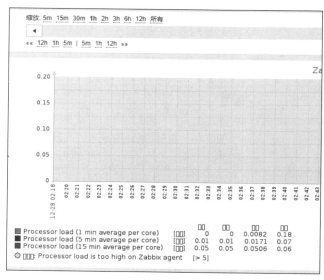

图6-52　字体乱码

字体显示乱码的原因是系统没有字体对应的中文编码，解决方法如下。

PHP 前段 Web 的代码在 ./php/Fonts/ 目录下，我们可以通过使用本地的字体来替换 Fonts 目录下的编码文件。

我们进入本地 Windows：C:\Windows\Fonts 目录下，如图 6-53 所示。

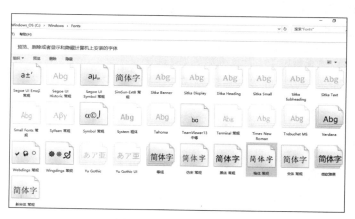

图6-53　宿主机字符集

选择楷体常规时，我们需注意字体后缀为 ".ttf"，并将其上传到 Zabbix Server 端的 /root 目录下。

```
[root@zabbix_server ~]# mv simkai.ttf /var/www/html/fonts/
[root@zabbix_server fonts]# ls /var/www/html/fonts/
```

编码文件如图 6-54 所示。

```
DejaVuSans.ttf  simkai.ttf
```
图6-54　编码文件

将 simkai.ttf 文件命名为 DejaVuSans.ttf。

```
[root@zabbix_server fonts]# mv simkai.ttf DejaVuSans.ttf
```

乱码接触如图 6-55 所示。

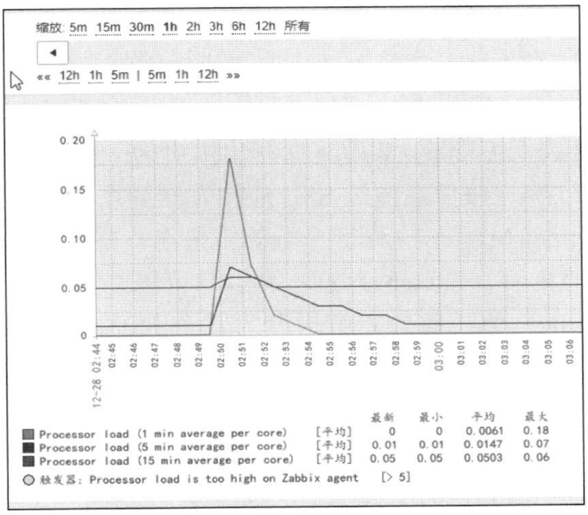

图6-55　乱码接触

由图 6-55 可知中文编码的问题解决了。

注意：我们退出登录后，需要重新登录，在没有修改密码的情况下账户为 admin，密码为 zabbix。

至此 Zabbix 部署完成。

6.2.3　自动化部署篇

1. Puppet 介绍

（1）Puppet 的定义

Puppet 是一种 Linux、Unix、Windows 平台的集中配置管理系统，它使用自有的 Puppet 描述语言，可管理配置文件、用户、cron 任务、软件包、系统服务等。Puppet 把这些系统实体称为资源，Puppet 的设计目标是简化管理这些资源以及妥善处理资源间的依赖关系。

Puppet 采用 C/S 星形结构，所有的客户端和一个或几个服务器交互。每个客户端周期地（默认半个小时）向服务器发送请求，获得其最新的配置信息，以保证和该配置信息同步。每个 Puppet 客户端每半小时（可以设置）连接一次服务器，下载最新的配置文件，并且严格按照配置文件来配置客户端。配置完成以后，Puppet 客户端可以将消息反馈给服务器。如果出错，Puppet 客户端也会将消息反馈给服务器。

（2）Puppet 工作原理

中央服务器上安装了 puppet_server 软件包（被称作 Puppet Master），需要管理的目标主机上安装了 Puppet 客户端软件（被称作 Puppet Client）。当客户端连接上 Puppet Master 后，定义在 Puppet Master 上的配置文件会被编译，然后客户端默认每半个小时（可以设置 runinterval=30）和服务器进行一次通信，并确认配置信息的更新情况。客户端如果发现有新的配置信息或者配置信息已经改变，配置信息将会被重新编译并发布到各客户端执行，也可以在服务器上主动触发一个配置信息的更新，强制各客户端进行配置。如果客户端的配置信息被改变了，它可以从服务器获得原始配置并进行校正。

（3）Puppet 工作流程

① 客户端 Puppetd 向 Master 发起认证请求，或使用带签名的证书。

② Master 告诉 Client 它是合法的。

③ 客户端 Puppetd 调用 Facter，Facter 探测出主机的一些变量，例如主机名、内存大小、IP 地址等。Puppetd 将这些信息通过 SSL 连接发送到服务器。

④ 服务器上的 Puppet Master 检测客户端的主机名，然后找到 Manifest 对应的 Node 配置，并解析该部分的内容。Facter 送过来的信息可以作为变量处理，Node 牵涉的代码被解析，其他没牵涉的代码不解析。解析分为几个阶段，首先是语法检查，如果语法存在错误就报错；如果语法没错，就继续解析，解析的结果生成一个中间的"伪代码"（catelog），然后把"伪代码"发给客户端。

⑤ 客户端接收到"伪代码"，并且执行。

⑥ 客户端在执行时判断有没有 File 文件，如果有，则向 Fileserver 发起请求。

⑦ 客户端判断有没有配置 Report，如果已配置，则把执行结果发送给服务器。

⑧ 服务器把客户端的执行结果写入日志，并发送给报告系统。

Puppet 工作流程如图 6-56 所示。

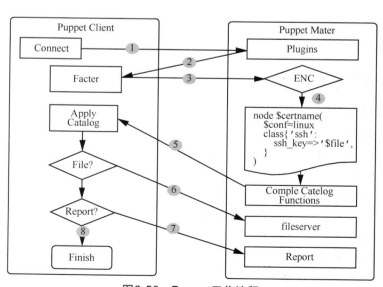

图6-56　Puppet工作流程

2. Pupput 基本概念以及优点介绍

（1）基本概念

资源：定义目标状态的核心组件。

核心资源包括 notify、package、group、user、file、exec、cron、service 等。

模块：以资源为核心，是类的集合，如 mod1、mod2。

节点：以被管理主机为核心，如 node1、node2。

Puppet 利用"模块＋节点"的方式，实现目标状态的定义。

Manifest：清单，用于定义并保存资源，是一个资源组织工具。

Facter：获取各被管理节点的资源使用情况的方式。

（2）Puppet 优点介绍

Puppet 的语法允许我们创建一个单独的脚本，用来在所有的目标主机上建立一个用户。所有的目标主机会依次使用适合本地系统的语法解释和执行这个模块。如果这个配置是在 Red Hat 服务器上执行的话，建立用户时使用 useradd 命令，如果这个配置是在 FreddBSD 服务器上执行的话，则使用 adduser 命令建立用户。

Puppet 另外一个卓越的地方就是它的灵活性。我们可以自由地获得 Puppet 的源代码。如果我们遇到问题并且有能力处理的话，可以修改或加强 Puppet 的代码使其适用于环境，然后解决这个问题。

Puppet 也是易于扩展的。定制软件包的支持功能和特殊的系统环境配置能够快速简单地被添加至 Puppet 的安装程序中。

3. Puppet 源码编译安装

（1）环境介绍

环境介绍见表 6-16。

表6-16 环境介绍

主机类型	主机名	IP地址	操作系统
Puppet Master	Server.Linux.com	192.168.2.234	CentOS release 7.4mini
Puppet Client	Client.Linux.com	192.168.4.57	CentOS release 7.4 mini

（2）环境准备

注意：以下操作在 Puppet Master 和 Puppet Client 两台服务器上执行，并且操作流程一样。我们以 Puppet Master 为例。

1）下载 ntp 时间同步

我们需要对所有主机进行时间同步。

```
[root@server puppet]# yum install ntp -y
[root@server puppet]# ntpdate timekeeper.isi.edu
```

向 ntp 服务器手动同步如图 6-57 所示。

```
29 Dec 16:25:09 ntpdate[10411]: adjust time server 128.9.176.30 offset 0.046909 sec
```

图6-57 向ntp服务器手动同步

2）修改主机名和 Hosts 文件，创建本地解析

```
[root@server puppet]# hostnamectl set-hostname server.linux.com
```
注意：Puppet Client 主机名为：client.linux.com。

编辑 /etc/hosts 文件解析文件。

```
[root@server ~]# vi /etc/hosts
```

编辑 hosts 本地解析文件如图 6-58 所示。

```
127.0.0.1    localhost localhost.localdomain localhost4 localhost4.localdomain4
::1          localhost localhost.localdomain localhost6 localhost6.localdomain6
192.168.2.234 server.linux.com
192.168.4.57 client.linux.com
```

图6-58　编辑hosts本地解析文件

3）关闭防火墙

```
[root@server ~]#vi /etc/selinux/config
```

关闭防火墙如图 6-59 所示。

```
# This file controls the state of SELinux on the system.
# SELINUX= can take one of these three values:
#     enforcing - SELinux security policy is enforced.
#     permissive - SELinux prints warnings instead of enforcing.
#     disabled - No SELinux policy is loaded.
SELINUX=disabled
# SELINUXTYPE= can take one of three two values:
#     targeted - Targeted processes are protected,
#     minimum - Modification of targeted policy. Only selected processes are protected.
#     mls - Multi Level Security protection.
SELINUXTYPE=targeted
```

图6-59　关闭防火墙

关闭 Firewalled，设置开机不自启。

```
[root@server ~]# systemctl stop firewalld
[root@server ~]# systemctl disable firewalld
[root@server ~]# systemctl stop firewalld
[root@server ~]# systemctl disable firewalld
```

4）安装编译环境准备

```
[root@server ~]#yum install ruby ruby-rdoc  ruby-libs wget -y
```
编译环境见表 6-17。

表6-17　编译环境

ruby	由于Puppet采用Ruby开发语言，所以需要Ruby编译语言
ruby–libs	Ruby的库文件
ruby–rdoc	查看Ruby的帮助文档
wget	下载Linux工具

5）下载 Facter 源码包，编译安装

Facter 主要收集主机的一些信息，比如：CPU、主机 IP 等。Facter 把这些收集的信息发送给 Puppet 服务器，服务器就可以根据不同的条件在不同的节点上生成不同的 Puppet 配置文件。

```
[root@server ~]# cd /opt/
[root@server opt]# wget downloads.puppetlabs.com/facter/facter-
2.4.0.tar.gz
[root@server opt]# tar zxf facter-2.4.0.tar.gz
[root@server opt]# cd facter-2.4.0
[root@server facter-2.4.0]# ruby install.rb
```

6）下载 Hiera 源码包，编译安装

2.7 版本及以后的 Puppet 都需要 Hiera 的支持，所以也必须安装 Hiera。

```
[root@server ~]# cd /opt/
[root@server opt]# wget downloads.puppetlabs.com/hiera/hiera-
3.3.1.tar.gz
[root@server opt]# tar zxf hiera-3.3.1.tar.gz
[root@server opt]# cd hiera-3.3.1
[root@server hiera-3.3.1]# ruby install.rb
```

（3）下载并编译安装 Puppet 源码

Puppet 服务端与客户端的源码安装使用的是同一个软件包，它们的安装步骤一样，只是在配置文件方面有细微的差别。

```
[root@server ~]# cd /opt/
[root@server opt]# wget downloads.puppetlabs.com/puppet/puppet-
3.8.7.tar.gz
[root@server opt]# tar zxf puppet-3.8.7.tar.gz
[root@server opt]# cd puppet-3.8.7
[root@server hiera-3.3.1]# ruby install.rb
```

（4）修改 Puppet Master 端的配置

```
[root@server ~]# cp ext/redhat/puppet.conf /etc/puppet/
[root@server ~]# vi /etc/puppet/puppet.conf
# 指定服务器的地址
server = server.linux.com
# 管理和请求证书的地址
certname = server.linux.com
# 表示关闭模块中的插件功能
pluginsync = false
```

开启 Puppet Master 的服务。

```
[root@server ~]# puppet master
[root@server ~]# ps -ef | grep puppet
```

查看 Master 进程如图 6-60 所示。

```
puppet     1266      1  0 11:01 ?        00:00:02 /usr/bin/ruby /usr/bin/puppet master
root      10884  10494  0 17:30 pts/0    00:00:00 grep --color=auto puppet
```

图6-60　查看Master进程

（5）修改 Puppet 客户端的配置

说明：对于 Puppet 客户端环境准备而言，其源码安装过程与 Master 端一样，只是配置文件不同而已。因此，我们只需要修改配置文件即可。

```
[root@client ~]# cp ext/redhat/puppet.conf /etc/puppet/
[root@client ~]# vi /etc/puppet/puppet.conf
```

配置文件代码如下：

【配置文件 puppet.conf】

```
# 指定服务器的地址
server = server.linux.com
# 表示关闭模块中的插件功能
pluginsync = false
[root@client ~]# puppet agent
[root@client ~]# ps -ef | grep puppet
```

查看 Agent 进程如图 6-61 所示。

```
root      10889      1  2 17:39 ?        00:00:00 /usr/bin/ruby /usr/bin/puppet agent
root      11039  10494  0 17:39 pts/0    00:00:00 grep --color=auto puppet
```

图6-61　查看Agent进程

6.2.4　任务回顾

知识点总结

1. Kickstar+PXE 批量安装服务器系统。
2. Zabbix 使用主动模式，内置模板监控服务器。
3. 搭建 Puppet 自动配置工具。

学习足迹

任务二学习足迹如图 6-62 所示。

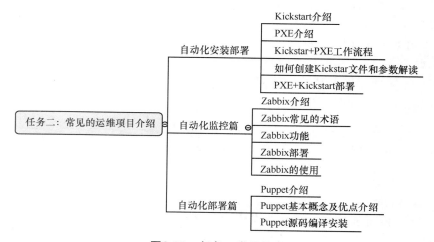

图6-62　任务二学习足迹

思考与练习

1. 使用 Kickstart+PXE 自动部署 2 ～ 3 台服务器。
2. 使用 Zabbix 主动模式监控自己的 Windows 主机。
3. 搭建 Puppet 自动部署工具。

6.3　项目总结

通过本项目的学习，我们应掌握自动化运维的概念以及自动化运维的重要性。通过部署试验，同学们可以更好地体会自动化运维在云数据中心的重要性。

项目 6 技能图谱如图 6-63 所示。

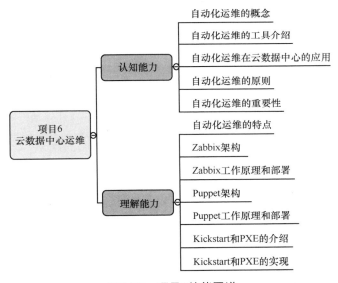

图6-63　项目6技能图谱

6.4　拓展训练

自主实践：实现 Zabbix 对云平台基础资源的监控。

◆ 拓展训练要求
- 使用 Zabbix 协议监控 OpenStack 云主机。
- 使用 Zabbix 主动模式去监控服务器。

- 将现实过程以 Word 文档形式记录下来。
- ◆ **格式要求**：需以 Word 文档的形式提交作业。
- ◆ **考核方式**：
- 上课演示 Zabbix 的监控界面以及被监控设备的图形。
- 提交 Word 形式的创建过程。
- ◆ **评估标准**，见表 6-18。

表6-18　拓展训练评估

项目名称： 实现Zabbix对云平台基础资源的监控	项目承接人： 姓名：	日期：
项目要求	**评分标准**	**得分情况**
① 使用Zabbix协议主动模式监控云主机（25分）； ② 使用Zabbix协议主动模式监控服务器（25分）	① 成功监控OpenStack云主机（25分）； ② 成功监控服务器（25分）	
以Word文档的形式将创建过程记录下来，并保存服务的配置文件与重要部分的截图（50分）	① 思路清晰，表达清楚（10分）； ② 逻辑正确，无重大错误（20分）； ③ 字面干净、整洁、大方（10分）	
评价人	**评价说明**	**备注**
个人		

Docker 与 Kubernetes

 项目引入

> 我：徐工您好，昨天您说要传授我一门新技术，是什么呢？
>
> 徐工：今天我要教给你的技术叫作 Docker。Docker 是一个开源项目，其目标是实现轻量级的操作系统虚拟化解决方案，它可以实现更快速的服务交付和部署、更高效的虚拟化、更轻松的迁移和扩展、更简单的管理，并且保持开发、测试与生产环境的一致性。每台机器可以运行上千个应用，相比传统的虚拟机具有很大的优势。
>
> 我：那 Docker 应用就只能部署在一台机器上吗？万一我的机器死机了，那我的应用不就全瘫痪了吗？
>
> 徐工：这个问题问得很好，说明你前面知识学得还算扎实，所以为了解决这个问题，我还会教授你 Kubernetes 容器编排技术，那我们就开始进入实战吧！

 知识图谱

项目 7 知识图谱如图 7-1 所示。

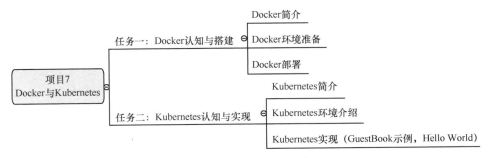

图7-1 项目7知识图谱

7.1　任务一：Docker 认知与搭建

7.1.1　Docker简介

1. Docker 简介

（1）什么是 Docker

Docker 是一个开源的应用容器引擎，通过它，开发者可以将应用以及依赖包打包到一个可移植的容器中，然后将其发布到任何流行的 Linux 机器上，也可以实现虚拟化。容器完全使用沙箱机制，相互不会有任何接口。

Docker 可以轻松地为任何应用创建一个轻量级的、可移植的、自给自足的容器。经编译测试通过的容器可以批量地在生产环境中部署，包括 VMs（虚拟机）、Bare Metal、OpenStack 集群和其他的基础应用平台。

Docker 属于敏捷开发的产品，并且处于高速创新阶段，每年都会发布很多版本。由于这种快速开发的特性，Docker 一般只保留几个版本内的向后兼容性，之后的版本就会被废弃。因此，我们在购买与 Docker 相关的图书时，应该遵循这样的原则：观察一下当前的 Docker 版本号，选择不要晚于 3 个版本的 Docker 书籍，否则看到的很多内容可能将会因过时而无法使用，或者已经有更简单的方式去实现功能了。

（2）Docker 产生的原因

Docker 产生的原因有以下 4 点。

第一，环境管理复杂：从各种 OS 到各种中间件再到各种 App，一款产品能够成功发布，作为开发者需要关心的东西有很多，且这些方面难于被管理。Docker 可以简化多种应用实例的部署工作，如 Web 应用、后台应用、数据库应用、大数据应用（Hadoop 集群）、消息队列等都可以被打包成一个镜像部署。

第二，云计算时代的到来：AWS 的成功将开发者的注意力转移到云上，这样，硬件管理的问题便可得到解决，然而软件配置和与管理相关的问题依然存在。Docker 的出现正好帮助软件开发者开阔思路，尝试采用新的软件管理方法解决这个问题。

第三，虚拟化手段的变化：云时代采用标配硬件来降低成本，采用虚拟化手段来满足用户按需分配的资源需求并保证可用性和隔离性。然而无论是 KVM 还是 Xen，相较于 Docker 都会造成资源浪费，因为用户需要的是高效运行的环境而非 OS，GuestOS 既浪费资源又难于管理，而轻量级的 LXC 却更加灵活和快速。

第四，LXC 的便携性：LXC 在 Linux 2.6 的 Kernel 里就已经存在了，但是其设计之初并非为云计算而设计的，其缺少标准化的描述手段和容器的可便携性，因此，构建出的环境难于分发和标准化管理 (相对于 KVM 的 Image 和 Snapshot 的概念)。Docker 就在这个问题上进行了实质性的创新。

（3）Docker 通常应用的场景

① Web 应用的自动化打包和发布；

② 自动化测试和持续集成、发布；

③ 在服务型环境中部署和调整数据库或其他的后台应用；

④ 从头编译或者扩展现有的 OpenShift 或 Cloud Foundry 平台来搭建自己的 PaaS 环境。

2. Docker 与虚拟机的区别

什么是 Docker？为了方便理解，你可以将它理解为虚拟机，实际上 Docker 并不是虚拟机，它实现了对于 Linux 的隔离，但它实现的隔离效果很好，以至于让人觉得它可以拥有一套完整的 Linux 系统。

Docker 与虚拟机的区别如图 7-2 所示。

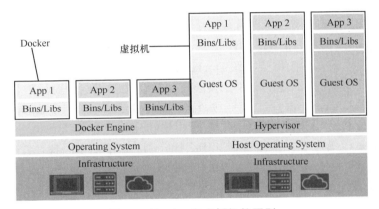

图7-2　Docker与虚拟机的区别

从直观上来讲，虚拟机相比 Docker 多了一层 Guest OS，同时，Hypervisor 会对硬件资源进行虚拟化，Docker 则直接使用硬件资源，所以 Docker 的资源利用率相对较高。其次，Open Stack 能够以 10 台 / 分钟的速度创建虚拟机，而 Docker 利用宿主机的系统内核，所以可以在几秒内创建大量容器，它们的启动速度具有数量级以上的差距。

图 7-2 中有如下定义。

① 基础设施 (Infrastructure)。

②主操作系统 (Host Operating System)：所有主流的 Linux 发行版本都可以运行 Docker。MacOS 和 Windows 也可采用一些其他办法"运行"Docker。

③ Docker 守护进程 (Docker Daemon)：Docker 守护进程取代了 Hypervisor，它是运行在操作系统之上的后台进程，负责管理 Docker 容器。

④ 各种依赖：对于 Docker 而言，应用的所有依赖都打包在 Docker 镜像中，Docker 容器是基于 Docker 镜像创建的。

⑤ 应用：应用的源代码与它的依赖都被打包在 Docker 镜像中，不同的应用需要不同的 Docker 镜像。不同的应用运行在不同的 Docker 容器中，它们是相互隔离的。

那 Docker 和虚拟机的区别具体是什么呢？虚拟机在底层模拟出各种硬件，如 CPU、硬盘等。而 Docker 则在软件层面给资源分组，Docker 性能无限接近原生，因为 Docker

用的是系统自己的进程，而虚拟机做得再好，也无法实现原生的效果。

Docker 守护进程可以直接与主操作系统进行通信，为各个 Docker 容器分配资源。它还可以将容器与主操作系统隔离，并将各个容器隔离。虚拟机启动需要数分钟，而 Docker 容器可以在数毫秒内启动。由于没有臃肿的从操作系统，Docker 可以节省大量的磁盘空间以及其他系统资源。

Docker 和虚拟机技术有不同的使用场景：虚拟机更擅长彻底隔离整个运行环境，例如，云服务提供商通常采用虚拟机技术隔离不同的用户，而 Docker 通常隔离不同的应用，例如，前端、后端以及数据库。

3. Dockerfile 基本命令

Dockerfile 是软件的原材料，Docker 镜像是软件的交付品，而 Docker 容器则可以被认为是软件的运行态。从应用软件的角度来看，Dockerfile、Docker 镜像与 Docker 容器分别代表软件的 3 个不同阶段，Dockerfile 面向开发，Docker 镜像是交付标准，Docker 容器则涉及部署与运维，三者缺一不可，合力充当 Docker 体系的基石，7.11 节主要介绍 Dockerfile 的相关知识，后面将会介绍 Docker 镜像与 Docker 容器。

Dockerfile 简单而言，描述的是镜像安装了哪些软件包、有哪些操作、创建了什么内容。有些人喜欢用 docker commit 命令去打包镜像，这样是不利的，因为 commit 打包的镜像比使用 Dockerfile 构建出来的镜像体积大，而且 commit 打包的镜像属于黑盒镜像，除了制作者，谁都不知道操作者在里面执行了什么操作，它是不安全的镜像，很少会有人使用，同时，commit 打包的镜像还不便于最终的管理和更新。我们推荐用户使用 Dockerfile 去管理镜像，下面我们简单介绍 Dockerfile 中常见的指令和注意事项。

1）FROM

第一条指令必须是 FROM，指定你所使用的基础镜像。

语法：FROM <image>

　　　FROM <image>:<tag>

　　　FROM <image>:<digest>

例如：FROM centos

FROM alpine:3.6

FROM debian:jessie

2）MAINTAINER

MAINTAINER 命令一般用于描述这个 Dockerfile 的作者信息。

语法：MAINTAINER <user><email>

例如：MAINTAINERxxx 1212×××@qq.com

3）RUN

运行指定的命令，此命令只有在执行 docker build 时才会执行，其他情况下不会执行。这时候有很多初学者会以为在写 Shell，那么在一个 Dockerfile 里会出现很多不合理的 Run 指令。Docker 的镜像还具有分层结构，即 Dockerfile 里面一个指令的操作就是一层。

语法：RUN <command>

例如：RUN yum install openjdk

4）CMD

设置容器启动时要运行的命令只有在用户执行 docker run 或者 docker start 命令时才会运行，其他情况下不运行。如果一个 Dockerfile 里面有多条 CMD，那么只有文件最后一行的 CMD 才会生效，其他的不会生效，还有一点值得注意，CMD 可以在用户执行 docker run 指令的时候被覆盖。

语法：CMD ["executable"," param1"," param2"]

例如：CMD ["python"," flask.py"]

5）EXPOSE

设置暴露的容器端口。

语法：EXPOSE <port>

例如：EXPOSE 8080

6）ENV

环境变量。

语法：ENV JAVA_HOME /usr/lib/jvm/java-7-openjdk-amd64
　　　ENV CLASSPATH $JAVA_HOME/lib/dt.jar:$JAVA_HOME/lib/tools.jar
　　　ENV PATH $PATH:$JAVA_HOME/bin:$JRE_HOME/bin

或者：ENV JAVA_HOME=/usr/lib/jvm/java-7-openjdk-amd64 \
　　　CLASSPATH=$JAVA_HOME/lib/dt.jar:$JAVA_HOME/lib/tools.jar \
　　　PATH=$PATH:$JAVA_HOME/bin:$JRE_HOME/bin

7）ADD

复制命令，把本机的文件复制到镜像中，如果 dest 是目录则系统会帮你创建出这个目录，如果 src 是压缩文件，系统则会帮你解压文件。当然 ADD 中的 src 也可以是 URL 链接，还有另外一个指令（COPY），请注意区别！

语法：ADD <src><dest>

例如：ADD nginx.conf /etc/nginx/nginx.conf
　　　ADD app.tar.gz /app/app.tar.gz

8）COPY

COPY 指令与 ADD 相似，但是 COPY 的 src 部分只能是本地文件，文件路径是 Dockerfile 的相对路径。如果 dest 是目录且目录不存在，系统会帮你创建目录，但如果是压缩文件系统不会帮你解压文件。

语法：COPY <src><dest>

例如：COPY app.tar.gz /app/　　注意：不会被解压缩，只是复制功能。

9）ENTRYPOINT

启动时的默认命令，此指令设置的命令不可修改，其与 CMD 是有区别的。此命令在 Dockerfile 中只能有一个，若有多个，则文件中最后一个出现的命令才生效。

语法：ENTRYPOINT ["executable"," param1"," param2"]

例如：ENTRYPOINT ["python"," flask.py"]

ENTRYPOINT ["nginx"]

CMD ["-g"，"daemon off;"] 后面的 CMD 会追加到 ENTRYPOINT 命令后。

如上，如果执行 "docker run -d --name nginx -P nginx"，则最终在容器内生效的命令是 "nginx -g daemon off"；如果执行 "docker run -d --name nginx -P nginx bash"，则最终容器内生效的命令是 "nginx bash"。

10）VOLUME

用于设置用户的卷，该指令在启动容器的时候 Docker 会在 /var/lib/docker 的下一级目录下创建一个卷，以保存用户在容器中产生的数据。若没有声明则不会创建。

语法：VOLUME ["/path"]

例如：VOLUME ["/data"]

VOLUME ["/data","/app/etc"]

11）USER

指定容器运行的用户，前提条件是用户必须存在。此指令可以在构建镜像时使用或指定容器中运行的用户是谁。

语法：USER <user>

例如：USER jenkins

USER root

12）WORKDIR

指定容器中的工作目录，该指令可以在构建时使用，也可以在启动容器时使用。构建时使用的方法是：通过 WORKDIR 将当前目录切换到指定的目录中。而在容器中使用则意味着：用户在使用 docker run 命令启动容器时，默认进入的是 WORKDIR 指定的目录，下面的示例中我们使用的是环境变量。

语法：WORKDIR <path>

例如：WORKDIR /usr/local/java

7.1.2　Docker环境准备

宿主机系统为 CentOS7；IP 为 192.168.14.25。

1. 环境要求

用户需要：使用维护版本的 CentOS 7，Docker CE 不支持测试版本。

2. 卸载旧版本

旧版本的 Docker 被称作 Docker 或者 docker-engine，如果用户安装了这些版本，则需要卸载它们以及与其相关的依赖项。

执行命令如下：

```
$ sudo yum remove docker \
                docker-common \
                docker-selinux \
                docker-engine
```

执行结果如图 7-3 所示。

```
[root@centos7 ~]# sudo yum remove docker \
>                 docker-common \
>                 docker-selinux \
>                 docker-engine
Loaded plugins: fastestmirror
No Match for argument: docker
No Match for argument: docker-common
No Match for argument: docker-selinux
No Match for argument: docker-engine
No Packages marked for removal
```

图7-3　移除环境中旧版本Docker结果

3. 安装 Docker CE

需要注意的是，我们在执行安装命令时，可能会遇到因网络原因无法安装的问题，此时大家可以多执行一遍命令。

1）安装依赖包

执行命令如下：

```
$ sudo yum install -y yum-utils \
  device-mapper-persistent-data \
  lvm2
```

执行之后，就会出现图 7-4 所示的安装操作。

```
[root@centos7 ~]# sudo yum install -y yum-utils \
>   device-mapper-persistent-data \
>   lvm2
Loaded plugins: fastestmirror
Determining fastest mirrors
 * base: mirrors.shu.edu.cn
 * extras: mirrors.shu.edu.cn
 * updates: mirrors.shu.edu.cn
(1/2): base/7/x86_64/primary_db                                                   | 5.7 MB  00:00:00
(2/2): updates/7/x86_64/primary_db      65% [=============================================-   ] 37 kB/s | 7.2 MB  00:01:46 ETA
```

图7-4　安装依赖包执行示意

如图 7-5 所示，我们已安装成功。

```
Installed:
  device-mapper-persistent-data.x86_64 0:0.7.0-0.1.rc6.el7                lvm2.x86_64 7:2.02.171-8.el7

Dependency Installed:
  device-mapper-event.x86_64 7:1.02.140-8.el7    device-mapper-event-libs.x86_64 7:1.02.140-8.el7    libaio.x86_64 0:0.3.109-13.el7    libxml2-python.x86_64 0:2.9.1-6.el7_2.3
  lvm2-libs.x86_64 7:2.02.171-8.el7

Updated:
  yum-utils.noarch 0:1.1.31-42.el7

Dependency Updated:
  device-mapper.x86_64 7:1.02.140-8.el7  device-mapper-libs.x86_64 7:1.02.140-8.el7  libxml2.x86_64 0:2.9.1-6.el7_2.3  python-urlgrabber.noarch 0:3.10-8.el7  rpm.x86_64 0:4.11.3-25.el7
  rpm-build-libs.x86_64 0:4.11.3-25.el7  rpm-libs.x86_64 0:4.11.3-25.el7             rpm-python.x86_64 0:4.11.3-25.el7  yum.noarch 0:3.4.3-154.el7.centos

Complete!
```

图7-5　依赖包安装成功效果

在图 7-5 中，yum-utils 为 yum-config-manager 提供功能；device-mapper-persistent-data 和 lvm2 为 devicemapper 提供存储驱动。

2）配置源

```
$ sudo yum-config-manager \
    --add-repo \
    https://download.docker.com/linux/centos/docker-ce.repo
```

执行后，运行结果如图 7-6 所示。

```
[root@centos7 ~]# sudo yum-config-manager \
>       --add-repo \
>       https://download.docker.com/linux/centos/docker-ce.repo
Loaded plugins: fastestmirror
adding repo from: https://download.docker.com/linux/centos/docker-ce.repo
grabbing file https://download.docker.com/linux/centos/docker-ce.repo to /etc/yum.repos.d/docker-ce.repo
repo saved to /etc/yum.repos.d/docker-ce.repo
```

图7-6　安装配置管理

然后我们依次执行以下两个命令使之生效。

```
$ sudo yum-config-manager --enable docker-ce-edge
$ sudo yum-config-manager --enable docker-ce-test
```

以上两个命令的执行效果分别如图 7-7、图 7-8 所示。

```
[root@centos7 ~]# sudo yum-config-manager --enable docker-ce-edge
Loaded plugins: fastestmirror
================================================================ repo: docker-ce-edge ================================================
[docker-ce-edge]
async = True
bandwidth = 0
base_persistdir = /var/lib/yum/repos/x86_64/7
baseurl = https://download.docker.com/linux/centos/7/x86_64/edge
cache = 0
cachedir = /var/cache/yum/x86_64/7/docker-ce-edge
check_config_file_age = True
compare_providers_priority = 80
cost = 1000
deltarpm_metadata_percentage = 100
deltarpm_percentage =
enabled = 1
enablegroups = True
exclude =
failovermethod = priority
ftp_disable_epsv = False
gpgcadir = /var/lib/yum/repos/x86_64/7/docker-ce-edge/gpgcadir
gpgcakey =
gpgcheck = True
gpgdir = /var/lib/yum/repos/x86_64/7/docker-ce-edge/gpgdir
gpgkey = https://download.docker.com/linux/centos/gpg
hdrdir = /var/cache/yum/x86_64/7/docker-ce-edge/headers
http_caching = all
includepkgs =
ip_resolve =
keepalive = True
keepcache = False
mddownloadpolicy = sqlite
mdpolicy = group:small
mediaid =
metadata_expire = 21600
metadata_expire_filter = read-only:present
metalink =
minrate = 0
```

图7-7　使docker-ce-edge生效示意

```
[root@centos7 ~]# sudo yum-config-manager --enable docker-ce-test
Loaded plugins: fastestmirror
================================================================ repo: docker-ce-test ================================================
[docker-ce-test]
async = True
bandwidth = 0
base_persistdir = /var/lib/yum/repos/x86_64/7
baseurl = https://download.docker.com/linux/centos/7/x86_64/test
cache = 0
cachedir = /var/cache/yum/x86_64/7/docker-ce-test
check_config_file_age = True
compare_providers_priority = 80
cost = 1000
deltarpm_metadata_percentage = 100
deltarpm_percentage =
enabled = 1
enablegroups = True
exclude =
failovermethod = priority
ftp_disable_epsv = False
gpgcadir = /var/lib/yum/repos/x86_64/7/docker-ce-test/gpgcadir
gpgcakey =
gpgcheck = True
gpgdir = /var/lib/yum/repos/x86_64/7/docker-ce-test/gpgdir
gpgkey = https://download.docker.com/linux/centos/gpg
hdrdir = /var/cache/yum/x86_64/7/docker-ce-test/headers
http_caching = all
includepkgs =
ip_resolve =
keepalive = True
keepcache = False
mddownloadpolicy = sqlite
mdpolicy = group:small
mediaid =
metadata_expire = 21600
metadata_expire_filter = read-only:present
metalink =
minrate = 0
```

图7-8　使docker-ce-test生效示意

4. 安装 Docker CE

执行命令如下：

```
$ sudo yum install docker-ce
```

安装最新版本的 Docker CE，如图 7-9、图 7-10、图 7-11 所示。

```
[root@centos7 ~]# sudo yum install docker-ce
Loaded plugins: fastestmirror
docker-ce-edge                                                        | 2.9 kB  00:00:00
docker-ce-stable                                                      | 2.9 kB  00:00:00
docker-ce-test                                                        | 2.9 kB  00:00:00
(1/3): docker-ce-stable/x86_64/primary_db                             |  11 kB  00:00:01
(2/3): docker-ce-edge/x86_64/primary_db                               |  13 kB  00:00:01
(3/3): docker-ce-test/x86_64/primary_db                               |  36 kB  00:00:03
Loading mirror speeds from cached hostfile
 * base: mirrors.shu.edu.cn
 * extras: mirrors.shu.edu.cn
 * updates: mirrors.shu.edu.cn
Resolving Dependencies
--> Running transaction check
---> Package docker-ce.x86_64 0:18.01.0.ce-1.el7.centos will be installed
--> Processing Dependency: container-selinux >= 2.9 for package: docker-ce-18.01.0.ce-1.el7.centos.x86_64
--> Processing Dependency: libseccomp.so.2()(64bit) for package: docker-ce-18.01.0.ce-1.el7.centos.x86_64
--> Processing Dependency: libltdl.so.7()(64bit) for package: docker-ce-18.01.0.ce-1.el7.centos.x86_64
--> Running transaction check
---> Package container-selinux.noarch 2:2.33-1.git86f33cd.el7 will be installed
--> Processing Dependency: policycoreutils >= 2.5-11 for package: 2:container-selinux-2.33-1.git86f33cd.el7.noarch
---> Package libseccomp.x86_64 0:2.3.1-3.el7 will be installed
---> Package libtool-ltdl.x86_64 0:2.4.2-22.el7_3 will be installed
--> Running transaction check
---> Package policycoreutils.x86_64 0:2.2.5-20.el7 will be updated
--> Processing Dependency: policycoreutils = 2.2.5-20.el7 for package: policycoreutils-python-2.2.5-20.el7.x86_64
---> Package policycoreutils.x86_64 0:2.5-17.1.el7 will be an update
--> Processing Dependency: libsepol >= 2.5-6 for package: policycoreutils-2.5-17.1.el7.x86_64
```

图7-9 Docker安装过程

```
Transaction Summary
==================================================
Install  1 Package  (+ 3 Dependent packages)
Upgrade  3 Packages (+16 Dependent packages)

Total download size: 49 M
Is this ok [y/d/N]:
```

图7-10 Docker安装确认

然后我们输入“y”，安装完成。对于之后出现的提示，我们一直输入“y”即可，最后出现图 7-11 所示界面，则表示 Docker 成功安装。

```
Installed:
  docker-ce.x86_64 0:18.01.0.ce-1.el7.centos

Dependency Installed:
  container-selinux.noarch 2:2.33-1.git86f33cd.el7          libseccomp.x86_64 0:2.3.1-3.el7          libtool-ltdl.x86_64 0:2.4.2-22.el7_3

Updated:
  dracut.x86_64 0:033-502.el7_4.1          selinux-policy-targeted.noarch 0:3.13.1-166.el7_4.7          systemd.x86_64 0:219-42.el7_4.4

Dependency Updated:
  dracut-config-generic.x86_64 0:033-502.el7_4.1   dracut-config-rescue.x86_64 0:033-502.el7_4.1   dracut-network.x86_64 0:033-502.el7_4.1   libgudev1.x86_64 0:219-42.el7_4.4
  libselinux.x86_64 0:2.5-11.el7                   libselinux-python.x86_64 0:2.5-11.el7           libselinux-utils.x86_64 0:2.5-11.el7      libsemanage.x86_64 0:2.5-8.el7
  libsemanage-python.x86_64 0:2.5-8.el7            libsepol.x86_64 0:2.5-6.el7                     policycoreutils.x86_64 0:2.5-17.1.el7     policycoreutils-python.x86_64 0:2.5-17.1.el7
  selinux-policy.noarch 0:3.13.1-166.el7_4.7       setools-libs.x86_64 0:3.3.8-1.1.el7             systemd-libs.x86_64 0:219-42.el7_4.4      systemd-sysv.x86_64 0:219-42.el7_4.4

Complete!
```

图7-11 Docker安装成功示意

5. 启动 Docker

执行命令如下：

```
$ sudo systemctl start docker
```

此时，整个 Docker 的安装与启动就完成了，我们想验证 Docker 是否正确安装可以执行 docker run hello-world 指令，若出现如图 7-12 所示的打印信息，则说明安装成功了。

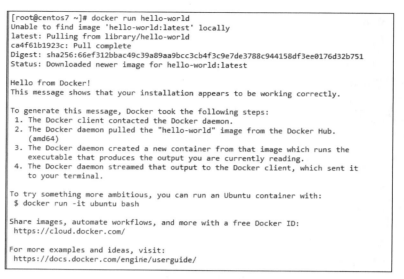

```
[root@centos7 ~]# docker run hello-world
Unable to find image 'hello-world:latest' locally
latest: Pulling from library/hello-world
ca4f61b1923c: Pull complete
Digest: sha256:66ef312bbac49c39a89aa9bcc3cb4f3c9e7de3788c944158df3ee0176d32b751
Status: Downloaded newer image for hello-world:latest

Hello from Docker!
This message shows that your installation appears to be working correctly.

To generate this message, Docker took the following steps:
 1. The Docker client contacted the Docker daemon.
 2. The Docker daemon pulled the "hello-world" image from the Docker Hub.
    (amd64)
 3. The Docker daemon created a new container from that image which runs the
    executable that produces the output you are currently reading.
 4. The Docker daemon streamed that output to the Docker client, which sent it
    to your terminal.

To try something more ambitious, you can run an Ubuntu container with:
 $ docker run -it ubuntu bash

Share images, automate workflows, and more with a free Docker ID:
 https://cloud.docker.com/

For more examples and ideas, visit:
 https://docs.docker.com/engine/userguide/
```

图7-12　Docker安装成功信息

7.1.3　Docker部署

1. 相关概念的介绍

本小节介绍如何通过 Dockerfile 来构建并启动一个 MySQL 服务。

简单来说，Dockerfile 构建出 Docker 镜像，通过 Docker 镜像运行 Docker 容器。

我们可以从 Docker 容器的角度来反推三者的关系，如图 7-13 所示。

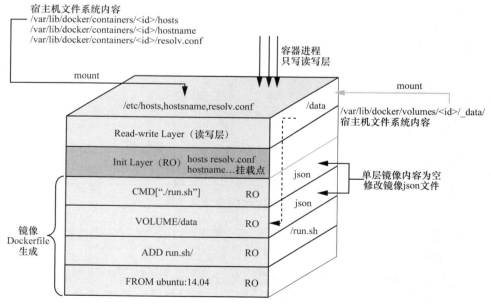

图7-13　Docker容器文件系统

图 7-13 展示了镜像结构以及容器之间的关系，我们需要了解几个概念：镜像（Image）、容器（Container）以及仓库（Registry）。

（1）镜像

Docker 镜像可以被看作是一个特殊的文件系统，除了提供容器运行时所需的程序、库、资源、配置等文件外，还包含了一些为容器运行时准备的配置参数（如匿名卷、环境变量、用户等）。镜像不包含任何动态数据，其内容在构建之后也不会发生改变。

一个 Docker 镜像可以构建在另一个 Docker 镜像之上，这种层叠关系可以是多层的。第一层镜像被称作基础镜像（Base image），其他层的镜像（除了最顶层）被称作父层镜像（Parent image）。这些镜像继承了父层镜像的所有属性和设置，并在 Dockerfile 中添加了自己的配置。

Docker 镜像通过镜像 ID 进行识别，镜像 ID 是一个 64 字符的十六进制字符串。但是我们运行镜像时通常不会使用镜像 ID 来引用镜像，而是使用镜像名来引用镜像。

（2）容器

Docker 容器是 Docker 镜像创建的运行实例。Docker 容器类似于虚拟机，可以支持的操作包括启动、停止、删除等。每个容器间是相互隔离的，容器中会运行特定的应用，包括特定应用的代码及所需的依赖文件。

我们可以将容器看作一个简易版的 Linux 环境（包括 root 用户权限、进程空间、用户空间和网络空间等）和运行在其中的应用程序。

（3）仓库

用户如果使用过 git 和 github 就很容易理解 Docker 的仓库概念。Docker 仓库的概念与 git 的类似，注册服务器可以被理解为类似 github 的托管服务。

Docker 仓库保存镜像的位置，Docker 提供一个注册（register）服务器来保存多个仓库，每个仓库又可以包含多个具备不同 tag 的镜像。Docker 在运行中使用的默认仓库是 Docker hub（公共仓库）。

仓库支持的操作类似于 git 支持的操作，用户创建了自己的镜像之后就可以使用 push 命令将它上传到公有或者私有仓库，这样下次我们在另外一台机器上使用这个镜像时，只需要从仓库上将其"拉"下来即可。

2. 创建并编写 Dockerfile

执行 vim Dockerfile 将以下内容写入到 Docker 文件。

```
1  # 指定基础镜像，本测试使用 MySql5.7 测试
2  FROM mysql:5.7
3  # 维护者信息
4  MAINTAINER HUATEC "http://www.xxx.com/"
5  # 更改时区
6  ENV TZ=Asia/Shanghai
7  # 初始化 MySql 服务的 root 密码，这里只作为测试
8  ENV MYSQL_ROOT_PASSWORD=root
```

Dockerfile 内容如图 7-14 所示。

```
#指定基础镜像，本测试使用MySql5.7测试
FROM mysql:5.7

# 维护者信息
MAINTAINER HUATEC "http://www.xxx.com/"

#更改时区
ENV TZ=Asia/Shanghai

#初始化MySql 服务的root 密码，这里只作为测试
ENV MYSQL_ROOT_PASSWORD=root
```

图7-14　Dockerfile 内容

（1）构建镜像

在存有 Dockerfile 文件的目录下执行如下命令：

```
docker build -t huatec_mysql:5.7 .
```

注意：以上命令最后一个 "." 的语法格式如下：

docker build –t <image>:[tag] .

image：是镜像的名称，在以上命令中，镜像名称为 huatec_mysql。

tag：是镜像指定标签，默认为 latest，在以上命令中，标签为 5.7。

初次执行以上命令时，系统会先在本地查找是否已经存在 MySQL5.7 版本的镜像，如果不存在，则会到 Docker hub 上执行 Pull 操作，构建过程如图 7-15 所示。

```
[root@centos7 opt]# docker build -t huatec_mysql:5.7 .
Sending build context to Docker daemon  3.072kB
Step 1/4 : FROM mysql:5.7
 ---> f008d8ff927d
Step 2/4 : MAINTAINER HUATEC "http://www.xxx.com/"
 ---> Using cache
 ---> 655668a192c3
Step 3/4 : ENV TZ=Asia/Shanghai
 ---> Using cache
 ---> f894fd847cf8
Step 4/4 : ENV MYSQL_ROOT_PASSWORD=root
 ---> Using cache
 ---> f9101ff35afa
Successfully built f9101ff35afa
Successfully tagged huatec_mysql:5.7
```

图7-15　Dockerfile 镜像构建过程

Pull 操作完成后，用户执行 docker images 操作时会显示刚才 Pull 的 MySQL:5.7 镜像以及我们自己构建的 huatec_mysql:5.7，具体如图 7-16 所示。

```
[root@centos7 opt]# docker images
REPOSITORY        TAG        IMAGE ID        CREATED          SIZE
huatec_mysql      5.7        f9101ff35afa    3 minutes ago    409MB
mysql             5.7        f008d8ff927d    2 days ago       409MB
```

图7-16　本地存在的镜像

此时，镜像构建完成。

（2）启动容器

执行如下命令可启动容器：

```
docker run -d --name mysql -p 3306:3306 huatec_mysql:5.7
```
容器启动示意如图 7-17 所示。

```
[root@centos7 opt]# docker run -d --name mysql -p 3306:3306  huatec_mysql:5.7
ab883f478db0c9d52a087661ec6ee275152609d195701c42f5be2f34469515b2
```

图7-17　容器启动

在图 7-17 中，docker run 指容器启动命令；-d 用于制订在后台运行的程序；--name 用于给容器起别名（注意：有两个 "-"）；-p 指端口映射，在以上命令中，宿主机的端口 13306 映射 MySQL 容器的 3306 端口，这样我们就可以通过客户端或者其他工具使用宿主机 IP 与端口来连接 MySQL 服务器了。

用户可执行 docker ps 操作来测试 MySQL 容器是否正常启动，若出现图 7-18 所示界面即为正常启动。

```
[root@centos7 opt]# docker ps
CONTAINER ID    IMAGE              COMMAND              CREATED          STATUS         PORTS                   NAMES
ab883f478db0    huatec_mysql:5.7   "docker-entrypoint.s…"  47 seconds ago   Up 45 seconds  0.0.0.0:3306->3306/tcp  mysql
```

图7-18　验证MySQL服务是否正常启动示意

3. 客户端连接 MySQL 服务

本次测试使用 Navicat Premium 工具来连接测试，配置如图 7-19 所示。

图7-19　Navicat Premium第三方工具连接配置

用户名密码即为用户在 Dockerfile 中配置的 MYSQL_ROOT_PASSWORD=root。现在我们单击 "连接测试" 按钮，若出现图 7-20 所示界面即表明测试成功。

图7-20　Navicat Premium第三方工具连接成功示意

单击"确定"按钮，我们就可以看到 MySQL 服务器自带的 4 个数据库了，具体如图 7-21 所示。

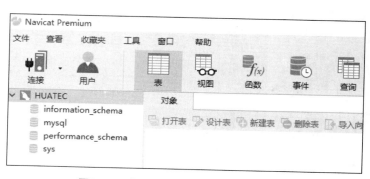

图7-21　查看MySQL服务器自带数据库

4. Docker 常用命令补充

查看镜像：

```
docker images
```

删除镜像：

```
docker rmi <image id>:[tag]
```

删除容器 / 实例：

```
docker rm <container id> 或者 docker rm <container name>
```

停止容器 / 实例：

```
docker stop <container id>或者 docker stop <container name>
```

重启容器 / 实例：

```
docker restart <container id>或者 docker restart <container name>
```

查看容器 / 实例日志：

```
docker logs <container id>或者 docker logs <container name>
```

进入到容器 / 实例内部：

```
docker exec -it <container id> /bin/bash  或 者 docker exec -it
<container name> /bin/bash
```

7.1.4　任务回顾

知识点总结

1. Docker 的概念。
2. Docker 产生的原因。
3. Docker 的适用场景。
4. Docker 与虚拟机的区别。
5. Dockerfile 的基本概念以及编写方法。
6. 镜像、容器与仓库的概念。
7. 客户端与容器的连接。
8. Docker 中一些常用概念。

学习足迹

任务一学习足迹如图 7-22 所示。

图7-22　任务一学习足迹

思考与练习

1. 简述 Docker 的概念。
2. 简述 Docker 与虚拟机的区别。
3. 用户如何自行搭建一套 Docker 环境。
4. 如何编写一个 Dockerfile。

7.2　任务二：Kubernetes 认知与实现

【任务描述】

Docker 已经被很多公司采用，从单机走向集群已成为必然。同时，云计算的蓬勃发展正在加速这一进程，Kubernetes 作为当前唯一被业界广泛认可和看好的 Docker 分布式系统解决方案，可以预见，在未来的几年内将会被应用于大量的新系统中。

在任务二中，我们通过简介、环境介绍和实例的相关知识来帮助大家更好地掌握 Kubernetes。

7.2.1　Kubernetes简介

我们在运用 Kubernetes 为我们服务之前，先来了解 Kubernetes 的一些基础知识。

1. 学习 Kubernetes 的原因

2017 年 9 月，Mesosphere 宣布支持 Kubernetes；同年 10 月，Docker 宣布将在新版本中加入对 Kubernetes 的原生支持，至此，容器编排引擎领域的三足鼎立时代结束，Kubernetes 实现了全面应用。

目前，AWS、Azure、Google、阿里云、腾讯云等主流公有云平台提供的是基于 Kubernetes 的容器服务；Rancher、CoreOS、IBM、Mirantis、Oracle、Red Hat、VMWare 等无数厂商也在大力研发和推广基于 Kubernetes 容器的 CaaS 或 PaaS 产品。

提到 Kubernetes，我们不得不先为大家介绍我们为什么要使用容器。

传统的方法使用操作系统上的包管理软件在主机上安装应用程序，这种方法有一个弊端，即应用程序、配置、支撑库以及生命周期等经常和主机的操作系统之间的关系混乱，当然，用户也可以构建虚拟机镜像来实现可控的发布，但是这样虚拟机会变为重量级且其可移植性也较差。

新方法实现容器部署则是基于操作系统级别的虚拟化，这些容器与容器之间、容器与操作系统之间都是相互隔离的：它们拥有自己的文件系统、共享运算资源，但它们彼此看不到对方。容器的构建也比虚拟机的构建要容易，由于它们不依赖于运行平台和文件系统，因此可以跨越云和操作系统，具有较好的可移植性。

因为容器小而快速的特点，一个应用程序可以被打包成容器镜像，这种应用与镜像变成一一对应的关系，彻底发挥了容器的优势。

容器相对于虚拟机而言更透明，更便于监控和管理，它更适用于容器的进程周期由管理平台进行管理而不是由隐藏在容器中的超级进程进行管理的场景。

一个应用对应一个容器，因此我们对容器的管理就相当于对应用进行管理。那么，在众多用于容器管理与集群的技术当中，我们为什么要使用 Kubernetes 呢？

显然，Kubernetes 可以实现物理机集群或者虚拟机集群上的容器管理。当然，

Kubernetes 能做的不仅仅只有这些，为了充分发挥容器的优势并摒弃传统的应用部署方式，容器的部署与运行需要独立于基础设施。然而，当特定的容器不再与特定的主机绑定时，主机为中心的基础设施也不再适用，如负载均衡、自动扩展等，因此以容器为中心的架构便显得尤为重要，这便是 Kubernetes 所提供的内容。

有了 Kubernetes 之后，开发者开发的系统可以随时随地被整体"搬迁"到公有云上，Kubernetes 系统架构具备超强的横向扩容能力，开发者使用 Kubernetes 就像在全面应用微服务架构。

IT 行业本来就是一个由新技术所驱动的行业，每一轮新技术的兴起，对公司和个人而言既是机会也是挑战，如果这项新技术未来必将成为主流，那么作为未来想要在 IT 行业发展的我们，唯一正确的做法就是熟练掌握这项技术。

可是，作为平台级的新技术，Kubernetes 有着自己的突破和创新，其应用范围非常广，包括计算、网络、存储、高可用、监控、日志管理等多个方面。所以，我们希望通过项目 7 帮助大家尽快走进 Kubernetes 的大门，掌握 Kubernetes 的基本应用。

2. Kubernetes 概念

Kubernetes 是一个全新的、基于容器技术的分布式架构领先方案。Kubernetes 是一个开放的自动化容器操作开发平台，这些操作包括部署、调度和节点集群间扩展。如果你曾经用过 Docker 容器技术部署容器，那么你可以将 Docker 看作 Kubernetes 内部使用的低级别组件。Kubernetes 不仅仅支持 Docker，还支持 Rocket（它是另一种容器技术）。Kubernetes 还是一个完备的分布式系统支撑平台。

Kubernetes 是 Google 开源的容器集群管理系统，它提供了应用部署、维护、扩展机制等功能，利用它我们可以方便地管理跨机器运行容器化的应用，它的主要功能如下：

① 使用 Docker 包装、实例化、运行应用程序；

② 以集群的方式运行和管理跨机器的容器；

③ 解决 Docker 跨机器容器之间的通信问题；

④ 自我修复机制使得容器集群总是在用户期望的状态下运行。

这几个概念看起来很抽象，接下来我们将从操作对象、功能组件这 2 个维度来帮助大家理解 Kubernetes。

（1）操作对象

我们从操作对象上理解 Kubernetes，需要学习以下 4 个部分，如图 7-23 所示。

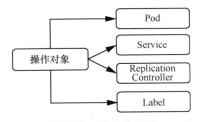

图7-23　从操作对象理解Kubernetes

Pod：是 Kubernetes 最基本的部署调度单元，它把相关的一个或多个容器构成一个 Pod，Pod 包含的容器都运行在同一个节点上，共享相同的 volume、network namespace/IP 和 Port 空间，由于同一个 Pod 里的容器共同使用一个网络命名空间，因此它们之间可以通过 localhost 互相通信。Pod 是短暂的，不是持续性的实体。虽然 Pod 是可以直接创建的，但是我们推荐使用 Replication Controller 去创建，哪怕你只是创建一个 Pod。

Service：也是 Kubernetes 的基本操作单元。在 Kubernetes 中，每一个 Pod 都会被分配一个单独的 IP 地址，这些 IP 会随着 Pod 的销毁而消失。这样就出现了一个问题，如果有一组 Pod 组成一个集群来提供服务，我们应该如何访问这个集群呢？Kubernetes 中 Service 的核心概念就是解决这个问题的，一个 Service 我们可以理解为一组提供相同服务的 Pod 的对外访问接口。Service 作用于哪些 Pod 我们是通过 Label 来定义的，具体如图 7-24 所示。

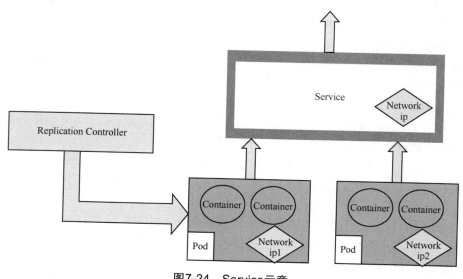

图7-24　Service示意

Replication Controller：确保任意时间都有指定数量的"副本"在运行，如果我们为某一个 Pod 创建了 Replication Controller，同时指定 5 个副本，Replication Controller 会创建 5 个该实例的副本，并且对这些副本进行持续的监控，如果其中有 Pod "副本"不响应，Replication Controller 会重新创建 Pod "副本"以保证集群中用户期望的副本数量。

Label：中文为"标签"的意思，Label 是 Kubernetes 系统中的一个核心概念。Label 以 key/value 键值对的形式附加到各种对象上，如 Pod、Service 等。Label 为这些对象定义了可识别属性，可以用来对它们进行管理和选择。Label 可以在创建时附加到对象上，也可以在对象创建完成以后通过 API 管理。对象定义好 Label 后，我们就可以通过 Label Selector（选择器）来定义其作用的对象了。

（2）功能组件

Kubernetes 功能组件结构如图 7-25 所示。

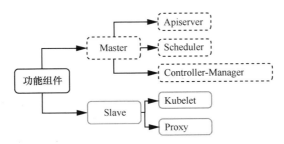

图7-25　Kubernetes功能组件结构

Master 定义了 Kubernetes 集群 Master/API Server 的主要功能，包括 Pod Registry、Controller Registry、Service Registry、Endpoint Registry、Minion Registry、Binding Registry、RESTStorage 以及 Client。

Master 是 Client(Kubecfg) 调用 Kubernetes API，管理 Kubernetes 主要构件 Pods、Services、Minions、容器的入口。Master 由 API Server、Scheduler 以及 Controller-manager 等组成。

Master 的工作流程可以分为以下几个步骤：

① Kubecfg 将特定的请求，如创建 Pod，发送给 Apiserver；

② Apiserver 根据请求的类型，如创建 Pod 时 Storage 类型是 Pods，依次选择何种 REST Storage API 对请求做出处理；

③ REST Storage API 对请求做相应的处理；

④ 将处理的结果存入高可用键值存储系统 Etcd 或其他的存储系统中；

⑤ 在 Apiserver 响应 Kubecfg 的请求后，Scheduler 会根据 Kubernetes Client 获取集群中运行的 Pod 及 Minion 信息；

⑥ 依据从 Apiserver 获取的信息，Scheduler 将未分发的 Pod 分发到可用的 Minion 节点上。

首先，我们通过 Master 的各个组成详细地学习这部分的内容。

Apiserver：作为 Kubernetes 系统的入口，通过 REST 方式提供了在插件或组件中实现的所有业务逻辑的 CURD 操作。它维护的 REST 对象将持久化到 etcd 中。

Scheduler：收集和分析当前 Kubernetes 集群中所有 Minion 节点的资源（内存、CPU）负载情况，然后依次将新建的 Pod 分发到 Kubernetes 集群中可用的节点上。一旦 Minion 节点的资源被分配给 Pod，这些资源就不能再分配给其他 Pod，除非这些 Pod 被删除或者退出。因此，Kubernetes 需要分析集群中所有 Minion 的资源使用情况，保证分发的工作负载不会超出当前该 Minion 节点的可用资源范围。具体来说，Scheduler 的工作有以下几点：

① 实时监测 Kubernetes 集群中未分发的 Pod；

② 实时监测 Kubernetes 集群中所有运行的 Pod，Scheduler 需要根据这些 Pod 的资源状况安全地将未分发的 Pod 分发到指定的 Minion 节点上；

③ Scheduler 也监测 Minion 节点信息，由于会频繁查找 Minion 节点，Scheduler 会在本地缓存一份最新的信息；

④ Scheduler 将 Pod 分发到指定的 Minion 节点后，会把与 Pod 相关的信息 Binding

写回 Apiserver。

Controller Manager：集群内部的管理控制中心，负责集群内的 Node、Pod 副本、服务端点（Endpoint）、命名空间（NameSpace）、服务账号（ServiceAccount）、资源定额（ResourceQuota）、副本控制器（ReplicationController）等的管理，当某个 Node 意外宕机时，Controller Manager 会及时发现并执行自动化修复流程，确保集群始终处于预期的工作状态。

每个 Controller 通过 Apiserver 提供的接口实时监控整个集群的、每个资源对象的当前状态。当发生各种故障导致系统状态发生变化时，Controuer Manager 会尝试将系统状态修复到"期望状态"。

Controuer Manager 如图 7-26 所示。

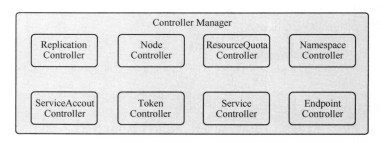

图7-26　Controller Manager

对于 Kubernetes 的 Slave 的学习，我们同样可以去理解其构成和各部分的作用，从而理解 Kubernetes 的 Slave 部分，下面我们分别学习 Kubelet 和 Proxy。

Kubelet 负责管控 Docker 容器，如启动 / 停止、监控运行状态等，它会定期从 Etcd 获取分配到本机的 Pod，并根据 Pod 信息启动 / 停止相应的容器，接收 Apiserver 的 Http 请求，汇报 Pod 的运行状态。

Kubelet 是 Kubernetes 集群中每个 Minion 和 Master Apiserverr 的连接点，Kubelet 运行在每个 Minion 上，是 Master Apiserver 和 Minion 之间的桥梁，接收 Master Apiserverr 分配的 Commands 和 Work，并与持久性键值存储 Etcd、File、Server 和 Http 交互，读取配置信息。Kubelet 的主要工作是管理 Pod 和容器的生命周期，其包括 Docker Client、Root Directory、Pod Workers、Etcd Client、Cadvisor Client 以及 Health Checker 组件，具体工作如下：

① 通过 Worker 给 Pod 异步运行特定的 Action；
② 设置容器的环境变量；
③ 给容器绑定 Volume；
④ 给容器绑定 Port；
⑤ 根据指定的 Pod 运行一个单一容器；
⑥ "杀死"容器；
⑦ 给指定的 Pod 创建 Network 容器；
⑧ 删除 Pod 的所有容器；
⑨ 同步 Pod 的状态；
⑩ 从 Cadvisor 获取 Container Info、Pod Info、Root Info、Machine Info；

⑪ 检测 Pod 容器的健康状态信息；

⑫ 在容器中运行命令。

Proxy：Proxy 负责为 Pod 提供代理，定期从 Etcd 获取所有的 Service，并根据 Service 信息创建代理，当某个客户 Pod 要访问其他 Pod 时，访问请求会经过本机 Proxy 做转发。

Proxy 是为了解决外部网络能够访问跨机器集群中的容器所提供的应用服务而设计的，Proxy 服务也运行在每个 Minion 上。Proxy 提供 TCP/UDP sockets 的 Proxy，每创建一种 Service，Proxy 就从 Etcd 中获取 Services 和 Endpoints 的配置信息，也可以从 File 获取配置信息，然后根据配置信息在 Minion 上启动一个 Proxy 的进程并监听相应的服务端口，当外部请求发生时，Proxy 会根据 Load Balancer 将请求分发到后端正确的容器中处理。

7.2.2 Kubernetes环境介绍

Kubernetes 环境配置流程如图 7-27 所示。

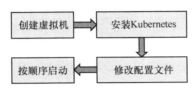

图7-27 Kubernetes环境配置流程

在 Kubernetes 的环境介绍中，我们将为大家讲解如何利用 HStack 云计算平台按照需求去创建虚拟机，并学习如何用 Xshell 软件去对虚拟机进行远程连接和操作、安装下载 Kubernetes 并修改配置文件、按照顺序启动 Kubernetes 的相关组件等。

在实践操作中学习 Kubernetes，我们首先需要自行下载一个虚拟机，在 Linux 系统中安装镜像，也可以通过 HStack 云计算平台直接创建，这里为了更快捷方便，我们直接通过 HStack 云计算平台创建我们需要的虚拟机来为大家做演示。

访问 HStack 云计算平台，注册账号以后需要管理员赋予权限才能登录和使用，赋予权限之后通过账号或者邮箱登录，进入图 7-28 所示的 HStack 云计算平台主页面。

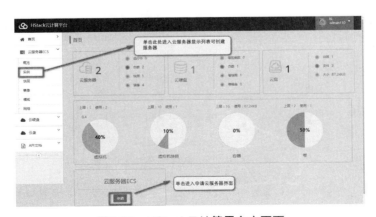

图7-28 HStack云计算平台主页面

进入主页之后单击"申请或者新增实例",便出现图 7-29 所示界面。

图7-29   创建虚拟机（云服务）

选择对应参数,单击"创建"按钮,若出现图 7-30 所示界面,表示虚拟机创建完成,我们可以在图形界面里直观地查看虚拟机的相关信息,图 7-30 中的备注信息为虚拟机的初始用户名和登录密码。

图7-30   创建虚拟机完成

从图 7-30 中我们也可以看出,我们是利用镜像 Centos7.x 创建的虚拟机,默认的初始用户名为 root,密码为 2017.com。至此,虚拟机就创建成功了,如果虚拟机需要远程连接,我们就需要为虚拟机绑定浮动 IP,即图形界面中的外网 IP。从图 7-31 中我们可以看出,外网 IP 为 192.168.14.12,接下来我们就可以通过 Xshell 远程连接该 IP 地址来对虚拟机进行操作了。

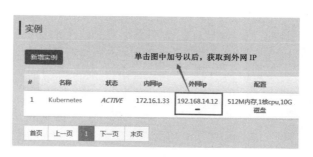

图7-31   获取到虚拟机外网IP

　　接下来我们学习 Xshell，Xshell 是一个强大的安全终端模拟软件，支持 SSH1、SSH2 以及 Microsoft Windows 平台的 TELNET 。Xshell 通过互联网到远程主机的安全连接以及它创新性的设计和特色帮助用户在复杂的网络环境中享受他们的工作。Xshell 支持全球语言，我们可以在安装时选择中文简体版，现在最新的版本是 Xshell 5，Xshell 5 的下载与安装比较简单，这里我们就不作细致的讲解。

　　这里我们运用远程连接工具 Xshell 5 连接虚拟机，利用工具连接需要给虚拟机绑定一个外网 IP，在 HStack 云平台中直接单击加号获取外网 IP，Xshell 5 根据外网 IP 远程连接虚拟机。下面就演示利用 Xshell 5 来远程连接我们之前创建的数据库，图 7-32 为 Xshell 5 的快捷方式图标。

图7-32　Xshell 5快捷方式图标

双击 Xshell 5 以后会出现图 7-33 所示的界面。

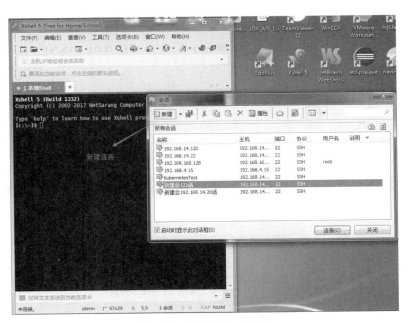

图7-33　新建Xshell连接

　　单击"新建"按钮，Xshell 会让我们提供远程连接的 IP，这就是我们之前获取的外网 IP，如图 7-34 所示。

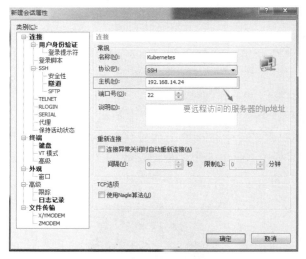

图7-34　新建远程连接

单击"确定"按钮，我们会返回连接列表的界面，如图 7-35 所示。

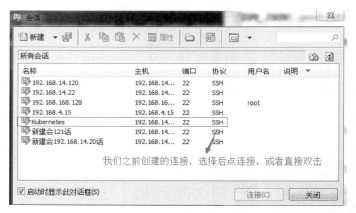

图7-35　连接列表

选择 Kubernetes 后，系统会要求输入用户名和密码，此时输入我们创建的虚拟机的默认初始用户名：root，和初始密码：2017.com，如图 7-36 和图 7-37 所示，即可连接成功。

图7-36　输入用户名

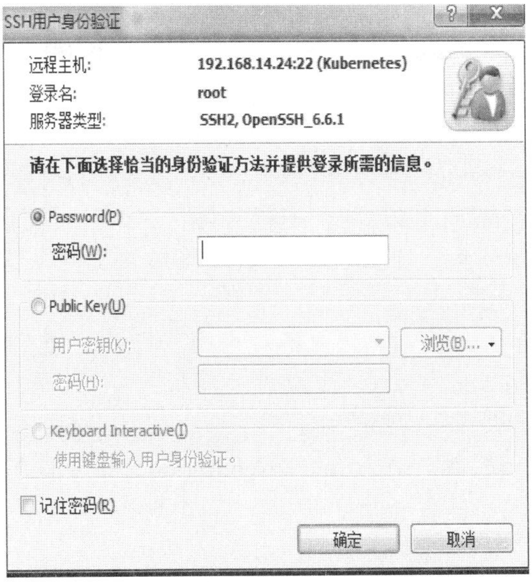

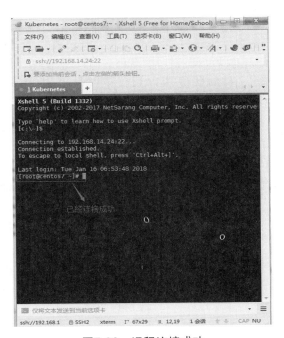

图7-37 输入密码

当用户名和密码都正确后，会出现图 7-38 所示的界面，此时我们就可以在这个界面对远程的虚拟机服务器进行操作了。

图7-38 远程连接成功

接下来，我们就可以直接在 Xshell 5 里面操作，按照以下步骤快速安装 Kubernetes。

步骤 1：关闭 Centos 自带的防火墙服务。

```
# systemctl disable firewalld
# systemctl stop firewalld
```

步骤 2：安装 Etcd 和 Kubernetes 软件（会自动安装 Docker）。

在保证外网连接正常的情况下，执行下列语句：

```
# yum install -y etcd kubernetes
```

步骤 3：软件安装完成后，修改两个配置文件（其他配置文件默认即可）

在这里我们先为大家讲解一下如何利用 vi 命令编辑文件，这是一个运用非常频繁的命令，相信对大家会很有用。

Vi fileName：打开并新建文件，将光标置于第一行首。现在我们举例修改 Docker 的配置文件 /etc/sysconfig/docker。

```
# vi /etc/sysconfig/docker
```

执行上面的命令，我们就会进入 /etc/sysconfig/docker 文件的编辑界面，此时我们是不能编辑文件内容的，编辑需要按下"i"键，当出现图 7-39 所示的"INSERT"时，我们就可以编辑配置文件了。

```
# docker-latest daemon can be used by starting the docker-latest unitfile.
# To use docker-latest client, uncomment below lines
#DOCKERBINARY=/usr/bin/docker-latest      可以编辑了
#DOCKERDBINARY=/usr/bin/dockerd-latest
#DOCKER_CONTAINERD_BINARY=/usr/bin/docker-containerd-latest
#DOCKER_CONTAINERD_SHIM_BINARY=/usr/bin/docker-containerd-shim-latest
-- INSERT --
```

■■ 仅将文本发送到当前选项卡

图7-39　编辑页面

将配置文件 /etc/sysconfig/docker 中 OPTIONS 的内容修改为 "--selinux-enabled=false --insecure-registry gcr.io"。文件编辑完成以后，按键盘上的"Esc"键退出可编辑状态，底部"INSERT"消失，按"Shift ＋:"键，文件下方出现冒号后，我们就可以使用命令了，接下来保存并退出（wq 键）。这样 Docker 配置文件就修改完成。

Kubernetes Apiserver 的配置文件为 /etc/kubernetes/apiserver 进入编辑配置文件。

```
# vi /etc/kubernetes/apiserver
```

图 7-40 所示中我们删除了 --admission-control 中的 ServiceAccount 参数。

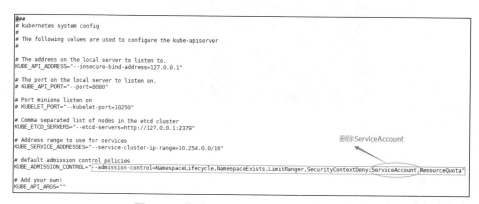

图7-40　修改/etc/kubernetes/apiserver

保存并退出编辑，这样我们的配置文件就修改完成了。

步骤 4：按顺序启动所有服务。

```
# systemctl start etcd
# systemctl start docker
# systemctl start kube-apiserver
# systemctl start kube-controller-manager
# systemctl start kube-scheduler
# systemctl start kubelet
# systemctl start kube-proxy
```

到现在为止，一个单机版的 Kubernetes 集群环境就安装启动了，接下来我们可以在这个 Kubernetes 集群环境中做练习了。

7.2.3 Kubernetes实现（GuestBook示例，Hello World）

我们在 Kubernetes 平台上搭建由 3 个微服务组成的留言板（GuestBook）系统，可以更好地理解 Kubernetes 对容器应用的基本操作和用法。

GuestBook 系统留言板将通过 Pod、ReplicationController（RC）、Service 等资源对象搭建完成，成功启动后在网页中显示一条"Hello World"留言，并且可以添加留言，其系统架构是一个基于 PHP+Redis 的分布式 Web 应用，前端的 PHP Web 网站通过访问后端的 Redis 来完成用户留言的查询和添加功能，同时 Redis 以 Master+slave 的模式进行部署，实现了数据的读写分离。

留言板系统的部署架构如图 7-41 所示，Web 层是一个基于 PHP 页面的 Apache 服务，它启动 3 个实例组成集群，为客户端（例如浏览器）对网站的访问提供负载均衡。Redis-Master 启动一个实例用于写操作（留言），Redis-Slave 启动两个实例用于读操作（读取留言），Redis-Master 与 Redis-Slave 的数据同步由 Redis 具备的数据同步机制完成。

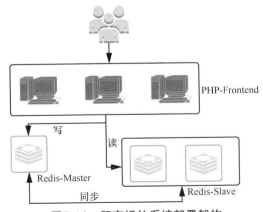

图7-41 留言板的系统部署架构

在留言板实例中，我们将用到 3 个 Docker 镜像。

① Redis-Master：用于前端 Wed 应用进行"写"留言操作的 Redis 服务，其中已经保存了一条内容为"Hello World"的留言。

② Guestbook-Redis-Slave：用于前端 Wed 应用进行"读"留言操作的 Redis 服务，并与 Redis-Master 的数据保持同步。

③ Guestbook-PHP-Frontend：PHP Web 服务，在网页上留言的内容，同时也提供了一个文本输入框供访客添加留言。

图 7-42 所示为 Kubernetes 部署架构，这里 Master 和 Node 的服务处于同一虚拟机中，通过创建 Redis-Master、Redis-Slave、PHP-Froontend 来实现整个系统的搭建。

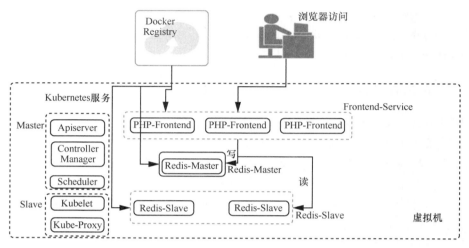

图7-42　Kubernetes部署架构

1. 创建 Redis-Master RC 和 Service

我们可以通过创建 Service，然后定义一个 RC 来创建和控制相关联的 Pod，或者先定义 RC 来创建 Pod，然后定义与之关联的 Service，这里我们采用后一种方法。

首先为 Redis-Master 创建一个名为 Redis-Master 的 RC 定义文件 Redis-master-controller. yaml。这里需要特别注意的是，yaml 的语法类似于 PHP 的语法，对于空格的个数有严格的要求。

```
# vi redis-master-controller.yaml
```

内容如下：

```
apiVersion: v1
kind: ReplicationController
metadata:
  name: redis-master
  labels:
    name: redis-master
spec:
  replicas: 1
  selector:
    name: redis-master
  template:
    metadata:
      labels:
```

```
        name: redis-master
spec:
  containers:
  - name: master
    image: kubeguide/redis-master
    ports:
    - containerPort: 6379
```

其中，kind 字段的值为 Replication Controller，表示这是一个 RC，spec.selector 是 RC 的 Pod 选择器，即监控和管理拥有这些标签（Lable）的 Pod 实例，保证了当前的集群中有且仅有 Replicas 个 Pod 实例在运行。在这个例子中，我们设置的 Replicas 的值为 1，表示只运行一个（名称为 Redis-Master 的）Pod 实例。如果集群中的 Pod 实例的个数小于 Replicas 时，RC 会根据 spec.template 段定义的模板来生成一个新的 Pod 实例，Labels 属性指定了该 Pod 的标签。注意：这里的 Labels 必须匹配 RC 的 spec.selector。

创建好 redis-master-controller.yaml 文件以后，我们在 Master 节点执行命令 # kubectl create -f<config_file>，并将它发布到 Kubernetes 集群中。这样我们就完成了 Redis-Master 的创建过程。

```
# kubectl create -f redis-master-controller.yaml
```

系统出现 replicationcontroller "redis-master" created 的提示后，则表示 Redis-Master 创建成功。然后我们就可以用 kubectl 命令查看刚刚创建的 Redis-Master，如图 7-43 所示。

```
# kubectl get rc
```

```
[root@bogon ~]# kubectl get rc
NAME            DESIRED     CURRENT     READY     AGE
frontend        3           3           3         1d
redis-master    1           1           1         1d
redis-slave     2           2           2         1d
[root@bogon ~]#              我们刚创建的Redis-Master
```

图7-43　查看Redis-Master

接下来我们运行以下命令查看当前系统中已经创建或者正在创建的 Pod 的列表信息，我们可以看到一个名为 redis-master-xxxxx 的实例，这是 Kubernetes 根据 Redis-Master 定义（redis-master-controller.yaml）自动创建的 Pod，RC 会在每个 Pod 的 Name 后面补充一段 UUID，以此区分不同的实例，由于 Pod 的调度和创建需要花费一定的时间，比如会需要一定的时间来确定调度到哪个节点上，以及下载 Pod 相关的镜像，所以一开始我们看到的 Pod 的状态将会显示为 Pending 或者 creating，当 Pod 成功创建完成后，其状态将会变化为 Runing。

出现图 7-44 所示内容，表示 Redis-Master 的 Pod 已经创建成功。

```
[root@bogon ~]# kubectl get pods
NAME                READY     STATUS      RESTARTS    AGE
redis-master-cqdq0  1/1       Running     0           1h
```

图7-44　查看Redis-Master的Pod创建成功

如果 Pod 一直处于 Pending 或者市 creating 状态，我们可执行 yum install *rhsm* 命令，并下载 rhsm。

```
# yum install *rhsm*
```

Redis-Master Pod 已经创建成功并且可以正常运行，接下来我们就创建一个与之关联的 Service（服务）来定义文件，文件名为 Redis-master-service.yaml，执行如下命令：

```
# vi redis-master-service.yaml
```

Redis-master-service.yaml 的具体内容如下：

```
apiVersion: v1
kind: Service
metadata:
  name: redis-master
  labels:
    name: redis-master
spec:
  ports:
  - port: 6379
    targetPort: 6379
  selector:
    name: redis-master
```

其中 metadata.name 是 Service 的服务名（ServiceName），spec.selector 确定了选择哪些 Pod，我们实例中的定义表示将要选择设置过 name=redis-master 标签的 Pod，Port 属性定义的是 Service 的虚拟端口号，targetPort 属性指定后端 Pod 内容器应用监听的端口号。

运行命令创建 Redis-master-service。

```
# kubectl create -f redis-master-service.yaml
```

系统提示 "service 'redis-master' created" 则表示 Service 创建成功，然后运行 kubectl get 命令可以看到刚刚创建的 Service。

```
# kubectl get service
```

出现图 7-45 所示内容则表示创建成功。

```
[root@bogon k]# kubectl get service
NAME            CLUSTER-IP      EXTERNAL-IP    PORT(S)     AGE
redis-master    10.254.142.245  <none>         6379/TCP    15m
```

图7-45　Redis-Master的Service创建成功

我们注意到 Redis-Master 被分配了一个值为 10.254.142.245 的虚拟 IP 地址，Kubernetes 集群中其他新创建的 Pod 就可以通过这个虚拟的 IP 地址加端口 6379 来访问这个服务了。我们接下来创建 Redis-Slave 和 Frontend 的 Pod 都将通过 10.254.142.245 来访问 Redis-Master 服务。

但是由于 IP 地址是在服务创建以后由 Kubernetes 自动分配的，在其他 Pod 中无法预先知道某个 Service 的虚拟 IP 地址，因此需要一个机制来找到这个服务，为此，Kubernetes 巧妙地使用了 Linux 环境变量（Envirionment Variable）。我们在每个 Pod 的容器里增加了一组 Service 相关的环境变量，用来记录从服务名到虚拟 IP 地址之间的映射关系。我们以 Redis-Master 服务为例，在容器的环境变量中会增加以下两条记录。

REDIS_MASTER_SERVICE_HOST=10.254.142.74

REDIS_MASTER_SERVICE_PORT=6379

于是，Redis-Slave、Frontend 等的 Pod 中的应用程序就可以通过环境变量 REDIS_MASTER_SERVICE_HOST 得到 Redis-Master 服务的虚拟 IP 地址，通过环境变量 REDIS_MASTER_SERVICE_PORT 得到 Redis-Master 服务的端口号。这样就完成了对服务地址的查询功能。

2. 创建 Redis-Slave RC 和 Service

我们已经成功地启动了 Redis-Master 服务，接下来我们继续完成 Redis-Slave 的创建。在这个实例中，我们会启动 Redis-Slave 服务的两个副本，每一个副本都和 Redis-Master 进行数据同步，和 Redis-Master 共同组成一个可以具备读写分离能力的 Redis 集群。留言板的网页将会通过访问 Redis-Slave 来读取留言数据。这和之前 Redis-Master 服务的创建过程一致。

首先创建一个名为 Redis-Slave 的 RC 定义文件 Redis-slave-controller.yaml。

```
# vi redis-slave-controller.yaml
```

redis-slave-controller.yaml 的具体内容如下：

```
apiVersion: v1
kind: ReplicationController
metadata:
  name: redis-slave
  labels:
    name: redis-slave
spec:
  replicas: 2
  selector:
    name: redis-slave
  template:
    metadata:
      labels:
        name: redis-slave
    spec:
      containers:
      - name: slave
        image: kubeguide/guestbook-redis-slave
        env:
        - name: GET_HOSTS_FROM
          value: env
        ports:
        - containerPort: 6379
```

在容器的配置部分设置了一个环境变量 GET_HOSTS_FROM=env，意思就是从环境变量中获取 Redis-Master 服务的虚拟 IP 地址。

在创建 Redis-Slave 的 Pod 时，系统将会在容器内部自动生成之前创建好的与 Redis-Master service 相关的环境变量，应用程序 Redis-Server 可以直接使用环境变量 REDIS_MASTER_SERVICE_HOST 来获取 Redis-Master 服务的 IP 地址。

265

如果在容器配置部分不设置该 env，该系统将会使用 Redis-Master 服务的名称"redis-master"来访问。这样 DNS 的服务发现，并需要预先启动 Kubernetes 的 skydns 服务，这里我们就不作讲解。

运行创建 Redis-Slave 的命令如下：

```
# kubectl create -f redis-slave-controller.yaml
```

和 Redis-Master 的 rc 创建一样，如果系统提示 ReplicationControllers "redis-slave" created 则表示创建成功。

运行下列命令查看 rc。

```
# kubectl get rc
```

显示图 7-46 所示的信息，则表示 rc 已经创建成功。

```
[root@bogon k]# kubectl get rc
NAME           DESIRED     CURRENT      READY      AGE
redis-master   1           1            1          1h
redis-slave    2           2            2          1h
[root@bogon k]#
```

图7-46　Redis_Slave创建rc成功

我们查看 rc 创建的 Pod，可以看到图 7-47 所示的内容，有两个 Redis-SlavePod 在运行。

```
# kubectl get pods
```

```
[root@bogon k]# kubectl get pods
NAME                 READY     STATUS      RESTARTS     AGE
redis-master-cqdq0   1/1       Running     0            2h
redis-slave-19hkx    1/1       Running     0            1h
redis-slave-rkjsb    1/1       Running     0            1h
[root@bogon k]#
```

图7-47　Redis_Slave 创建rc成功

然后创建 Redis-Slave 服务，该服务类似于 Redis-Master 服务，与 Redis-Slave 相关的一组环境变量也将会在后面新建的 Frontend Pod 中由系统自动生成。

执行下列语句，创建文件 Redis-slave-service.yaml：

```
# vi redis-slave-service.yaml
```

Redis-slave-service.yaml 的具体内容如下：

```
apiVersion: v1
kind: Service
metadata:
  name: redis-slave
  labels:
    name: redis-slave
spec:
  ports:
  - port: 6379
  selector:
    name: redis-slave
```

运行 Kubectl 创建 Service：

```
# kubectl create -f redis-slave-service.yaml
```

通过 Kubectl 查看创建的 Service：

```
# kubectl get services
```

出现图 7-48 所示信息则表示 Redis-Slave 创建 Service 成功。

```
[root@bogon k]# kubectl get services
NAME            CLUSTER-IP        EXTERNAL-IP    PORT(S)      AGE
kubernetes      10.254.0.1        <none>         443/TCP      2h
redis-master    10.254.142.245    <none>         6379/TCP     2h
redis-slave     10.254.213.182    <none>         6379/TCP     1h
[root@bogon k]#
```

图7-48　Redis_Slave 创建Service成功

3. 创建 Frintend RC 和 Service

首先我们创建 Frontend 的 RC 配置文件 frontend-controller.yaml。

```
# vi frontend-controller.yaml
```

frontend-controller.yaml 的具体内容如下：

```
apiVersion: v1
kind: ReplicationController
metadata:
  name: frontend
  labels:
    name: frontend
spec:
  replicas: 3
  selector:
    name: frontend
  template:
    metadata:
      labels:
        name: frontend
    spec:
      containers:
      - name: frontend
        image: kubeguide/guestbook-php-frontend
        env:
        - name: GET_HOSTS_FROM
          value: env
        ports:
        - containerPort: 80
```

在容器部分设置了一个环境变量 GET_HOSTS_FROM=env，意思是从环境变量中获取 Redis-Master 和 Redis-Slave 服务的 IP 地址信息。容器的镜像名为 kubeguide/guestbook-php-frontend。

如果是一个 set 请求（提交留言），系统会连接到 Redis-Master 服务进行写数据操作，其中 Redis-Master 的 IP 地址是前文中提到过的从环境变量中获取而得到的方式了，端口使用默认的 6379 端口号（当然也可以使用环境变量 "REDIS_MASTER_ERVICE_PORT" 的值）。如果是 get 请求，系统会连接到 Redis-Slave 进行读数据库操作。

我们可以看到，如果在容器配置部分不设置 env "GET_HOST_FROM"，系统将会使用 Redis-Master 或者 Redis-Slave 服务名来访问这两个服务。

运行 kubectl create -f 命令创建 RC：

```
# kubectl create -f frontend-controller.yaml
```

同样的，系统显示 "ReplicationController 'frontend' created" 则表示创建成功。

查看自己创建的 RC：

```
# kubectl get rc
```

出现图 7-49 所示信息则表示 RC 创建成功。

```
[root@bogon k]# kubectl get rc
NAME          DESIRED    CURRENT    READY    AGE
frontend      3          3          3        1d
redis-master  1          1          1        2d
redis-slave   2          2          2        1d
[root@bogon k]#
```

图7-49　Frontend 创建RC成功

查看生成的 Pod：

```
# kubectl get pods
```

出现图 7-50 所示信息则表示 Frontend 的 Pod 创建成功。

```
[root@bogon k]# kubectl get pods
NAME                 READY    STATUS     RESTARTS    AGE
frontend-ln8v3       1/1      Running    2           1d
frontend-c6qxm       1/1      Running    2           1d
frontend-m936l       1/1      Running    2           1d
redis-master-cqdq0   1/1      Running    2           2d
redis-slave-19hkx    1/1      Running    2           1d
redis-slave-rkjsb    1/1      Running    2           1d
[root@bogon k]#
```

图7-50　Frontend创建Pod成功

最后创建 Frontend Service，主要目的是使用 Service 的 NodePort 给 Kubernetes 集群中的 Service 映射一个外网可以访问的端口，这样一来，外部网络就可以通过 NodeIp+NodePort 的方式访问集群中的服务了。

执行下列命令，创建 frontend-service.yaml：

```
# vi frontend-service.yaml
```

frontend-service.yaml 的具体内容如下：

```
apiVersion: v1
kind: Service
metadata:
  name: frontend
  labels:
```

```
        name: frontend
spec:
  type: NodePort
  ports:
  - port: 80
    nodePort: 30001
  selector:
    name: frontend
```

这里的关键点是设置 type=NodePort 并指定一个 NodePort 的值，表示 Pod 使用 Node 上的物理机端口提供对外访问的能力，需要注意的是：spec.ports.NodePorts 的端口范围可以（通过 kube-apiserver 的启动参数 --service-node-port-range 指定）进行限制，默认端口号范围：30000 ~ 32767，如果指定为 IP 范围之外的其他端口，则 Service 会创建失败。

运行下列命令创建 Service：

```
# kubectl create -f frontend-service.yaml
```

系统显示 "Service 'frontend' created" 则表示服务创建成功。我们通过下列命令查看创建的 Service：

```
# kubectl get services
```

显示图 7-51 所示信息，则表示 Service 创建成功。

```
[root@bogon k]# kubectl get services
NAME            CLUSTER-IP        EXTERNAL-IP    PORT(S)        AGE
frontend        10.254.139.172    <nodes>        80:30001/TCP   1d
kubernetes      10.254.0.1        <none>         443/TCP        2d
redis-master    10.254.142.245    <none>         6379/TCP       2d
redis-slave     10.254.213.182    <none>         6379/TCP       1d
[root@bogon k]#
```

图7-51　Frontend创建Service成功

到目前为止，我们的 Redis-Master、Redis-Slave、Frontend 均创建成功，实例部署完成。

4. 通过浏览器访问 Frontend 页面

通过以上 3 个步骤我们已经搭建好了 GuestBook 留言板系统，总共包括 3 个应用的 6 个实例，它们都运行在 Kubernetes 集群当中。现在我们可以打开浏览器，地址栏输入 http:// 虚拟机 IP:30001/ 来检验搭建的效果，如图 7-52 所示。

图7-52　根据虚拟机IP和端口访问结果

如图 7-53 所示，我们在网页中看到一条"Hello World"的留言，尝试输入一条新的"Hello Kubernetes"的留言，然后单击"Submit"按钮，页面会在原来的页面下方显示新的留言，如图 7-53 所示。

图7-53　添加留言

7.2.4　任务回顾

知识点总结

1. 学习 Kubernetes 的原因。
2. 从操作对象去理解 Kubernetes。
3. 从功能组件去理解 Kubernetes。
4. Kubernetes 的下载安装和配置。
5. 运用 HStack 云平台创建虚拟机。
6. 利用 Xshell 远程连接操作虚拟机。
7. Guestbook 实例的实现。

学习足迹

Kubernetes 学习足迹如图 7-54 所示。

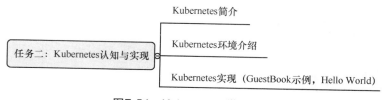

图7-54　Kubernetes学习足迹

思考与练习

1. 从操作对象和功能组件简述 Kubernetes 的概念。
2. 在 HStack 云平台上创建虚拟机
3. 远程连接操作虚拟机并下载安装 Kubernetes 和 etcd。

7.3　项目总结

通过本项目的学习，同学们理解了容器 Docker 和管理容器 Kubernetes 的概念，通过实际操作环境的搭建和实例练习学会了 Docker 和 Kubernetes 的基本应用。图 7-55 为本项目的技能图谱。

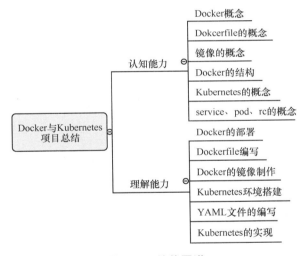

图7-55　技能图谱

7.4　拓展训练

自主实践：实现 Guestbook 实例。

◆ **拓展训练要求**

• 完成 Guestbook 实例的部署（包括虚拟机创建、远程连接虚拟机、下载安装 Kubernetes、etcd、Docker 并修改相应配置文件。自行创建 Redis-Master、Redis-Slave、Frontend 的 RC、Pod、Service）。

- 以 Word 文档的形式，记录部署过程，并保存服务的配置文件与重要部分的截图。
  ◆ **格式要求**：以 Word 文档的形式提交。
  ◆ **考核方式**：
- 课上演示通过虚拟机 IP 和端口访问，实现显示和添加留言。
- 提交 Word 形式的创建过程。
  ◆ **评估标准**，见表 7-1。

表7-1 拓展训练评估表

项目名称： 实现Guestbook实例	项目承接人： 姓名：	日期：
项目要求	**评分标准**	**得分情况**
① 完成Guestbook实例的部署（包括虚拟机创建、远程连接虚拟机、下载安装Kubernetes、etcd、Docker并修改相应配置文件。自行创建Redis-Master、Redis-Slave、Frontend的RC、Pod、Service）（60分）	① 成功创建虚拟机（5分）； ② 成功远程连接并下载安装Kubernetes、Etcd、Docker（5分）； ③ 正确修改配置文件（5分）； ④ 成功创建Redis-Master的Pod、RC、Service（15分）； ⑤ 成功创建Redis-slave的Pod、RC、Service（15分）； ⑥ 成功创建Frontend的Pod、RC、Service（15分）	
以Word文档的形式，将部署过程记录下来；并保存服务的配置文件与重要部分的截图（40分）	① 思路清晰，表达清楚（10分）； ② 逻辑正确，无重大错误（20分）； ③ 字面干净、整洁、大方（10分）	
评价人	**评价说明**	**备注**
个人		
老师		